解析几何

谢冬秀　编著

北京市教学名师建设项目资助
北京市重点建设学科项目资助

科学出版社
北京

内 容 简 介

本书讲述解析几何的基本内容和基本方法，包括向量代数、空间坐标系、空间的平面和直线、常见曲面和曲线、二次曲面的一般理论.本书注重读者的空间想象能力，论证严谨而简明，叙述深入浅出、条理清楚.书末附有各章练习题的答案与提示.

本书可作为综合大学和高等师范院校数学及其相关专业解析几何课程的教材，也可供其他学习解析几何课程的广大读者作为教材或教学参考书.

图书在版编目(CIP)数据

解析几何/谢冬秀编著.—北京：科学出版社，2009
ISBN 978-7-03-024599-1

Ⅰ.解…　Ⅱ.谢…　Ⅲ.解析几何-高等学校-教材　Ⅳ.O182

中国版本图书馆 CIP 数据核字(2009)第 077894 号

责任编辑：李鹏奇　王　静／责任校对：李奕萱
责任印制：赵　博／封面设计：陈　敬

科学出版社 出版
北京东黄城根北街 16 号
邮政编码：100717
http://www.sciencep.com
北京华宇信诺印刷有限公司印刷
科学出版社发行　各地新华书店经销
*
2009 年 6 月第　一　版　开本：B5(720×1000)
2025 年 8 月第十次印刷　印张：13 1/4
字数：260 000

定价：45.00 元
(如有印装质量问题，我社负责调换)

前　言

解析几何是大学数学系的三要基础课程之一，学好这门课对于学习数学分析、高等代数、微分几何和力学等课程都有很大的帮助，并且它本身对于解决一些实际问题也是很有用的. 本书是作者从 2001 年开始从事大学本科信息与计算科学专业的解析几何与高等代数课程的教学工作经验的总结. 本书主要考虑了以下几点：

1. 贯穿全书的主线是阐述解析几何的几种基本方法：坐标法、向量法、坐标变换法.

2. 本书注意培养读者对空间图形的直观想象能力，这尤其体现在第 4 章中关于旋转面、柱面和锥面方程的建立以及专门用一节介绍了画空间图形常用的三种方法，画曲面的交线和画曲面围成的区域的方法.

3. 本书论证严谨，同时又力求简明，叙述上深入浅出，条理清楚，注意厘清所讨论问题的来龙去脉.

本书共分 5 章：第 1 章向量代数，主要介绍向量的概念和线性运算、线性关系以及向量的内积、外积和混合积运算，不涉及坐标，是为了使读者能掌握向量代数的基本内容，熟练地进行向量的各种运算，并直接利用向量工具解决一些几何问题和物理问题；第 2 章介绍空间坐标系，包括仿射坐标、直角坐标系以及向量的各种运算在仿射坐标和直角坐标系中的坐标表示，使向量法和坐标法联系起来，便于后面章节中考虑的几何问题，考虑到坐标系的完整性同时也将数学分析中广泛应用的柱面坐标和球面坐标也纳入这一章；第 3 章利用向量法和坐标法，主要讨论了空间的平面与直线的各种方程及其它们之间的几何位置关系和度量关系；第 4 章介绍几类常见曲面与曲线的方程，以及二次曲面方程所对应的图形，在这一章也介绍了空间图形的作图方法；第 5 章介绍二次曲面的一般理论，内容包括直线与二次曲面的位置关系，曲面的直径面与主方向，同时也介绍了应用坐标变换和应用不变量化简二次曲面的方程.

本书中给出了很多的评注、例子，每章后配有三类练习题，一类题是基础题，二类题是提高题，三类题是复习测验题，本教材遵循的原则是：内容便于老师授课，习题便于学生练习和复习提高. 在编写本书时，编者参考了大量的著作、资料，采用的一些习题难以一一标示，特向原作者表示衷心的感谢.

本书是北京市教学名师建设项目和北京市重点建设学科的一项具体内容. 原稿在北京信息科技大学使用多次. 鉴于水平有限，书中有些内容的处理方法不一定妥当，难免存在错误，诚恳地希望大家批评指正.

作　者

2009 年 4 月于北京

目　录

第1章　向量代数

物理问题的探索不可避免地要求我们去寻求关于曲线和曲面的更多的知识，因为物体运动的轨迹都是曲线，而物体的表面则是曲面. 解析几何研究的主要内容就是曲线和曲面的图形与它们的方程，最基本的方法是向量法和坐标法. 本章主要讨论向量法，我们知道力、速度这些量既有大小又有方向，它们可以用有向线段来表示，力(或速度)的合成可以通过有向线段来进行，这类既有大小又有方向的量称为向量. 本章主要研究向量的代数运算，利用向量的运算来研究图形性质的方法称为向量法. 它的优点在于比较直观，比综合法简便，所以向量代数成为研究几何问题，特别是空间中的几何问题的有力工具. 它不仅在诸如力学、物理学和工程技术中有广泛的应用，而且也是学习其他数学课程的基础.

1.1　向量的概念

在力学、物理学以及日常生活中，我们经常会遇到像温度、时间、质量、密度、功、长度、面积与体积等，这种只有大小的量称为**数量**. 还有一些量，如物体移动的位移、质点运动的速度、作用在物体上的力等，它们不但有大小，而且还有方向，这种量称为**向量**(或**矢量**). 向量用符号 $\boldsymbol{a},\boldsymbol{b},\boldsymbol{c},\cdots$ 表示.

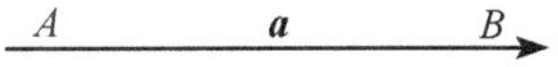

图 1.1

一个向量 $\boldsymbol{a}$ 可以用一条有向线段 $\overrightarrow{AB}$ 来表示. 用这条线段的长度 $|\overrightarrow{AB}|$ 表示 $\boldsymbol{a}$ 的大小，用起点 A 到终点 B 的指向表示 $\boldsymbol{a}$ 的方向(图 1.1).

向量的大小叫做向量的**模**，也称为向量的**长度**，向量 $\overrightarrow{AB}$ 与 $\boldsymbol{a}$ 的模分别记为 $|\overrightarrow{AB}|$ 与 $|\boldsymbol{a}|$. 模为零的向量称为**零向量**，记作 $\boldsymbol{0}$. 零向量的方向不确定，它是起点与终点重合的向量.

模等于 1 的向量称为**单位向量**，与向量 $\boldsymbol{a}$ 具有同一方向的单位向量叫做向量 $\boldsymbol{a}$ 的单位向量，常用 $\boldsymbol{a}^{\circ}$ 来表示.

如果两向量的模相等且方向相同，则称这两个**向量相等**，向量 $\boldsymbol{a}$ 与 $\boldsymbol{b}$ 相等，记为 $\boldsymbol{a}=\boldsymbol{b}$. 例如，若向量 $\overrightarrow{AB}$ 表示向量 $\boldsymbol{a}$，则 $\overrightarrow{AB}$ 经过平行移动得到的有向线段 $\overrightarrow{CD}$ 仍表示向量 $\boldsymbol{a}$(图 1.2).

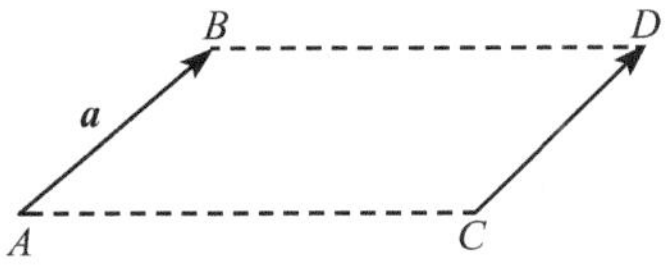

图 1.2

与向量 $\boldsymbol{a}$ 模相等并且方向相反的向量，称为 $\boldsymbol{a}$ 的**负向量**，记作 $-\boldsymbol{a}$. 例如 $\overrightarrow{BA}$ 是 $\overrightarrow{AB}$ 的负向量，因此

$\overrightarrow{BA}=-\overrightarrow{AB}$.

1.2　向量的线性运算

1.2.1　向量的加、减法

物理学中的力与位移都是向量.作用于一点的两个不共线的力的合力,可以用“平行四边形法则”求出,如图 1.3 中的两个力$\overrightarrow{OA}$,$\overrightarrow{OB}$的合力,就是以$\overrightarrow{OA}$,$\overrightarrow{OB}$为邻边的平行四边形 $OACB$ 的对角线向量$\overrightarrow{OC}$.两个位移的合成可以用“三角形法则”求出,如图 1.4,连续两次位移$\overrightarrow{AB}$和$\overrightarrow{BC}$的效果是作了位移$\overrightarrow{AC}$(图 1.4).

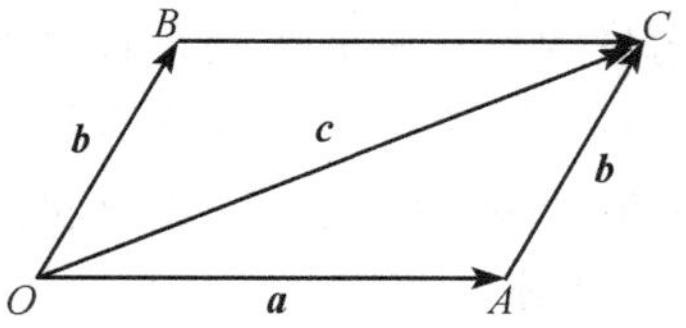

图 1.3

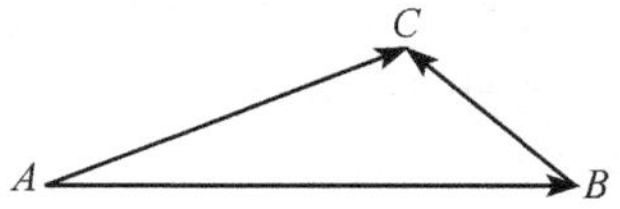

图 1.4

在自由向量的意义下,两个向量合成的平行四边形法则可归结为三角形法则,如图 1.3,只需要平移向量$\overrightarrow{OB}$到$\overrightarrow{AC}$的位置就行了.

定义 1.2.1　对于向量 $\boldsymbol{a}$,$\boldsymbol{b}$,作有向线段$\overrightarrow{AB}$表示 $\boldsymbol{a}$,有向线段$\overrightarrow{BC}$表示 $\boldsymbol{b}$,把$\overrightarrow{AC}$表示的向量 $\boldsymbol{c}$ 称为向量 $\boldsymbol{a}$ 与 $\boldsymbol{b}$ 的和,记作 $\boldsymbol{c}=\boldsymbol{a}+\boldsymbol{b}$(图 1.5),求两向量 $\boldsymbol{a}$ 与 $\boldsymbol{b}$ 的和 $\boldsymbol{a}+\boldsymbol{b}$ 的运算叫做**向量加法**.

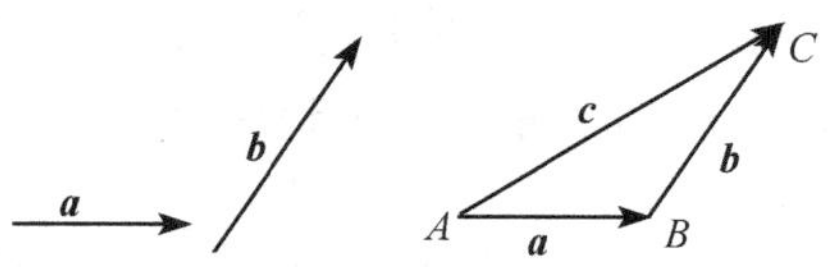

图 1.5

根据定义 1.2.1,由图 1.5 我们有

$$\overrightarrow{AB}+\overrightarrow{BC}=\overrightarrow{AC}.$$

这种求两个向量和的方法通常称为**三角形法则**.

注 1　当 $\boldsymbol{a}$ 与 $\boldsymbol{b}$ 平行于同一条直线(此时称 $\boldsymbol{a}$ 与 $\boldsymbol{b}$ **共线**,或称**平行**,记为 $\boldsymbol{a}/\!/\boldsymbol{b}$),且 $\boldsymbol{a}$ 与 $\boldsymbol{b}$ 同向时,则 $\boldsymbol{a}+\boldsymbol{b}$ 与 $\boldsymbol{a}(\boldsymbol{b})$同向,且$|\boldsymbol{a}+\boldsymbol{b}|=|\boldsymbol{a}|+|\boldsymbol{b}|$(图 1.6).

图 1.6

注 2　当 $\boldsymbol{a}/\!/\boldsymbol{b}$ 且反向时，若 $|\boldsymbol{a}|\geqslant|\boldsymbol{b}|$，则 $\boldsymbol{a}+\boldsymbol{b}$ 与 $\boldsymbol{a}$ 同向，并且 $|\boldsymbol{a}+\boldsymbol{b}|=|\boldsymbol{a}|-|\boldsymbol{b}|$（图 1.7）.

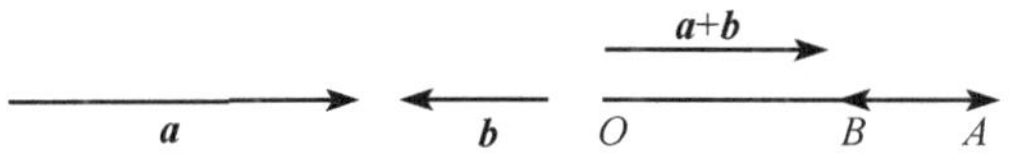

图 1.7

注 3　当 $\boldsymbol{a}$ 与 $\boldsymbol{b}$ 不平行时，OAB 构成三角形，此时 $|\boldsymbol{a}+\boldsymbol{b}|<|\boldsymbol{a}|+|\boldsymbol{b}|$（图 1.8）.

图 1.8

由向量相等的定义，当 $\boldsymbol{a}$ 与 $\boldsymbol{b}$ 不平行时，我们也可以从同一起点 O 作$\overrightarrow{OA}$表示 $\boldsymbol{a}$，$\overrightarrow{OB}$表示 $\boldsymbol{b}$，再以$\overrightarrow{OA}$和$\overrightarrow{OB}$为边作平行四边形 $OACB$，则容易说明对角线$\overrightarrow{OC}$也表示向量 $\boldsymbol{a}$ 与 $\boldsymbol{b}$ 的和 $\boldsymbol{c}$（图 1.9），这称为向量加法的**平行四边形法则**.

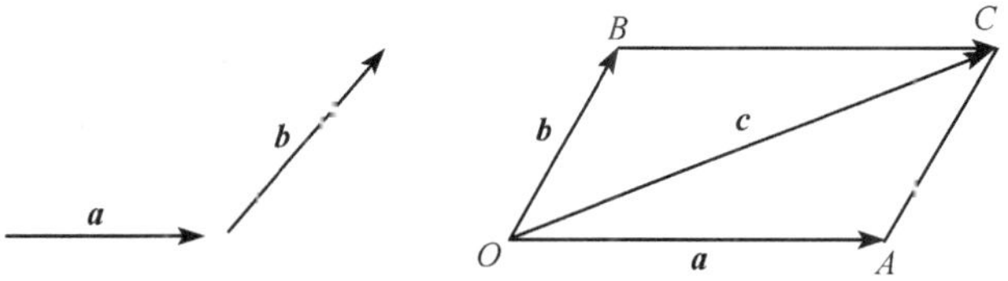

图 1.9

注　向量的加法与起点的位置无关.

定理 1.2.1　向量的加法适合下述运算规律：

(1) 交换律：$\boldsymbol{a}+\boldsymbol{b}=\boldsymbol{b}+\boldsymbol{a}$，其中 $\boldsymbol{a},\boldsymbol{b}$ 是任意向量；

(2) 结合律：$(\boldsymbol{a}+\boldsymbol{b})+\boldsymbol{c}=\boldsymbol{a}+(\boldsymbol{b}+\boldsymbol{c})$，其中 $\boldsymbol{a},\boldsymbol{b},\boldsymbol{c}$ 是任意向量；

(3) 对任意向量 $\boldsymbol{a}$，有 $\boldsymbol{a}+\boldsymbol{0}=\boldsymbol{a}$；

(4) 对任意向量 $\boldsymbol{a}$，有 $\boldsymbol{a}+(-\boldsymbol{a})=\boldsymbol{0}$.

证明　(1) 作$\overrightarrow{OA}$表示 $\boldsymbol{a}$，$\overrightarrow{OB}$表示 $\boldsymbol{b}$，以$\overrightarrow{OA}$和$\overrightarrow{OB}$为边作平行四边形 $OACB$（图 1.9），则$\overrightarrow{OC}=\boldsymbol{a}+\boldsymbol{b}$，并且$\overrightarrow{BC}=\boldsymbol{a}$，从而

$$\boldsymbol{b}+\boldsymbol{a}=\overrightarrow{OB}+\overrightarrow{BC}=\overrightarrow{OC}=\boldsymbol{a}+\boldsymbol{b}.$$

(2) 同理，作$\overrightarrow{OA}$表示 $\boldsymbol{a}$，$\overrightarrow{AB}$表示 $\boldsymbol{b}$，$\overrightarrow{BC}$表示 $\boldsymbol{c}$（图 1.10），则

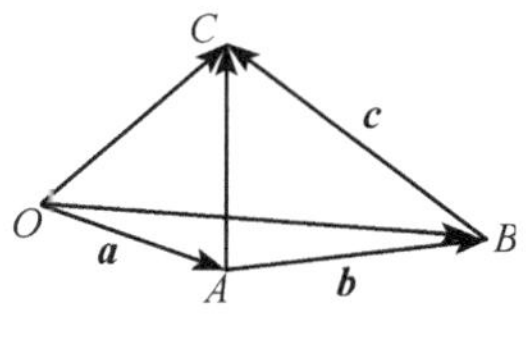

图 1.10

$$(\boldsymbol{a}+\boldsymbol{b})+\boldsymbol{c}=(\overrightarrow{OA}+\overrightarrow{AB})+\overrightarrow{BC}=\overrightarrow{OB}+\overrightarrow{BC}=\overrightarrow{OC},$$
$$\boldsymbol{a}+(\boldsymbol{b}+\boldsymbol{c})=\overrightarrow{OA}+(\overrightarrow{AB}+\overrightarrow{BC})=\overrightarrow{OA}+\overrightarrow{AC}=\overrightarrow{OC},$$

因此

$$(\boldsymbol{a}+\boldsymbol{b})+\boldsymbol{c}=\boldsymbol{a}+(\boldsymbol{b}+\boldsymbol{c}).$$

(3) 作$\overrightarrow{AB}$表示$\boldsymbol{a}$,$\boldsymbol{0}$可用$\overrightarrow{BB}$表示,于是

$$\boldsymbol{a}+\boldsymbol{0}=\overrightarrow{AB}+\overrightarrow{BB}=\overrightarrow{AB}=\boldsymbol{a}.$$

(4) 作$\overrightarrow{AB}$表示$\boldsymbol{a}$,则

$$\boldsymbol{a}+(-\boldsymbol{a})=\overrightarrow{AB}+(-\overrightarrow{AB})=\overrightarrow{AB}+\overrightarrow{BA}=\overrightarrow{AA}=\boldsymbol{0}.$$

由于向量的加法满足交换律与结合律,所以三个向量$\boldsymbol{a}$,$\boldsymbol{b}$,$\boldsymbol{c}$相加,不论它们的先后顺序与结合顺序如何,它们的和总是相同的,因此可简单地写成

$$\boldsymbol{a}+\boldsymbol{b}+\boldsymbol{c}.$$

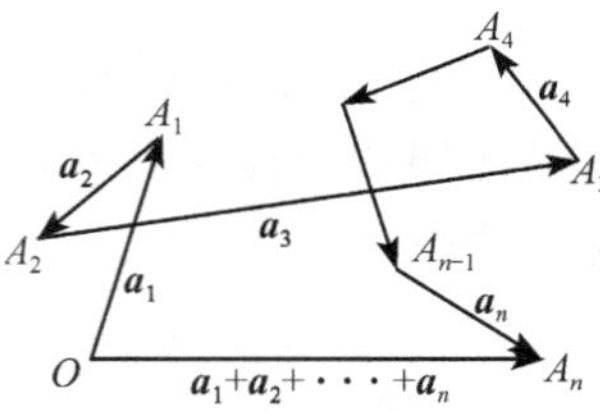

图 1.11

推广到任意有限个向量$\boldsymbol{a}_1$,$\boldsymbol{a}_2$,$\cdots$,$\boldsymbol{a}_n$的和,就可以记为

$$\boldsymbol{a}_1+\boldsymbol{a}_2+\cdots+\boldsymbol{a}_n.$$

有限个向量$\boldsymbol{a}_1$,$\boldsymbol{a}_2$,$\cdots$,$\boldsymbol{a}_n$相加的作图法,可以由向量的三角形求和法则推广如下:自任意点O出发,依次引$\overrightarrow{OA_1}=\boldsymbol{a}_1$,$\overrightarrow{A_1A_2}=\boldsymbol{a}_2$,$\cdots$,$\overrightarrow{A_{n-1}A_n}=\boldsymbol{a}_n$,由此得一折线$OA_1A_2\cdots A_n$(图 1.11). 于是向量$\overrightarrow{OA_n}=\boldsymbol{a}$就是$n$个向量$\boldsymbol{a}_1$,$\boldsymbol{a}_2$,$\cdots$,$\boldsymbol{a}_n$的和:

$$\boldsymbol{a}=\boldsymbol{a}_1+\boldsymbol{a}_2+\cdots+\boldsymbol{a}_n,$$

即

$$\overrightarrow{OA_n}=\overrightarrow{OA_1}+\overrightarrow{A_1A_2}+\cdots+\overrightarrow{A_{n-1}A_n}. \qquad (1.2.1)$$

特别地,当A_n与O重合时,它们的和为零向量$\boldsymbol{0}$.

这种求和的方法叫做**多边形法则**.

例 1.2.1 设$\boldsymbol{a}+\boldsymbol{b}=\boldsymbol{a}+\boldsymbol{c}$,证明$\boldsymbol{b}=\boldsymbol{c}$.

证明 两边加$-\boldsymbol{a}$,则

$$(\boldsymbol{a}+\boldsymbol{b})+(-\boldsymbol{a})=(\boldsymbol{a}+\boldsymbol{c})+(-\boldsymbol{a}),$$

有

$$\boldsymbol{b}+[\boldsymbol{a}+(-\boldsymbol{a})]=\boldsymbol{c}+[\boldsymbol{a}+(-\boldsymbol{a})],$$

即

$$\boldsymbol{b}+\boldsymbol{0}=\boldsymbol{c}+\boldsymbol{0},$$

所以

$$\boldsymbol{b}=\boldsymbol{c}.$$

例 1.2.2　试证明三个向量 $\boldsymbol{a},\boldsymbol{b},\boldsymbol{c}$ 首尾相接构成一个三角形的充要条件是

$$\boldsymbol{a}+\boldsymbol{b}+\boldsymbol{c}=\boldsymbol{0}.$$

证明　用三角形法则求 $\boldsymbol{a},\boldsymbol{b},\boldsymbol{c}$ 之和. 设 $\boldsymbol{a}=\overrightarrow{AB},\boldsymbol{b}=\overrightarrow{BC},\boldsymbol{c}=\overrightarrow{CD}$,则

$$\boldsymbol{a}+\boldsymbol{b}+\boldsymbol{c}=\overrightarrow{AB}+\overrightarrow{BC}+\overrightarrow{CD}=\overrightarrow{AD}.$$

所以 $\boldsymbol{a},\boldsymbol{b},\boldsymbol{c}$ 首尾相接正好构成一个三角形的充要条件是点 D 与点 A 重合,即

$$\boldsymbol{a}+\boldsymbol{b}+\boldsymbol{c}=\boldsymbol{0}.$$

向量的减法定义如下.

定义 1.2.2　$\boldsymbol{a}-\boldsymbol{b}=\boldsymbol{a}+(-\boldsymbol{b})$.

若 $\boldsymbol{a},\boldsymbol{b}$ 分别用同一起点的有向线段 $\overrightarrow{OA},\overrightarrow{OB}$ 来表示(图 1.12),则

$$\boldsymbol{a}-\boldsymbol{b}=\overrightarrow{OA}-\overrightarrow{OB}=\overrightarrow{OA}+(-\overrightarrow{OB})=\overrightarrow{OA}+\overrightarrow{BO}=\overrightarrow{BA}.$$

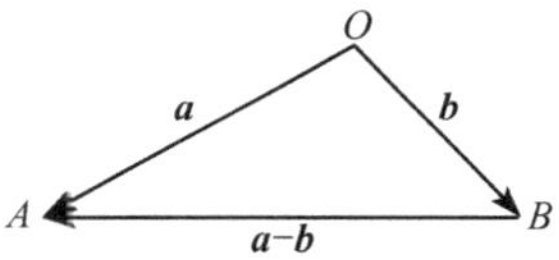

图 1.12

从向量减法的定义,可以得出向量等式的移项法则:在向量等式中,将某一向量从等号的一端移到另一端,只需改变它的符号. 例如将等式 $\boldsymbol{a}+\boldsymbol{b}+\boldsymbol{c}=\boldsymbol{d}$ 中的 $\boldsymbol{c}$ 移到另一端,那么有 $\boldsymbol{a}+\boldsymbol{b}=\boldsymbol{d}-\boldsymbol{c}$. 这是因为从等式 $\boldsymbol{a}+\boldsymbol{b}+\boldsymbol{c}=\boldsymbol{d}$ 两边减去 $\boldsymbol{c}$,即加上 $-\boldsymbol{c}$,而 $\boldsymbol{c}+(-\boldsymbol{c})=\boldsymbol{0}$ 的缘故.

我们还看到,对于任意向量 $\boldsymbol{a},\boldsymbol{b}$,都有

$$|\boldsymbol{a}+\boldsymbol{b}|\leqslant|\boldsymbol{a}|+|\boldsymbol{b}|,$$

这个不等式称为**三角不等式**,它是用向量的形式表示三角形的一边不大于另两边的和.

这个不等式可以推广到任意有限多个向量和的情形,即有

$$|\boldsymbol{a}+\boldsymbol{b}+\cdots+\boldsymbol{c}|\leqslant|\boldsymbol{a}|+|\boldsymbol{b}|+\cdots+|\boldsymbol{c}|.$$

1.2.2　向量的数量乘法

我们知道,位移、力、速度与加速度等都是向量,而时间、质量等都是数量,这些向量与数量间常常会发生某些结合的关系,如我们熟知的公式

$$\boldsymbol{f}=m\boldsymbol{a},$$

这里 $\boldsymbol{f}$ 表示力,$\boldsymbol{a}$ 表示加速度,m 表示质量. 再如公式

$$\boldsymbol{s}=\boldsymbol{v}t,$$

这里 $\boldsymbol{s}$ 表示位移,$\boldsymbol{v}$ 表示速度,t 表示时间.

在向量的加法中，我们也可看到，n 个向量相加仍然是向量，特别是 n 个相同的非零向量 $\boldsymbol{a}$ 相加的情形，显然这时的和向量的模为 $|\boldsymbol{a}|$ 的 n 倍，方向与 $\boldsymbol{a}$ 相同. n 个 $\boldsymbol{a}$ 相加的和常记作 $n\boldsymbol{a}$ 或 $\boldsymbol{a}n$. 一般地，我们有如下定义.

定义 1.2.3　实数 λ 与向量 $\boldsymbol{a}$ 的乘积是一个向量，记作 $\lambda\boldsymbol{a}$，它的模为

$$|\lambda\boldsymbol{a}|=|\lambda||\boldsymbol{a}|,$$

它的方向是当 $\lambda>0$ 时与 $\boldsymbol{a}$ 相同，当 $\lambda<0$ 时与 $\boldsymbol{a}$ 相反. 我们把这种运算叫做数量与向量的**乘法**，简称为**数乘**.

从这个定义我们立刻知道，当 $\lambda=0$ 或 $\boldsymbol{a}=\boldsymbol{0}$ 时，$|\lambda\boldsymbol{a}|=|\lambda||\boldsymbol{a}|=0$，这时就没必要讨论它的方向了. 当 $\lambda=-1$ 时，$(-1)\boldsymbol{a}$ 就是 $\boldsymbol{a}$ 的负向量，因此我们常把 $(-1)\boldsymbol{a}$ 简写为 $-\boldsymbol{a}$.

对于任意非零向量 $\boldsymbol{a}$ 和它的单位向量 $\boldsymbol{a}^{\circ}$，显然有 $\boldsymbol{a}=|\boldsymbol{a}|\boldsymbol{a}^{\circ}$.

设 $\boldsymbol{a}\neq\boldsymbol{0}$，$\boldsymbol{a}^{\circ}=|\boldsymbol{a}|^{-1}\boldsymbol{a}$ 是 $\boldsymbol{a}$ 的单位向量，把一个非零向量 $\boldsymbol{a}$ 除以它的模，便得到一个与它同方向的单位向量 $\boldsymbol{a}^{\circ}$，这称为把非零**向量 $\boldsymbol{a}$ 单位化**.

数乘满足下列运算规则：

定理 1.2.2　对于任意向量 $\boldsymbol{a}$，$\boldsymbol{b}$ 和任意实数 λ，μ，有

(1) $1\cdot\boldsymbol{a}=\boldsymbol{a}$，　$(-1)\boldsymbol{a}=-\boldsymbol{a}$；

(2) $\lambda(\mu\boldsymbol{a})=(\lambda\mu)\boldsymbol{a}$；

(3) $(\lambda+\mu)\boldsymbol{a}=\lambda\boldsymbol{a}+\mu\boldsymbol{a}$；　　(1.2.2)

(4) $\lambda(\boldsymbol{a}+\boldsymbol{b})=\lambda\boldsymbol{a}+\lambda\boldsymbol{b}$.　　(1.2.3)

证明　(1) 可以用定义得到.

(2) 首先 $\lambda(\mu\boldsymbol{a})$ 与 $(\lambda\mu)\boldsymbol{a}$ 的模相等，都等于 $|\lambda||\mu||\boldsymbol{a}|$. 其次，如果 λ，μ 同号，$\lambda(\mu\boldsymbol{a})$ 与 $(\lambda\mu)\boldsymbol{a}$ 都与 $\boldsymbol{a}$ 同向；如果 λ，μ 异号，$\lambda(\mu\boldsymbol{a})$ 与 $(\lambda\mu)\boldsymbol{a}$ 都与 $\boldsymbol{a}$ 反向. 因此 $\lambda(\mu\boldsymbol{a})$ 与 $(\lambda\mu)\boldsymbol{a}$ 的模相等而且方向一致，所以(2)成立.

(3) 如果 λ，μ，$\boldsymbol{a}$ 中有一个为零，显然结论成立，因此可以假定 λ，μ，$\boldsymbol{a}$ 都不为零.

情形 1　如果 λ，μ 同号，则 $\lambda\boldsymbol{a}$ 与 $\mu\boldsymbol{a}$ 同向，所以

$$|\lambda\boldsymbol{a}+\mu\boldsymbol{a}|=|\lambda||\boldsymbol{a}|+|\mu||\boldsymbol{a}|=(|\lambda|+|\mu|)|\boldsymbol{a}|,$$

又有

$$|(\lambda+\mu)\boldsymbol{a}|=|\lambda+\mu||\boldsymbol{a}|=(|\lambda|+|\mu|)|\boldsymbol{a}|,$$

所以 $(\lambda+\mu)\boldsymbol{a}$ 和 $\lambda\boldsymbol{a}+\mu\boldsymbol{a}$ 的模相等，并且 λ，μ 同号时，显然 $(\lambda+\mu)\boldsymbol{a}$ 与 $\lambda\boldsymbol{a}+\mu\boldsymbol{a}$ 的方向一致. 因此

$$(\lambda+\mu)\boldsymbol{a}=\lambda\boldsymbol{a}+\mu\boldsymbol{a}.$$

情形 2　如果 λ，μ 异号，由于 λ 和 μ 的地位是对称的，因此不妨设 $\lambda>0$，$\mu<0$，如果 $\lambda+\mu=0$，则(1.2.2)式的左边为 $0\boldsymbol{a}=\boldsymbol{0}$，右边为

$$\lambda \boldsymbol{a}+(-\lambda)\boldsymbol{a}=\lambda \boldsymbol{a}+(-1)(\lambda \boldsymbol{a})=\lambda \boldsymbol{a}+(-\lambda \boldsymbol{a})=\boldsymbol{0},$$

因此(1.2.2)式成立.

如果$\lambda+\mu\neq 0$,分为$\lambda+\mu>0$和$\lambda+\mu<0$两种情形.下面只考虑前一种情形,后一种情形类似可以证明.当$\lambda>0,\mu<0,\lambda+\mu>0$时,$-\mu(\lambda+\mu)>0$,由情形1知

$$[(\lambda+\mu)+(-\mu)]\boldsymbol{a}=(\lambda+\mu)\boldsymbol{a}+(-\mu)\boldsymbol{a},$$

即得

$$\lambda \boldsymbol{a}=(\lambda+\mu)\boldsymbol{a}+(-\mu \boldsymbol{a}),$$

从而有

$$(\lambda+\mu)\boldsymbol{a}=\lambda \boldsymbol{a}+\mu \boldsymbol{a}.$$

(4) 若$\lambda=0$或者$\boldsymbol{a},\boldsymbol{b}$中有一个为$\boldsymbol{0}$,则结论显然成立,下面设$\lambda\neq 0,\boldsymbol{a}\neq\boldsymbol{0},\boldsymbol{b}\neq\boldsymbol{0}$.

若$\boldsymbol{a}$和$\boldsymbol{b}$平行,当$\boldsymbol{a},\boldsymbol{b}$同向时,取$\mu=\dfrac{|\boldsymbol{b}|}{|\boldsymbol{a}|}$;当$\boldsymbol{a},\boldsymbol{b}$反向时,取$\mu=-\dfrac{|\boldsymbol{b}|}{|\boldsymbol{a}|}$,因此有$\boldsymbol{b}=\mu \boldsymbol{a}$,于是

$$\begin{aligned}\lambda(\boldsymbol{a}+\boldsymbol{b})&=\lambda(1\cdot \boldsymbol{a}+\mu \boldsymbol{a})=\lambda[(1+\mu)\boldsymbol{a}]=[\lambda(1+\mu)]\boldsymbol{a}=(\lambda+\lambda\mu)\boldsymbol{a}\\&=\lambda \boldsymbol{a}+(\lambda\mu)\boldsymbol{a}=\lambda \boldsymbol{a}+\lambda(\mu \boldsymbol{a})=\lambda \boldsymbol{a}+\mu \boldsymbol{b}.\end{aligned}$$

若$\boldsymbol{a}$和$\boldsymbol{b}$不平行(图1.13),那么当$\lambda>0$时,作$\overrightarrow{OA},\overrightarrow{AB}$分别表示$\boldsymbol{a},\boldsymbol{b}$,于是$\overrightarrow{OB}$表示$\boldsymbol{a}+\boldsymbol{b}$,作$\overrightarrow{OC}$表示$\lambda \boldsymbol{a}$,延长$\overrightarrow{OB}$至$D$,使$CD/\!/AB$,因为$\triangle OAB$相似于$\triangle OCD$,于是$\overrightarrow{CD}=\lambda \boldsymbol{b}$,$\overrightarrow{OD}=\lambda(\boldsymbol{a}+\boldsymbol{b})$;又$\overrightarrow{OD}=\lambda \boldsymbol{a}+\lambda \boldsymbol{b}$,所以有$\lambda(\boldsymbol{a}+\boldsymbol{b})=\lambda \boldsymbol{a}-\lambda \boldsymbol{b}$.

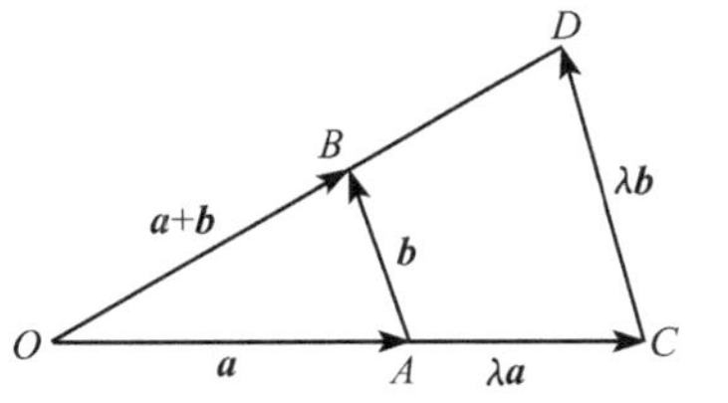

图1.13

当$\lambda<0$时,可以作类似的讨论.

推论1.2.1 (1) 如果$\lambda\neq 0$,且$\lambda \boldsymbol{a}=\lambda \boldsymbol{b}$,则$\boldsymbol{a}=\boldsymbol{b}$.

(2) 如果$\boldsymbol{a}\neq\boldsymbol{0}$,且$\lambda \boldsymbol{a}=\mu \boldsymbol{a}$,则$\lambda=\mu$.

证明 (1) 在$\lambda \boldsymbol{a}=\lambda \boldsymbol{b}$两边乘以$\lambda^{-1}$,并利用向量的数乘运算法则(2),即得.

(2) 由$\lambda \boldsymbol{a}=\mu \boldsymbol{a}$,可得$\boldsymbol{0}=\lambda \boldsymbol{a}-\mu \boldsymbol{a}=(\lambda-\mu)\boldsymbol{a}$,故$\lambda-\mu=0$或$\boldsymbol{a}=\boldsymbol{0}$,但由假设$\boldsymbol{a}\neq\boldsymbol{0}$,因此$\lambda-\mu=0$,即$\lambda=\mu$.

例1.2.3 已知$\boldsymbol{a}=\boldsymbol{e}_1-3\boldsymbol{e}_2+2\boldsymbol{e}_3,\boldsymbol{b}=2\boldsymbol{e}_1-2\boldsymbol{e}_2+3\boldsymbol{e}_3,\boldsymbol{c}=12\boldsymbol{e}_1+6\boldsymbol{e}_2-5\boldsymbol{e}_3$,求$\boldsymbol{a}+2\boldsymbol{b}-3\boldsymbol{c}$.

解
$$\begin{aligned}\boldsymbol{a}+2\boldsymbol{b}-3\boldsymbol{c}&=\boldsymbol{e}_1-3\boldsymbol{e}_2+2\boldsymbol{e}_3+2(2\boldsymbol{e}_1-2\boldsymbol{e}_2+3\boldsymbol{e}_3)-3(12\boldsymbol{e}_1+6\boldsymbol{e}_2-5\boldsymbol{e}_3)\\&=(1+2\cdot 2-3\cdot 12)\boldsymbol{e}_1+[-3+2\cdot(-2)+(-3)\cdot 6]\boldsymbol{e}_2\\&\quad+[2+2\cdot 3+(-3)\cdot(-5)]\boldsymbol{e}_3=-31\boldsymbol{e}_1-25\boldsymbol{e}_2+23\boldsymbol{e}_3.\end{aligned}$$

例1.2.4 用向量法证明中位线定理:三角形两边中点的连线平行且等于第三边的一半.

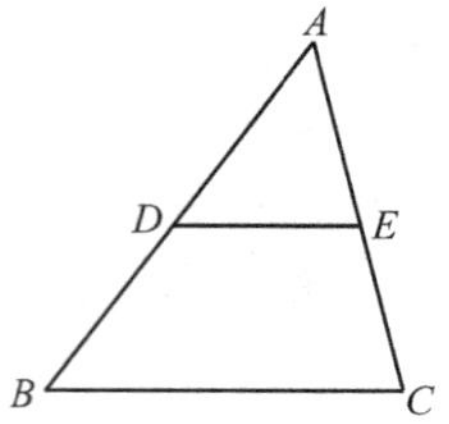

图 1.14

证明 如图 1.14,D,E 分别是$\triangle ABC$ 的边 AB,AC 的中点,则

$$\overrightarrow{AD}=\frac{1}{2}\overrightarrow{AB},\quad \overrightarrow{AE}=\frac{1}{2}\overrightarrow{AC},\quad \overrightarrow{BC}=\overrightarrow{AC}-\overrightarrow{AB},$$

所以

$$\overrightarrow{DE}=\overrightarrow{AE}-\overrightarrow{AD}=\frac{1}{2}\overrightarrow{AC}-\frac{1}{2}\overrightarrow{AB}=\frac{1}{2}\overrightarrow{BC},$$

按数乘向量的定义,这说明 $DE/\!/BC$,且

$$|DE|=\frac{1}{2}|BC|.$$

例 1.2.5 用向量法证明:四面体对边中点的连线交于一点且互相平分.

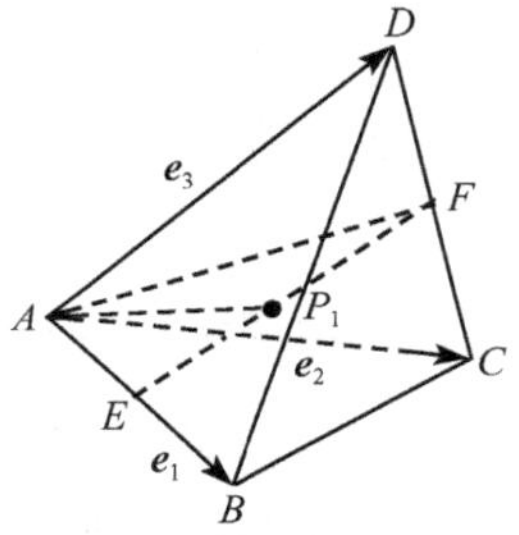

图 1.15

证明 设四面体 $ABCD$ 一组对边 AB,CD 的中点 E,F 的连线为 EF,它的中点为 P_1(图 1.15),其余两组对边中点连线的中点分别为 P_2,P_3,下面只要证明 P_1,P_2,P_3 重合就可以了.令$\overrightarrow{AB}=\boldsymbol{e}_1$,$\overrightarrow{AC}=\boldsymbol{e}_2$,$\overrightarrow{AD}=\boldsymbol{e}_3$,连接 AF,则

$$\overrightarrow{AP_1}=\frac{1}{2}(\overrightarrow{AE}+\overrightarrow{AF}).$$

又因为 AF 是$\triangle ACD$ 的中线,所以又有

$$\overrightarrow{AF}=\frac{1}{2}(\overrightarrow{AC}+\overrightarrow{AD})=\frac{1}{2}(\boldsymbol{e}_2+\boldsymbol{e}_3).$$

而

$$\overrightarrow{AE}=\frac{1}{2}\boldsymbol{e}_1,$$

从而得

$$\overrightarrow{AP_1}=\frac{1}{2}\left[\frac{1}{2}\boldsymbol{e}_1+\frac{1}{2}(\boldsymbol{e}_2+\boldsymbol{e}_3)\right]=\frac{1}{4}(\boldsymbol{e}_1+\boldsymbol{e}_2+\boldsymbol{e}_3).$$

同理可得

$$\overrightarrow{AP_2}=\frac{1}{4}(\boldsymbol{e}_1+\boldsymbol{e}_2+\boldsymbol{e}_3),$$

$$\overrightarrow{AP_3}=\frac{1}{4}(\boldsymbol{e}_1+\boldsymbol{e}_2+\boldsymbol{e}_3).$$

所以$\overrightarrow{AP_1}=\overrightarrow{AP_2}=\overrightarrow{AP_3}$,即 P_1,P_2,P_3 重合,命题得证.

1.2.3 向量的线性关系与向量的分解

向量的加法和数量乘法统称为向量的**线性运算**.我们知道有限个向量通过线

性运算,它的结果仍然是一个向量.

定义 1.2.4　设 $\boldsymbol{a}_1,\boldsymbol{a}_2,\cdots,\boldsymbol{a}_n$ 是一组向量,$k_1,k_2,\cdots,k_n$ 是一组实数,则向量

$$\boldsymbol{a}=k_1\boldsymbol{a}_1+k_2\boldsymbol{a}_2+\cdots+k_n\boldsymbol{a}_n$$

叫做向量组 $\boldsymbol{a}_1,\boldsymbol{a}_2,\cdots,\boldsymbol{a}_n$ 的一个**线性组合**,称 $k_1,k_2,\cdots,k_n$ 是这个组合的**系数**.

当向量 $\boldsymbol{a}$ 是 $\boldsymbol{a}_1,\boldsymbol{a}_2,\cdots,\boldsymbol{a}_n$ 的线性组合时,我们也说向量 $\boldsymbol{a}$ 可以用 $\boldsymbol{a}_1,\boldsymbol{a}_2,\cdots,\boldsymbol{a}_n$ **线性表示**,或者说向量 $\boldsymbol{a}$ 可以分解成向量 $\boldsymbol{a}_1,\boldsymbol{a}_2,\cdots,\boldsymbol{a}_n$ 的线性组合.

定义 1.2.5　向量组若用同一起点的有向线段表示,它们在一条直线(一个平面)上,则称这个向量组是**共线(共面)**的.

共线的两向量也是平行向量.若 $\boldsymbol{a}$ 与 $\boldsymbol{b}$ 共线,仍记作 $\boldsymbol{a}/\!/\boldsymbol{b}$.

显然 $\boldsymbol{0}$ 与任意向量共线,共线的向量组一定共面,两个向量一定共面.若 $\boldsymbol{a}=\lambda\boldsymbol{b}$(或 $\boldsymbol{b}=\mu\boldsymbol{a}$),则 $\boldsymbol{a}$ 与 $\boldsymbol{b}$ 共线.

定理 1.2.3　若 $\boldsymbol{a}\neq\boldsymbol{0}$,则 $\boldsymbol{b}$ 与 $\boldsymbol{a}$ 共线的充要条件是存在唯一的实数 λ,使得 $\boldsymbol{b}=\lambda\boldsymbol{a}$.

证明　由上面的讨论知,条件的充分性是显然的.下证必要性.

(1) 若 $\boldsymbol{b}=\boldsymbol{0}$,则取 $\lambda=0$.

(2) 若 $\boldsymbol{a}$ 与 $\boldsymbol{b}$ 同向,取 $\lambda=\dfrac{|\boldsymbol{b}|}{|\boldsymbol{a}|}$;若 $\boldsymbol{a}$ 与 $\boldsymbol{b}$ 反向,取 $\lambda=-\dfrac{|\boldsymbol{b}|}{|\boldsymbol{a}|}$,总之 $\boldsymbol{b}=\lambda\boldsymbol{a}$.

唯一性.假如 $\boldsymbol{b}=\lambda\boldsymbol{a}=\mu\boldsymbol{a}$,则 $(\lambda-\mu)\boldsymbol{a}=\boldsymbol{0}$,因为 $\boldsymbol{a}\neq\boldsymbol{0}$,所以 $\lambda-\mu=0$,即 $\lambda=\mu$.

定理 1.2.4　$\boldsymbol{a}$ 与 $\boldsymbol{b}$ 共线的充要条件是存在不全为零的实数 λ,μ 使得

$$\lambda\boldsymbol{a}+\mu\boldsymbol{b}=\boldsymbol{0}. \tag{1.2.4}$$

证明　必要性.设 $\boldsymbol{a}$ 与 $\boldsymbol{b}$ 共线,若 $\boldsymbol{a}=\boldsymbol{b}=\boldsymbol{0}$,则有 $1\cdot\boldsymbol{a}+1\cdot\boldsymbol{b}=\boldsymbol{0}$.

若 $\boldsymbol{a}$ 与 $\boldsymbol{b}$ 不全为 $\boldsymbol{0}$,不妨设 $\boldsymbol{a}\neq\boldsymbol{0}$,则由定理 1.2.3 知,存在实数 λ 使得 $\boldsymbol{b}=\lambda\boldsymbol{a}$,从而

$$\lambda\boldsymbol{a}+(-1)\boldsymbol{b}=\boldsymbol{0},$$

结论成立.

充分性.若有不全为零的实数 λ,μ 使得(1.2.4)式成立,不妨设 $\lambda\neq0$,则由(1.2.4)式得 $\boldsymbol{a}=-\dfrac{\mu}{\lambda}\boldsymbol{b}$,因此 $\boldsymbol{a}$ 与 $\boldsymbol{b}$ 共线.

从(1.2.4)式的成立可以得到下面的推论.

推论 1.2.2　$\boldsymbol{a}$ 与 $\boldsymbol{b}$ 不共线的充要条件是 $\lambda\boldsymbol{a}+\mu\boldsymbol{b}=\boldsymbol{0}$ 当且仅当 $\lambda=\mu=0$.

例 1.2.6　设 $\boldsymbol{a}$ 和 $\boldsymbol{b}$ 不共线,试确定 λ,使 $\boldsymbol{a}+\lambda\boldsymbol{b}$ 与 $\lambda\boldsymbol{a}+\boldsymbol{b}$ 共线.

解　由于 $\boldsymbol{a}$ 和 $\boldsymbol{b}$ 不共线,所以 $\boldsymbol{a}+\lambda\boldsymbol{b}$ 与 $\lambda\boldsymbol{a}+\boldsymbol{b}$ 都不是零向量,因此,要使 $\boldsymbol{a}+\lambda\boldsymbol{b}$ 与 $\lambda\boldsymbol{a}+\boldsymbol{b}$ 共线,则存在 $k\neq0$,使得

$$\boldsymbol{a}+\lambda\boldsymbol{b}=k(\lambda\boldsymbol{a}+\boldsymbol{b}),$$

即

$$(1-\lambda k)\boldsymbol{a}+(\lambda-k)\boldsymbol{b}=\boldsymbol{0},$$

由于 $\boldsymbol{a}$ 和 $\boldsymbol{b}$ 不共线，由推论 1.2.2 知，$\lambda-k=0$ 且 $1-\lambda k=0$，解得 $\lambda=\pm1$.

例 1.2.7 设向量 $\boldsymbol{a},\boldsymbol{b}$ 不共线，证明向量 $\boldsymbol{c}=\boldsymbol{a}+2\boldsymbol{b},\boldsymbol{d}=2\boldsymbol{a}-3\boldsymbol{b}$ 也不共线.

证明 设有 k,m 使 $k\boldsymbol{c}+m\boldsymbol{d}=\boldsymbol{0}$，即

$$k(\boldsymbol{a}+2\boldsymbol{b})+m(2\boldsymbol{a}-3\boldsymbol{b})=\boldsymbol{0},$$

整理可得

$$(k+2m)\boldsymbol{a}+(2k-3m)\boldsymbol{b}=\boldsymbol{0}.$$

因为 $\boldsymbol{a},\boldsymbol{b}$ 不共线，由推论 1.2.2 知

$$\begin{cases}k+2m=0,\\2k-3m=0,\end{cases}$$

解得 $k=m=0$，故 $\boldsymbol{c},\boldsymbol{d}$ 不共线.

定理 1.2.5 设 $\boldsymbol{a}$ 和 $\boldsymbol{b}$ 不共线，则 $\boldsymbol{a},\boldsymbol{b},\boldsymbol{c}$ 共面的充要条件是 $\boldsymbol{c}$ 可以唯一地表示成 $\boldsymbol{a},\boldsymbol{b}$ 的线性组合，即存在唯一的实数 λ,μ 使得

$$\boldsymbol{c}=\lambda\boldsymbol{a}+\mu\boldsymbol{b}.$$

证明 充分性. 设 $\boldsymbol{c}=\lambda\boldsymbol{a}+\mu\boldsymbol{b}$，如果 λ,μ 有一个是零，例如 $\lambda=0$，那么 $\boldsymbol{c}=\mu\boldsymbol{b}$ 与 $\boldsymbol{b}$ 共线，因此 $\boldsymbol{a},\boldsymbol{b},\boldsymbol{c}$ 共面. 如果 $\lambda\mu\neq0$，则当 $\lambda>0,\mu>0$ 时，由图 1.16(a)知，$\boldsymbol{c}$ 与 $\lambda\boldsymbol{a}$，$\mu\boldsymbol{b}$ 共面，因此 $\boldsymbol{a},\boldsymbol{b},\boldsymbol{c}$ 共面. 对 λ,μ 的其他情形可类似讨论.

必要性. 因为 $\boldsymbol{a}$ 和 $\boldsymbol{b}$ 不共线，所以 $\boldsymbol{a},\boldsymbol{b}\neq\boldsymbol{0}$，设 $\boldsymbol{a},\boldsymbol{b},\boldsymbol{c}$ 共面，如果 $\boldsymbol{c}$ 和 $\boldsymbol{a}$(或 $\boldsymbol{b}$)共线，由定理 1.2.3，有实数 λ(或 μ)，使得 $\boldsymbol{c}=\lambda\boldsymbol{a}+\mu\boldsymbol{b}$，其中 $\mu=0$(或 $\lambda=0$)，如果 $\boldsymbol{c}$ 和 $\boldsymbol{a},\boldsymbol{b}$ 都不共线，从同一起点 O 出发，作

$$\overrightarrow{OA}=\boldsymbol{a},\quad\overrightarrow{OB}=\boldsymbol{b},\quad\overrightarrow{OC}=\boldsymbol{c},$$

过 C 作平行于 OB 的直线且与直线 OA 交于 D(图 1.16(b))，因为$\overrightarrow{OD}$与 $\boldsymbol{a}$ 共线，所以有实数 λ 使得$\overrightarrow{OD}=\lambda\boldsymbol{a}$. 同理有$\overrightarrow{DC}=\mu\boldsymbol{b}$. 因此有

$$\boldsymbol{c}=\overrightarrow{OC}=\overrightarrow{OD}+\overrightarrow{DC}=\lambda\boldsymbol{a}+\mu\boldsymbol{b}.$$

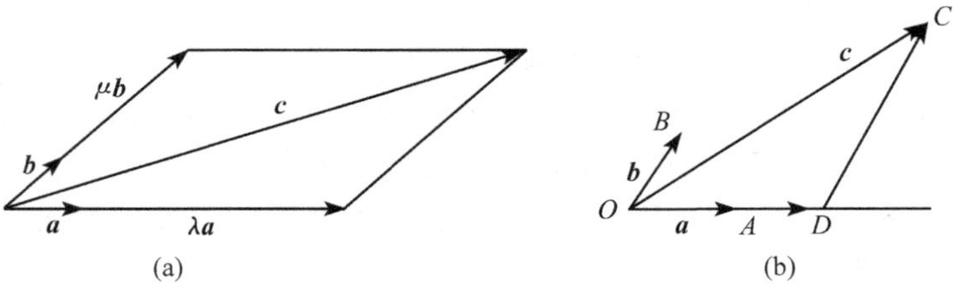

图 1.16

唯一性. 假如 $\boldsymbol{c}=\lambda\boldsymbol{a}+\mu\boldsymbol{b}=\lambda_1\boldsymbol{a}+\mu_1\boldsymbol{b}$,则有

$$(\lambda-\lambda_1)\boldsymbol{a}+(\mu-\mu_1)\boldsymbol{b}=\boldsymbol{0}.$$

因为 $\boldsymbol{a}$ 与 $\boldsymbol{b}$ 不共线,根据推论 1.2.2 即得

$$\lambda-\lambda_1=0,\quad \mu-\mu_1=0,$$

于是

$$\lambda=\lambda_1,\quad \mu=\mu_1.$$

定理 1.2.6 $\boldsymbol{a},\boldsymbol{b},\boldsymbol{c}$ 共面的充要条件是有不全为零的实数 k_1,k_2,k_3,使得

$$k_1\boldsymbol{a}+k_2\boldsymbol{b}+k_3\boldsymbol{c}=\boldsymbol{0}. \tag{1.2.5}$$

证明 必要性. 设 $\boldsymbol{a},\boldsymbol{b},\boldsymbol{c}$ 共面,若 $\boldsymbol{a}/\!/\boldsymbol{b}$,则有不全为零的实数 λ,μ 使得 $\lambda\boldsymbol{a}+\mu\boldsymbol{b}=\boldsymbol{0}$,从而有

$$\lambda\boldsymbol{a}+\mu\boldsymbol{b}+0\boldsymbol{c}=\boldsymbol{0}.$$

若 $\boldsymbol{a}\not\parallel\boldsymbol{b}$,则由定理 1.2.5 有实数 λ,μ 使得 $\boldsymbol{c}=\lambda\boldsymbol{a}+\mu\boldsymbol{b}$,即

$$\lambda\boldsymbol{a}+\mu\boldsymbol{b}+(-1)\boldsymbol{c}=\boldsymbol{0}.$$

因此,不论 $\boldsymbol{a}$ 与 $\boldsymbol{b}$ 是否共线,结论均成立.

充分性. 不妨设 $k_1\neq0$,则由(1.2.5)式得

$$\boldsymbol{a}=-\frac{k_2}{k_1}\boldsymbol{b}-\frac{k_3}{k_1}\boldsymbol{c},$$

因此 $\boldsymbol{a},\boldsymbol{b},\boldsymbol{c}$ 共面.

从(1.2.5)式成立可以推出,

推论 1.2.3 $\boldsymbol{a},\boldsymbol{b},\boldsymbol{c}$ 不共面的充要条件是 $k_1\boldsymbol{a}+k_2\boldsymbol{b}+k_3\boldsymbol{c}=\boldsymbol{0}$ 当且仅当 $k_1=k_2=k_3=0$.

例 1.2.8 设 $\boldsymbol{e}_1,\boldsymbol{e}_2,\boldsymbol{e}_3$ 不共面,$\boldsymbol{a}=\boldsymbol{e}_2+\boldsymbol{e}_3,\boldsymbol{b}=\boldsymbol{e}_3+\boldsymbol{e}_1,\boldsymbol{c}=\boldsymbol{e}_1+\boldsymbol{e}_2$,问 $\boldsymbol{a},\boldsymbol{b},\boldsymbol{c}$ 是否共面,又 $\boldsymbol{b}-\boldsymbol{c},\boldsymbol{c}-\boldsymbol{a},\boldsymbol{a}-\boldsymbol{b}$ 是否共面.

解 设

$$\lambda\boldsymbol{a}+\mu\boldsymbol{b}+\nu\boldsymbol{c}=\boldsymbol{0}.$$

我们只要能推出 $\lambda=\mu=\nu=0$,那么由推论 1.2.3 得 $\boldsymbol{a},\boldsymbol{b},\boldsymbol{c}$ 不共面. 为此,将题设 $\boldsymbol{a},\boldsymbol{b},\boldsymbol{c}$ 代入上式得

$$(\mu+\nu)\boldsymbol{e}_1+(\lambda+\nu)\boldsymbol{e}_2+(\lambda+\mu)\boldsymbol{e}_3=\boldsymbol{0}.$$

由于 $\boldsymbol{e}_1,\boldsymbol{e}_2,\boldsymbol{e}_3$ 不共面,则

$$\mu+\nu=0,\quad \lambda+\nu=0,\quad \lambda+\mu=0,$$

所以 $\lambda=\mu=\nu=0$,从而 $\boldsymbol{a},\boldsymbol{b},\boldsymbol{c}$ 不共面. 由于

$$1\cdot(\boldsymbol{b}-\boldsymbol{c})+1\cdot(\boldsymbol{c}-\boldsymbol{a})+1\cdot(\boldsymbol{a}-\boldsymbol{b})=\boldsymbol{0},$$

由定理 1.2.6 知，$\boldsymbol{b}-\boldsymbol{c},\boldsymbol{c}-\boldsymbol{a},\boldsymbol{a}-\boldsymbol{b}$ 共面.

例 1.2.9 设 A,B,C 三点不共线，证明点 M 在平面 ABC 上的充要条件是存在实数 k_1,k_2,k_3，使得

$$\overrightarrow{OM}=k_1\overrightarrow{OA}+k_2\overrightarrow{OB}+k_3\overrightarrow{OC},\quad k_1+k_2+k_3=1,$$

其中 O 是任意取定的一点.

证明 必要性. 由于 A,B,C 不共线，所以 $\overrightarrow{AB},\overrightarrow{AC}$ 也不共线，因为 M 在平面 ABC 上，则 $\overrightarrow{AM},\overrightarrow{AB},\overrightarrow{AC}$ 共面，故由定理 1.2.5 知存在实数 k,m，使 $\overrightarrow{AM}=k\overrightarrow{AB}+m\overrightarrow{AC}$，对任意定点 O，有

$$\overrightarrow{OM}-\overrightarrow{OA}=k(\overrightarrow{OB}-\overrightarrow{OA})+m(\overrightarrow{OC}-\overrightarrow{OA}),$$

即

$$\overrightarrow{OM}=(1-k-m)\overrightarrow{OA}+k\overrightarrow{OB}+m\overrightarrow{OC},$$

令 $k_1=1-k-m,k_2=k,k_3=m$，则有

$$\overrightarrow{OM}=k_1\overrightarrow{OA}+k_2\overrightarrow{OB}+k_3\overrightarrow{OC},\quad \text{且 } k_1+k_2+k_3=1.$$

充分性. 设 $\overrightarrow{OM}=k_1\overrightarrow{OA}+k_2\overrightarrow{OB}+k_3\overrightarrow{OC}$，注意到 $k_1=1-k_2-k_3$，有

$$\begin{aligned}\overrightarrow{AM}&=\overrightarrow{OM}-\overrightarrow{OA}=(1-k_2-k_3)\overrightarrow{OA}+k_2\overrightarrow{OB}+k_3\overrightarrow{OC}-\overrightarrow{OA}\\&=k_2(\overrightarrow{OB}-\overrightarrow{OA})+k_3(\overrightarrow{OC}-\overrightarrow{OA})=k_2\overrightarrow{AB}+k_3\overrightarrow{AC},\end{aligned}$$

可见 $\overrightarrow{AM},\overrightarrow{AB},\overrightarrow{AC}$ 共面，即 M 在平面 ABC 上.

空间中的向量有如下的分解定理.

定理 1.2.7 如果 $\boldsymbol{e}_1,\boldsymbol{e}_2,\boldsymbol{e}_3$ 不共面，那么空间任意向量 $\boldsymbol{m}$ 可以唯一地表示成向量 $\boldsymbol{e}_1,\boldsymbol{e}_2,\boldsymbol{e}_3$ 的线性组合，即存在唯一的实数 x,y,z 使得

$$\boldsymbol{m}=x\boldsymbol{e}_1+y\boldsymbol{e}_2+z\boldsymbol{e}_3.\tag{1.2.6}$$

证明 因为 $\boldsymbol{e}_1,\boldsymbol{e}_2,\boldsymbol{e}_3$ 不共面，因此它们都是非零向量，且彼此不共线.

如果 $\boldsymbol{m}$ 和 $\boldsymbol{e}_1,\boldsymbol{e}_2,\boldsymbol{e}_3$ 之中的两个向量共面，那么根据定理 1.2.5 知(1.2.6)式成立，例如 $\boldsymbol{m}$ 和 $\boldsymbol{e}_1,\boldsymbol{e}_2$ 共面，那么有 $\boldsymbol{m}=x\boldsymbol{e}_1+y\boldsymbol{e}_2+0\boldsymbol{e}_3$ 等.

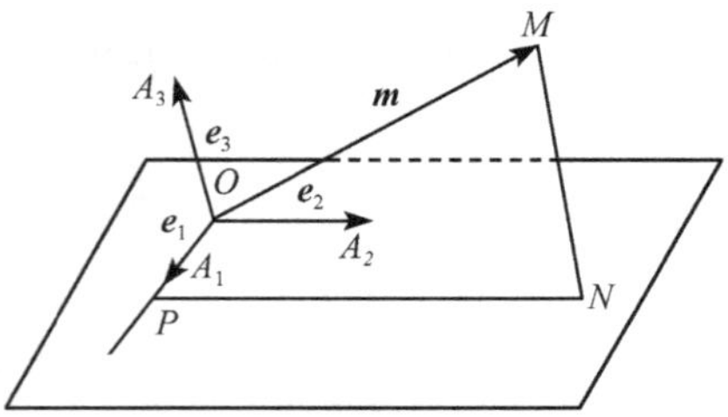

图 1.17

如果 $\boldsymbol{m}$ 和 $\boldsymbol{e}_1,\boldsymbol{e}_2,\boldsymbol{e}_3$ 之中任何两个向量都不共面($\boldsymbol{e}_1,\boldsymbol{e}_2,\boldsymbol{e}_3$ 都非零)，将向量 $\boldsymbol{m},\boldsymbol{e}_1,\boldsymbol{e}_2,\boldsymbol{e}_3$ 的起点位于同一点 O，作 $\overrightarrow{OA_1},\overrightarrow{OA_2},\overrightarrow{OA_3},\overrightarrow{OM}$ 分别表示 $\boldsymbol{e}_1,\boldsymbol{e}_2,\boldsymbol{e}_3,\boldsymbol{m}$. 过点 M 作一直线与 $\overrightarrow{OA_3}$ 平行，且与 $\overrightarrow{OA_1}$ 和 $\overrightarrow{OA_2}$ 所决定的平面交于点 N. 过点 N 作一直线与 $\overrightarrow{OA_2}$ 平行，并且与 $\overrightarrow{OA_1}$ 交于点 P(图 1.17).

因为

$$\overrightarrow{OP} \mathbin{/\!/} \boldsymbol{e}_1, \quad \overrightarrow{PN} \mathbin{/\!/} \boldsymbol{e}_2, \quad \overrightarrow{NM} \mathbin{/\!/} \boldsymbol{e}_3,$$

又根据定理 1.2.3，分别存在实数 x, y, z 使得

$$\overrightarrow{OP} = x\boldsymbol{e}_1, \quad \overrightarrow{PN} = y\boldsymbol{e}_2, \quad \overrightarrow{NM} = z\boldsymbol{e}_3,$$

从而有

$$\boldsymbol{m} = \overrightarrow{OM} = \overrightarrow{OP} + \overrightarrow{PN} + \overrightarrow{NM} = x\boldsymbol{e}_1 + y\boldsymbol{e}_2 + z\boldsymbol{e}_3.$$

唯一性. 若

$$\boldsymbol{m} = x\boldsymbol{e}_1 + y\boldsymbol{e}_2 + z\boldsymbol{e}_3 = x'\boldsymbol{e}_1 + y'\boldsymbol{e}_2 + z'\boldsymbol{e}_3,$$

则得

$$(x - x')\boldsymbol{e}_1 + (y - y')\boldsymbol{e}_2 + (z - z')\boldsymbol{e}_3 = \boldsymbol{0},$$

因为 $\boldsymbol{e}_1, \boldsymbol{e}_2, \boldsymbol{e}_3$ 不共面，由推论 1.2.3 立即得到

$$x - x' = y - y' = z - z' = 0,$$

即

$$x = x', \quad y = y', \quad z = z'.$$

我们还可以把向量线性组合的概念加以扩充，引进线性相关和线性无关的概念.

定义 1.2.6　对于 $n(n \geqslant 1)$ 个向量 $\boldsymbol{a}_1, \boldsymbol{a}_2, \cdots, \boldsymbol{a}_n$，如果存在不全为零的 n 个数 $\lambda_1, \lambda_2, \cdots, \lambda_n$ 使得

$$\lambda_1\boldsymbol{a}_1 - \lambda_2\boldsymbol{a}_2 + \cdots + \lambda_n\boldsymbol{a}_n = \boldsymbol{0}, \tag{1.2.7}$$

那么称 n 个向量 $\boldsymbol{a}_1, \boldsymbol{a}_2, \cdots, \boldsymbol{a}_n$ **线性相关**，否则称**线性无关**. 换句话说，向量 $\boldsymbol{a}_1, \boldsymbol{a}_2, \cdots, \boldsymbol{a}_n$ 线性无关就是指：当且仅当 $\lambda_1 = \lambda_2 = \cdots = \lambda_n = 0$ 时，(1.2.7)式才成立.

一个向量 $\boldsymbol{a}$ 线性相关的充要条件为 $\boldsymbol{a} = \boldsymbol{0}$.

由定理 1.2.4 和定理 1.2.6 有如下定理.

定理 1.2.8　两向量共线的充要条件是它们线性相关.

定理 1.2.9　三向量共面的充要条件是它们线性相关.

对于空间的任意四个或四个以上的向量，我们有下面的定理与推论.

定理 1.2.10　空间中任意四个向量总是线性相关的.

证明　设空间任意四个向量 $\boldsymbol{a}, \boldsymbol{b}, \boldsymbol{c}, \boldsymbol{d}$，如果 $\boldsymbol{a}, \boldsymbol{b}, \boldsymbol{c}$ 共面，那么根据定理 1.2.9，它们是线性相关的. 所以存在不全为零的 $\lambda_1, \lambda_2, \lambda_3$，使得

$$\lambda_1\boldsymbol{a} + \lambda_2\boldsymbol{b} + \lambda_3\boldsymbol{c} = \boldsymbol{0},$$

即

$$\lambda_1 \boldsymbol{a} + \lambda_2 \boldsymbol{b} + \lambda_3 \boldsymbol{c} + 0 \cdot \boldsymbol{d} = \boldsymbol{0}.$$

因为 $\lambda_1, \lambda_2, \lambda_3$ 中至少有一个不等于零，根据定义 1.2.6 知 $\boldsymbol{a}, \boldsymbol{b}, \boldsymbol{c}, \boldsymbol{d}$ 线性相关. 如果 $\boldsymbol{a}, \boldsymbol{b}, \boldsymbol{c}$ 不共面，由定理 1.2.7 可知存在 λ, μ, ν 使得

$$\boldsymbol{d} = \lambda \boldsymbol{a} + \mu \boldsymbol{b} + \nu \boldsymbol{c},$$

即

$$\lambda \boldsymbol{a} + \mu \boldsymbol{b} + \nu \boldsymbol{c} - \boldsymbol{d} = \boldsymbol{0}.$$

由定义 1.2.6 知 $\boldsymbol{a}, \boldsymbol{b}, \boldsymbol{c}, \boldsymbol{d}$ 线性相关的.

推论 1.2.4　空间四个以上向量总是线性相关.

1.3　向量的内积、外积与混合积

1.3.1　两向量的内积

设有一物体在常力 $\boldsymbol{F}$ 的作用下沿直线从 M_1 移动到 $\boldsymbol{M}_2$，以 $\boldsymbol{s}$ 表示位移 $\overrightarrow{M_1M_2}$（图 1.18），由物理学知道，力 $\boldsymbol{F}$ 所做的功为

$$W = |\boldsymbol{F}||\boldsymbol{s}| \cos \theta,$$

其中 θ 为 $\boldsymbol{F}$ 与 $\boldsymbol{s}$ 的夹角.

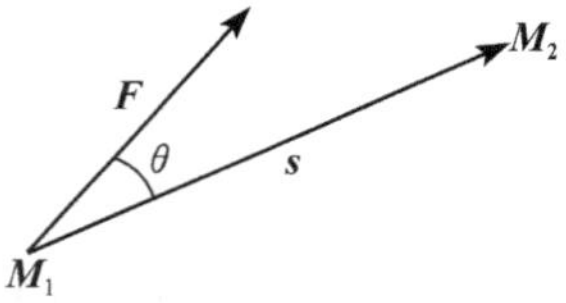

图 1.18

类似的情况在其他问题中也常遇到，因此我们引进向量的内积概念.

1. 两个向量的夹角

定义 1.3.1　已知空间两个非零向量 $\boldsymbol{a}$ 和 $\boldsymbol{b}$，过一点分别作与这两个向量相等的向量，它们之间不大于 π 的角就定义为 $\boldsymbol{a}$ 与 $\boldsymbol{b}$ 之间的**夹角**，记为 $\angle(\boldsymbol{a},\boldsymbol{b})$，$0 \leqslant \angle(\boldsymbol{a},\boldsymbol{b}) \leqslant \pi$.

显然，$\angle(\boldsymbol{a},\boldsymbol{b}) = \angle(\boldsymbol{b},\boldsymbol{a})$. 若 $\boldsymbol{a}$ 与 $\boldsymbol{b}$ 同向，那么 $\angle(\boldsymbol{a},\boldsymbol{b}) = 0$；若 $\boldsymbol{a}$ 与 $\boldsymbol{b}$ 反向，那么 $\angle(\boldsymbol{a},\boldsymbol{b}) = \pi$；如果 $\boldsymbol{a}$ 与 $\boldsymbol{b}$ 不平行，那么 $0 < \angle(\boldsymbol{a},\boldsymbol{b}) < \pi$. 如果 $\angle(\boldsymbol{a},\boldsymbol{b}) = \dfrac{\pi}{2}$，则 $\boldsymbol{a}$ 和 $\boldsymbol{b}$ 的方向垂直，用 $\boldsymbol{a} \perp \boldsymbol{b}$ 表示. 由于 $\boldsymbol{0}$ 的方向不确定，所以 $\angle(\boldsymbol{0},\boldsymbol{a})$ 没有意义.

2. 内积

定义 1.3.2　两个向量 $\boldsymbol{a}$ 和 $\boldsymbol{b}$ 的模和它们夹角的余弦的乘积叫做向量 $\boldsymbol{a}$ 和 $\boldsymbol{b}$ 的**内积**（图 1.19），记作 $\boldsymbol{a} \cdot \boldsymbol{b}$，即

$$\boldsymbol{a} \cdot \boldsymbol{b} = |\boldsymbol{a}||\boldsymbol{b}| \cos \angle(\boldsymbol{a},\boldsymbol{b}). \qquad (1.3.1)$$

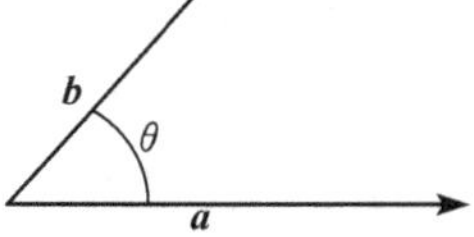

图 1.19

显然，(1) 若 $\boldsymbol{a}$ 与 $\boldsymbol{b}$ 中有一个为 $\boldsymbol{0}$，或 $\angle(\boldsymbol{a},\boldsymbol{b}) = \dfrac{\pi}{2}$，则 $\boldsymbol{a} \cdot \boldsymbol{b} = 0$，反之亦然.

(2) 若 $\boldsymbol{a}\neq\boldsymbol{0}$，则 $\boldsymbol{a}\cdot\boldsymbol{a}=|\boldsymbol{a}|^2$，记 $\boldsymbol{a}\cdot\boldsymbol{a}$ 为 $\boldsymbol{a}^2$，那么 $\boldsymbol{a}$ 的模及 $\boldsymbol{a}$ 与 $\boldsymbol{b}$ 的夹角可用内积表示，

$$|\boldsymbol{a}|=\sqrt{\boldsymbol{a}\cdot\boldsymbol{a}},\tag{1.3.2}$$

$$\cos\angle(\boldsymbol{a},\boldsymbol{b})=\frac{\boldsymbol{a}\cdot\boldsymbol{b}}{|\boldsymbol{a}||\boldsymbol{b}|},\quad 当\ \boldsymbol{a}\neq\boldsymbol{0},\boldsymbol{b}\neq\boldsymbol{0}\ 时,\tag{1.3.3}$$

(1.3.2)式和(1.3.3)式表明可以利用向量的内积来解决有关模和角度的问题.

(3) 在△ABC 中，令 $\boldsymbol{a}=\overrightarrow{AB}$，$\boldsymbol{b}=\overrightarrow{AC}$，那么 $\overrightarrow{BC}=\boldsymbol{b}-\boldsymbol{a}$，从而余弦定理就可以写成

$$|\boldsymbol{a}-\boldsymbol{b}|^2=|\boldsymbol{a}|^2+|\boldsymbol{b}|^2-2\boldsymbol{a}\cdot\boldsymbol{b}.$$

定理 1.3.1 $\boldsymbol{a}\perp\boldsymbol{b}$ 的充要条件是 $\boldsymbol{a}\cdot\boldsymbol{b}=0$.

3. 射影

设已知空间的一点 A 与一轴 $\boldsymbol{l}$，通过点 A 做垂直于轴 $\boldsymbol{l}$ 的平面 π，我们把这个平面与轴 l 的交点 A' 叫做点 A 在轴 $\boldsymbol{l}$ 上的**射影**(图 1.20).

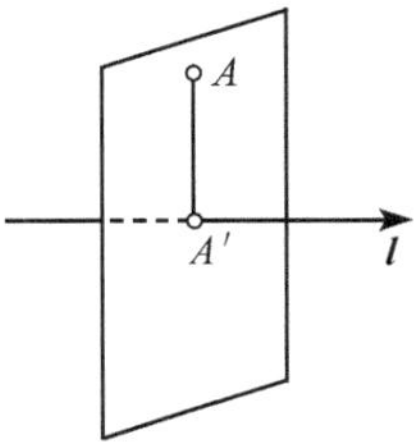

图 1.20

定义 1.3.3 设向量 $\overrightarrow{AB}$ 的起点 A 和终点 B 在轴 $\boldsymbol{l}$ 上的射影分别为 A' 和 B'，那么向量 $\overrightarrow{A'B'}$ 称为向量 $\overrightarrow{AB}$ 在轴 $\boldsymbol{l}$ 上的**射影向量**(图 1.21).

如果在轴上取与轴同方向的单位向量 $\boldsymbol{e}$，那么有

$$\overrightarrow{A'B'}=x\boldsymbol{e},$$

这里的实数 x 叫做向量 $\overrightarrow{AB}$ 在轴 $\boldsymbol{l}$ 上的**射影**，记作 $\mathrm{Prj}_l\,\overrightarrow{AB}$.

如果已知向量 $\boldsymbol{a}$ 及 $\boldsymbol{b}$，过向量 $\boldsymbol{a}$ 的起点 A 和终点 B 分别作平面垂直于以 $\boldsymbol{b}$ 为方向的轴 $\boldsymbol{l}$，并交 $\boldsymbol{l}$ 于 A' 和 B'，向量 $\overrightarrow{A'B'}$ 就是向量 $\boldsymbol{a}$ 在向量 $\boldsymbol{b}$ 上的射影向量，$\overrightarrow{AB}$ 在轴 $\boldsymbol{l}$ 上的射影就是 $\boldsymbol{a}$ 在向量 $\boldsymbol{b}$ 上的射影，记为 $\boldsymbol{a}_b$，如图 1.22.

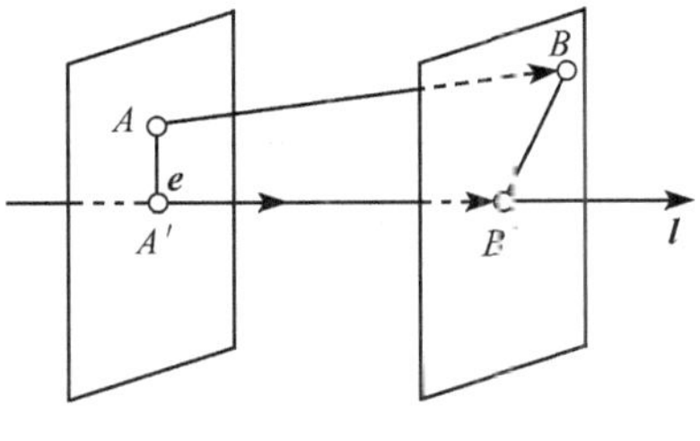

图 1.21

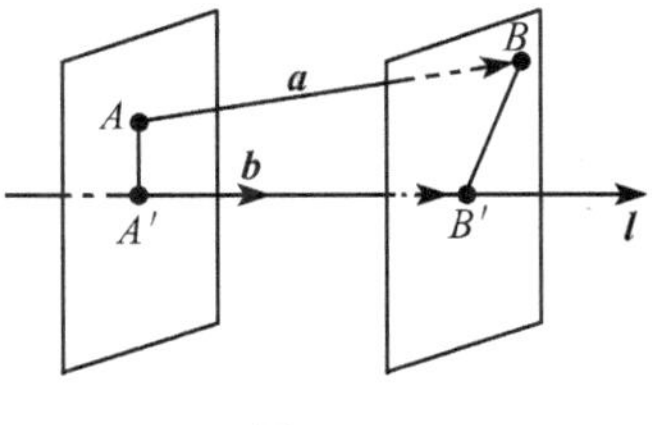

图 1.22

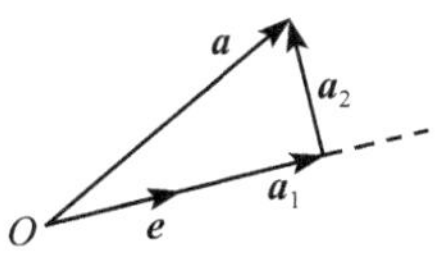

图 1.23

给定向量 $\boldsymbol{a}$ 和单位向量 $\boldsymbol{e}$，显然 $\boldsymbol{a}$ 可以分解成 $\boldsymbol{a}=\boldsymbol{a}_1+\boldsymbol{a}_2$，其中 $\boldsymbol{a}_1\parallel\boldsymbol{e}$，$\boldsymbol{a}_2\perp\boldsymbol{e}$(图 1.23)，并且这样的分解是唯一的. 这是因为假如还有 $\boldsymbol{a}=\boldsymbol{b}_1+\boldsymbol{b}_2$ 且 $\boldsymbol{b}_1\parallel\boldsymbol{e}$，$\boldsymbol{b}_2\perp\boldsymbol{e}$，则得 $(\boldsymbol{a}_1-\boldsymbol{b}_1)+(\boldsymbol{a}_2-\boldsymbol{b}_2)=\boldsymbol{0}$，即 $\boldsymbol{a}_1-\boldsymbol{b}_1=\boldsymbol{b}_2-\boldsymbol{a}_2$. 因为

$$(\boldsymbol{a}_1-\boldsymbol{b}_1)\ /\!/\ \boldsymbol{e},\quad (\boldsymbol{b}_2-\boldsymbol{a}_2)\perp \boldsymbol{e},$$

所以

$$\boldsymbol{a}_1-\boldsymbol{b}_1=\boldsymbol{b}_2-\boldsymbol{a}_2=\boldsymbol{0},$$

即

$$\boldsymbol{a}_1=\boldsymbol{b}_1,\quad \boldsymbol{a}_2=\boldsymbol{b}_2,$$

则 $\boldsymbol{a}_1$ 称为 $\boldsymbol{a}$ 在方向 $\boldsymbol{e}$ 上的**内射影**(简称射影),称 $\boldsymbol{a}_2$ 是 $\boldsymbol{a}$ 沿方向 $\boldsymbol{e}$ 下的**外射影**.

定理 1.3.2(射影定理) 向量 $\boldsymbol{a}$ 在向量 $\boldsymbol{b}$ 上的射影 $\boldsymbol{a}_b$ 为

$$\boldsymbol{a}_b=|\boldsymbol{a}|\cos\angle(\boldsymbol{a},\boldsymbol{b}).$$

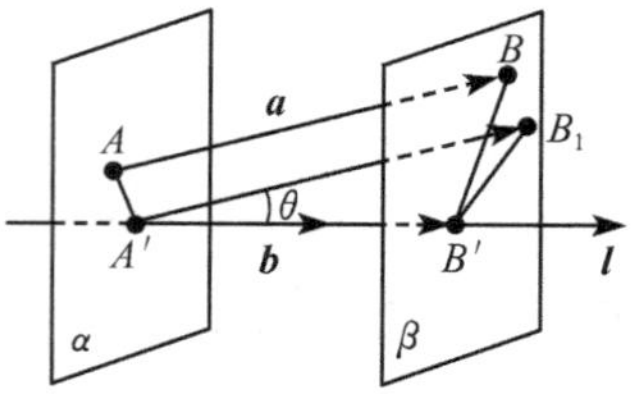

图 1.24

证明 当 $0\leqslant\angle(\boldsymbol{a},\boldsymbol{b})<\frac{\pi}{2}$ 时,如图 1.24,自 A' 作 $A'B_1$ 平行于 $\boldsymbol{a}$ 且与平面 β 交于点 B_1,显然 $B'B_1\perp A'B'$,由直角三角形的知识可知,

$$\boldsymbol{a}_b=|\overrightarrow{A'B'}|=|\overrightarrow{A'B_1}|\cos\theta=|\boldsymbol{a}|\cos\angle(\boldsymbol{a},\boldsymbol{b}).$$

当 $\frac{\pi}{2}<\angle(\boldsymbol{a},\boldsymbol{e})\leqslant\pi$ 时,$\overrightarrow{A'B'}$ 与 $\boldsymbol{b}$ 反向,射影 $\overrightarrow{A'B'}$ 为负,此时

$$\boldsymbol{a}_b=-|\overrightarrow{A'B'}|=-|\overrightarrow{A'B_1}|\cos(\pi-\theta)=|\overrightarrow{AB}|\cos\theta=|\boldsymbol{a}|\cos\angle(\boldsymbol{a},\boldsymbol{b}).$$

由内积定义及定理 1.3.2 知

$$\boldsymbol{a}\cdot\boldsymbol{b}=|\boldsymbol{b}|\boldsymbol{a}_b=|\boldsymbol{a}|\boldsymbol{b}_a.$$

推论 1.3.1 相等向量在同一轴上的射影相等.

定理 1.3.3 对任意向量 $\boldsymbol{b},\boldsymbol{c}$,有

$$(\boldsymbol{b}+\boldsymbol{c})_a=\boldsymbol{b}_a+\boldsymbol{c}_a. \tag{1.3.4}$$

证明 作 $\overrightarrow{AB}=\boldsymbol{b}$,$\overrightarrow{BC}=\boldsymbol{c}$,则 $\overrightarrow{AC}=\boldsymbol{b}+\boldsymbol{c}$,如图 1.25,设 A',B',C' 分别是 A,B,C 在向量 $\boldsymbol{a}$ 上的射影,则

$$(\boldsymbol{b}+\boldsymbol{c})_a=\overrightarrow{A'C'}=\overrightarrow{A'B'}+\overrightarrow{B'C'}=\boldsymbol{b}_a+\boldsymbol{c}_a.$$

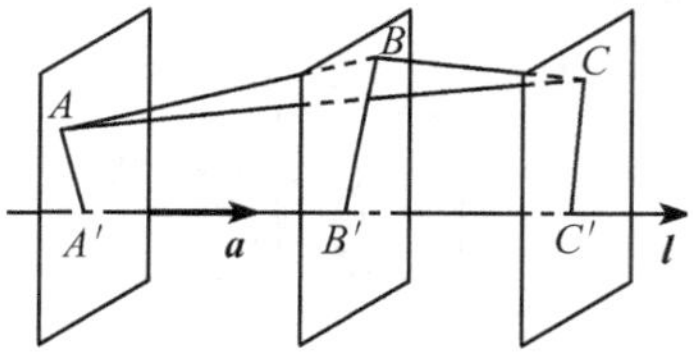

图 1.25

定理 1.3.4 对于任意向量 $\boldsymbol{b}$ 及实数 λ,有

$$(\lambda\boldsymbol{b})_a=\lambda(\boldsymbol{b}_a). \tag{1.3.5}$$

证明 设 $\lambda\neq0$,$\boldsymbol{b}\neq\boldsymbol{0}$(否则显然成立),由射影定理

$$(\lambda\boldsymbol{b})_a=|\lambda\boldsymbol{b}|\cos\angle(\boldsymbol{a},\lambda\boldsymbol{b}).$$

(1) 当 $\lambda>0$ 时,$\angle(\boldsymbol{a},\lambda\boldsymbol{b})=\angle(\boldsymbol{a},\boldsymbol{b})$,此时,由上式得

$$(\lambda\boldsymbol{b})_a=|\lambda||\boldsymbol{b}|\cos\angle(\boldsymbol{a},\boldsymbol{b})=\lambda(\boldsymbol{b}_a).$$

(2) 当 $\lambda<0$ 时,$\angle(\boldsymbol{a},\lambda\boldsymbol{b})=\pi-\angle(\boldsymbol{a},\boldsymbol{b})$,此时

$$(\lambda \boldsymbol{b})_{a} = |\lambda| |\boldsymbol{b}| \cos(\pi - \angle(\boldsymbol{a},\boldsymbol{b})) = -|\lambda| |\boldsymbol{b}| \cos \angle(\boldsymbol{a},\boldsymbol{b}) = \lambda(\boldsymbol{b}_a).$$

由数学归纳法有如下定理.

定理 1.3.5　对于任意有限个向量 $\boldsymbol{b}_1,\boldsymbol{b}_2,\cdots,\boldsymbol{b}_n$ 及实数 $\lambda_1,\cdots,\lambda_n$，有

$$(\lambda_1 \boldsymbol{b}_1 + \lambda_2 \boldsymbol{b}_2 + \cdots + \lambda_n \boldsymbol{b}_n)_a = \lambda_1(\boldsymbol{b}_1)_a + \lambda_2(\boldsymbol{b}_2)_a + \cdots + \lambda_n(\boldsymbol{b}_n)_a.$$

4. 内积的运算规律

定理 1.3.6　对于任意向量 $\boldsymbol{a},\boldsymbol{b},\boldsymbol{c}$ 和任意实数 λ，有

(1) $\boldsymbol{a}\cdot\boldsymbol{b}=\boldsymbol{b}\cdot\boldsymbol{a}$（交换律）；

(2) $(\lambda\boldsymbol{a})\cdot\boldsymbol{b}=\lambda(\boldsymbol{a}\cdot\boldsymbol{b})$（结合律）；

(3) $(\boldsymbol{a}+\boldsymbol{b})\cdot\boldsymbol{c}=\boldsymbol{a}\cdot\boldsymbol{c}+\boldsymbol{b}\cdot\boldsymbol{c}$（分配律）.

证明　(1) 由定义，结论显然成立.

(2) 由射影定理及性质有

$$(\lambda\boldsymbol{a})\cdot\boldsymbol{b} = |\boldsymbol{b}| (\lambda\boldsymbol{a})_b = \lambda |\boldsymbol{b}| \boldsymbol{a}_b = \lambda |\boldsymbol{b}| |\boldsymbol{a}| \cos \angle(\boldsymbol{a},\boldsymbol{b}) = \lambda(\boldsymbol{a}\cdot\boldsymbol{b}).$$

(3) 由射影定理 1.3.2 及性质有

$$(\boldsymbol{a}+\boldsymbol{b})\cdot\boldsymbol{c} = |\boldsymbol{c}| (\boldsymbol{a}+\boldsymbol{b})_c = |\boldsymbol{c}| (\boldsymbol{a}_c + \boldsymbol{b}_c) = |\boldsymbol{c}| \boldsymbol{a}_c + |\boldsymbol{c}| \boldsymbol{b}_c = \boldsymbol{a}\cdot\boldsymbol{c} + \boldsymbol{b}\cdot\boldsymbol{c}.$$

由内积的交换律和分配律还可以得到

$$\boldsymbol{a}\cdot(\lambda\boldsymbol{b}) = \lambda(\boldsymbol{a}\cdot\boldsymbol{b}),\quad \boldsymbol{a}\cdot(\boldsymbol{b}+\boldsymbol{c}) = \boldsymbol{a}\cdot\boldsymbol{b}+\boldsymbol{a}\cdot\boldsymbol{c}.$$

例 1.3.1　设 $|\boldsymbol{a}|=2$，$|\boldsymbol{b}|=3\sqrt{2}$，$\angle(\boldsymbol{a},\boldsymbol{b})=\dfrac{\pi}{4}$，计算：

(1) $\boldsymbol{a}\cdot\boldsymbol{b}$；　(2) $(\boldsymbol{a}-\boldsymbol{b})^2$；　(3) $(\boldsymbol{a}+\boldsymbol{b})\cdot(\boldsymbol{a}-\boldsymbol{b})$；　(4) $\boldsymbol{a}_b$.

解　(1) $\boldsymbol{a}\cdot\boldsymbol{b}=|\boldsymbol{a}||\boldsymbol{b}|\cos\dfrac{\pi}{4}=6\sqrt{2}\cdot\dfrac{\sqrt{2}}{2}=6$；

(2) $(\boldsymbol{a}+\boldsymbol{b})^2=4+18+2\cdot 6=34$；

(3) $(\boldsymbol{a}+\boldsymbol{b})\cdot(\boldsymbol{a}-\boldsymbol{b})=\boldsymbol{a}^2-\boldsymbol{b}^2=4-18=-14$；

(4) $\boldsymbol{a}_b=|\boldsymbol{a}|\cos\dfrac{\pi}{4}=\sqrt{2}$.

例 1.3.2　试证如果一条直线与一个平面内的两条相交直线都垂直，那么它就和平面内任何直线都垂直，即它垂直于平面.

证明　设直线 l 与平面 π 内两相交直线 α,β 都垂直（图 1.26），下面证明 l 与平面 π 内任意直线 δ 垂直. 在直线 l,α,β,δ 上分别任意取非零向量 $\boldsymbol{n},\boldsymbol{a},\boldsymbol{b},\boldsymbol{c}$，依条件有

$$\boldsymbol{n}\perp\boldsymbol{a},\quad \boldsymbol{n}\perp\boldsymbol{b},\quad \boldsymbol{a}\nparallel\boldsymbol{b}.$$

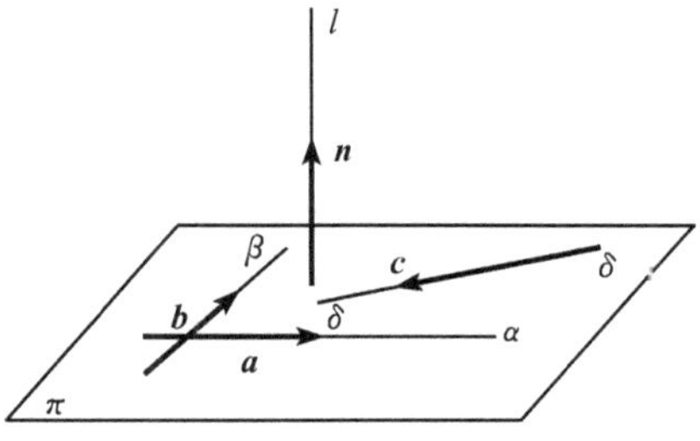

图 1.26

所以

$$\boldsymbol{n}\cdot\boldsymbol{a}=0,\quad \boldsymbol{n}\cdot\boldsymbol{b}=0.$$

且根据定理 1.2.5,$\boldsymbol{c}$ 可用 $\boldsymbol{a}$,$\boldsymbol{b}$ 线性表示 $\boldsymbol{c}=\lambda\boldsymbol{a}+\mu\boldsymbol{b}$,因而

$$\boldsymbol{n}\cdot\boldsymbol{c}=\boldsymbol{n}\cdot(\lambda\boldsymbol{a}+\mu\boldsymbol{b})=\lambda(\boldsymbol{n}\cdot\boldsymbol{a})+\mu(\boldsymbol{n}\cdot\boldsymbol{b})=0.$$

这表明两向量 $\boldsymbol{n}$ 与 $\boldsymbol{c}$ 互相垂直,也就是它们所在直线 l 与 δ 互相垂直,从而直线 l 垂直于平面 π.

例 1.3.3 证明三角形的三条高线交于一点.

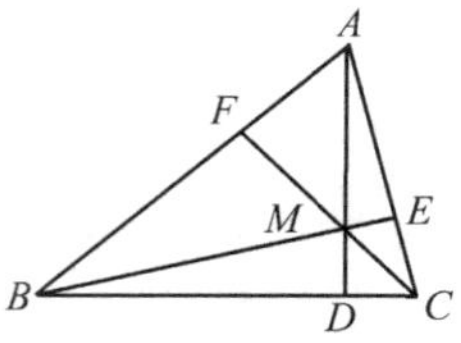

图 1.27

证明 设 $\triangle ABC$ 的两条高线 BE,CF 交于 M(图 1.27),连接 AM,因为 $BE\perp AC$,所以 $\overrightarrow{BM}\cdot\overrightarrow{AC}=0$,即 $(\overrightarrow{AM}-\overrightarrow{AB})\cdot\overrightarrow{AC}=0$,即 $\overrightarrow{AM}\cdot\overrightarrow{AC}=\overrightarrow{AB}\cdot\overrightarrow{AC}$. 因为 $CF\perp AB$,所以 $\overrightarrow{CM}\cdot\overrightarrow{AB}=0$,从而得

$$\overrightarrow{AM}\cdot\overrightarrow{AB}=\overrightarrow{AC}\cdot\overrightarrow{AB},$$

于是有 $\overrightarrow{AM}\cdot\overrightarrow{AC}=\overrightarrow{AM}\cdot\overrightarrow{AB}$,即得 $\overrightarrow{AM}\cdot\overrightarrow{BC}=0$. 这表明 $AM\perp BC$. 延长 AM 与 BC 交于 D,则 AD 为 BC 边上的高. 所以三角形 ABC 的三条高线交于一点 M.

1.3.2 两向量的外积

1. 外积的概念

在研究物体转动问题时,不但要考虑物体所受的力,还要分析这些力所产生的力矩. 下面就举一个简单的例子来说明表达力矩的方法.

设 O 为一杠杆 L 的支点,有一个力 $\boldsymbol{F}$ 作用于这杠杆上点 P 处,$\boldsymbol{F}$ 与 $\overrightarrow{OP}$ 的夹角为 θ(图 1.28),由力学原理知,力 $\boldsymbol{F}$ 对支点 O 的力矩是一个向量 $\boldsymbol{M}$,它的模为

$$|\boldsymbol{M}|=|OQ||\boldsymbol{F}|=|\boldsymbol{F}||\overrightarrow{OP}|\sin\theta.$$

而 $\boldsymbol{M}$ 的方向垂直于 $\overrightarrow{OP}$ 与 $\boldsymbol{F}$ 所决定的平面,$\boldsymbol{M}$ 的指向是按右手规则从 $\overrightarrow{OP}$ 以不超过 π 的角转向 $\boldsymbol{F}$ 来确定的,即当右手的四个手指从 $\overrightarrow{OP}$ 以不超过 π 的角转向 $\boldsymbol{F}$ 握拳时,大拇指的指向就是 $\boldsymbol{M}$ 的指向(图 1.29).

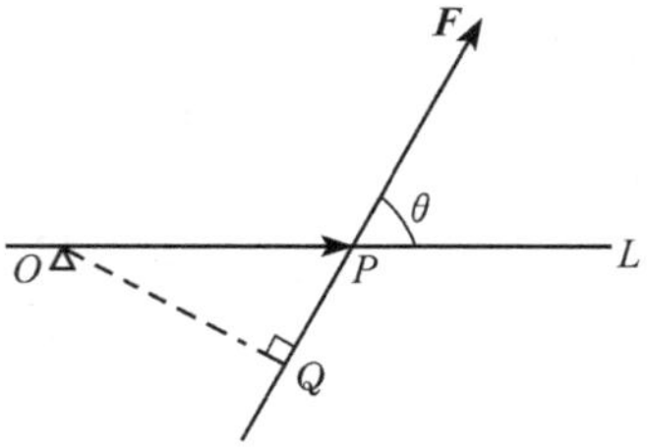

图 1.28

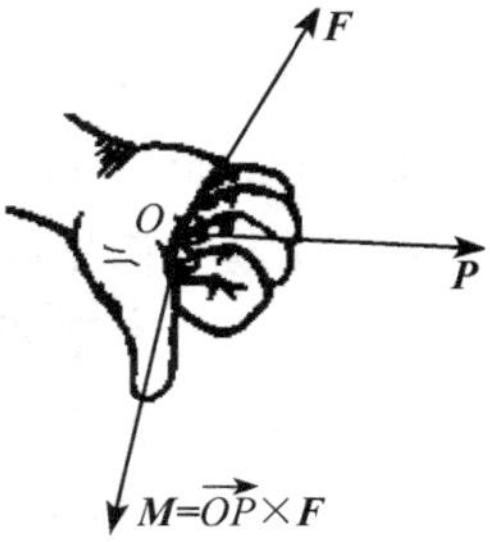

图 1.29

这种以两个已知向量按上面的规则来确定另一个向量的情况，在其他力学和物理问题中也会遇到，从而可以抽象出两个向量外积的概念.

定义 1.3.4 设向量 $\boldsymbol{c}$ 是由两个向量 $\boldsymbol{a}$ 与 $\boldsymbol{b}$ 按如下方式确定，$\boldsymbol{c}$ 的模 $|\boldsymbol{c}|=|\boldsymbol{a}||\boldsymbol{b}|\sin\theta$，其中 θ 为 $\boldsymbol{a},\boldsymbol{b}$ 之间的夹角，$\boldsymbol{c}$ 的方向垂直于 $\boldsymbol{a}$ 与 $\boldsymbol{b}$ 所决定的平面(即 $\boldsymbol{c}$ 既垂直于 $\boldsymbol{a}$ 又垂直于 $\boldsymbol{b}$)，$\boldsymbol{c}$ 的指向按右手规则从 $\boldsymbol{a}$ 转向 $\boldsymbol{b}$ 来确定(图 1.30)，向量 $\boldsymbol{c}$ 称为向量 $\boldsymbol{a}$ 与 $\boldsymbol{b}$ 的**外积**，记作 $\boldsymbol{a}\times\boldsymbol{b}$，即

$$\boldsymbol{c}=\boldsymbol{a}\times\boldsymbol{b}.$$

因此，上面的力矩 $\boldsymbol{M}$ 等于 $\overrightarrow{CP}$ 与 $\boldsymbol{F}$ 的外积(图 1.29)，即

$$\boldsymbol{M}=\overrightarrow{OP}\times\boldsymbol{F}.$$

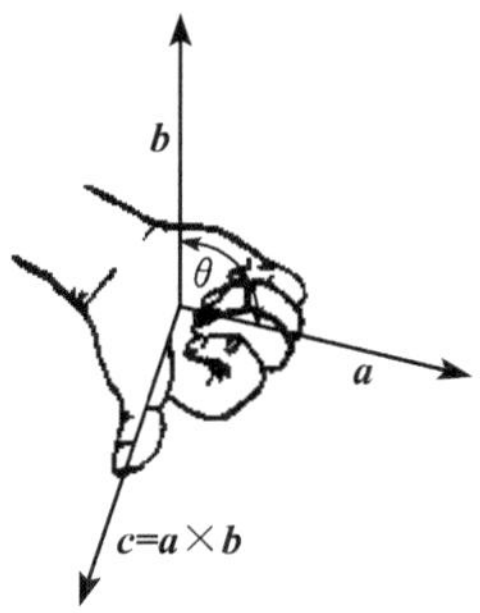

图 1.30

由向量的外积定义知：若 $\boldsymbol{a},\boldsymbol{b}$ 中有一个为 $\boldsymbol{0}$，则 $\boldsymbol{a}\times\boldsymbol{b}=\boldsymbol{0}$.

下面用外积给出向量共线的充要条件.

定理 1.3.7 两个向量 $\boldsymbol{a}$ 与 $\boldsymbol{b}$ 共线的充要条件是

$$\boldsymbol{a}\times\boldsymbol{b}=\boldsymbol{0}.$$

证明 $\boldsymbol{a}\times\boldsymbol{b}=\boldsymbol{0}\Leftrightarrow|\boldsymbol{a}\times\boldsymbol{b}|=0\Leftrightarrow|\boldsymbol{a}|=0$ 或 $|\boldsymbol{b}|=0$ 或 $\sin\angle(\boldsymbol{a},\boldsymbol{b})=0$

$\Leftrightarrow\boldsymbol{a}=\boldsymbol{0}$ 或 $\boldsymbol{b}=\boldsymbol{0}$ 或 $\angle(\boldsymbol{a},\boldsymbol{b})=0,\pi$

$\Leftrightarrow\boldsymbol{a}$ 与 $\boldsymbol{b}$ 共线.

例 1.3.4 $\boldsymbol{e}_1,\boldsymbol{e}_2,\boldsymbol{e}_3$ 是互相垂直的单位向量，且按其顺序构成右手系(图 1.31)，则

$$\boldsymbol{e}_1\cdot\boldsymbol{e}_2=\boldsymbol{e}_2\cdot\boldsymbol{e}_3=\boldsymbol{e}_3\cdot\boldsymbol{e}_1=0,$$
$$\boldsymbol{e}_1\times\boldsymbol{e}_2=\boldsymbol{e}_3,$$
$$\boldsymbol{e}_2\times\boldsymbol{e}_3=\boldsymbol{e}_1,$$
$$\boldsymbol{e}_3\times\boldsymbol{e}_1=\boldsymbol{e}_2.$$

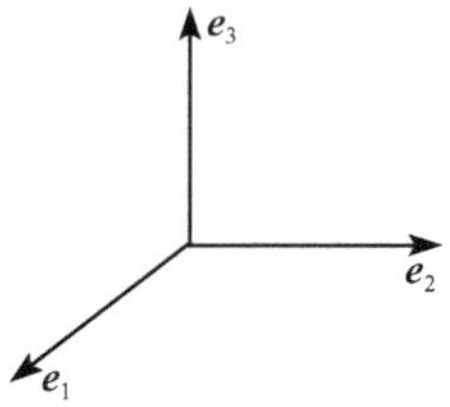

图 1.31

2. 向量外积的几何意义，平面的定向

外积的几何意义：当 $\boldsymbol{a}$ 与 $\boldsymbol{b}$ 不共线时，由定义 1.3.4 知，$|\boldsymbol{a}\times\boldsymbol{b}|$ 表示以 $\boldsymbol{a},\boldsymbol{b}$ 为邻边的平行四边形的面积. 为了说明 $\boldsymbol{a}\times\boldsymbol{b}$ 方向的几何意义，我们需要先给出所谓平面的定向概念.

平面的定向就是平面上的旋转方向. 在平面几何中，常用“反时针方向”与“顺时针方向”来描述平面上的两个旋转方向. 对于放在三维空间中的平面，这种说法不足以描述平面上的旋转方向：从这一侧看是反时针的旋转方向，从另一侧看就成了顺时针的，因此通常用另一种方法来描述.

给了平面 π_0 上的一对不共线向量，如果规定了它们的先后顺序，则从第一个向量到第二个向量的转角小于 π 的旋转方向就称为平面 π_0 的一个定向. 譬如，设 $\boldsymbol{a}_0,\boldsymbol{b}_0$ 不共线，如果规定先 $\boldsymbol{a}_0$ 后 $\boldsymbol{b}_0$ 的顺序，则从 $\boldsymbol{a}_0$ 到 $\boldsymbol{b}_0$ 的转角小于 π 的旋转方向

是平面 π_0 的一个定向,如图 1.32 所示.但是如果规定先 $\boldsymbol{b}_0$ 后 $\boldsymbol{a}_0$ 的顺序,则从 $\boldsymbol{b}_0$ 到 $\boldsymbol{a}_0$ 的转角小于 π 的旋转方向是平面 π_0 的另一定向,它与前述定向相反,如图 1.33 所示.

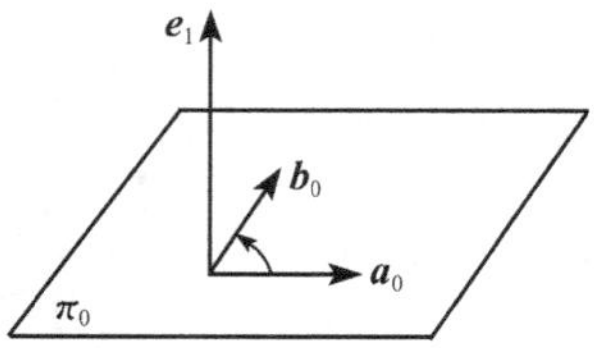

图 1.32

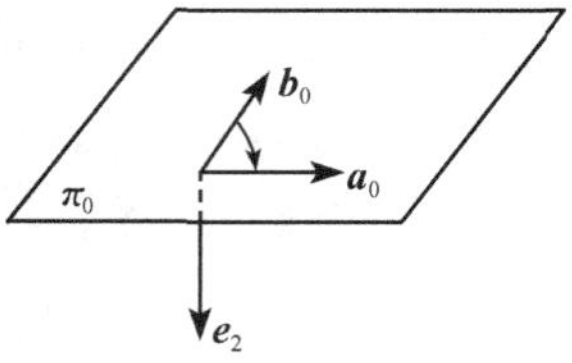

图 1.33

平面的两个定向,也可以用平面的两侧来代表:如果右手四指沿平面上取定的旋转方向弯曲,拇指必指向平面的一侧.这样,平面的两个定向就对应于平面的两侧,而平面的两侧又可用垂直于该平面的两个方向(或单位向量)来刻画,因此通常也用垂直于平面的方向来表示平面的定向:设 $\boldsymbol{e}_1$ 是与平面 π_0 垂直的向量,如果右手四指从 $\boldsymbol{a}_0$ 弯向 $\boldsymbol{b}_0$(转角小于 π)时,拇指的指向为 $\boldsymbol{e}_1$ 的方向,则 $\boldsymbol{e}_1$ 表示的平面 π_0 的定向就是由 $\boldsymbol{a}_0$ 到 $\boldsymbol{b}_0$ 的旋转方向(转角小于 π),见图 1.32.设 $\boldsymbol{e}_2$ 与 $\boldsymbol{e}_1$ 方向相反,则 $\boldsymbol{e}_2$ 表示的平面 π_0 的定向就是由 $\boldsymbol{b}_0$ 到 $\boldsymbol{a}_0$ 的旋转方向,见图 1.33.

现在来看外积 $\boldsymbol{a}\times\boldsymbol{b}$ 的方向的几何意义.$\boldsymbol{a}\times\boldsymbol{b}$ 的方向给出了以 $\boldsymbol{a},\boldsymbol{b}$ 为邻边的平行四边形的边界的一个环行方向,即让右手的拇指指向 $\boldsymbol{a}\times\boldsymbol{b}$ 的方向,右手其余四指的弯曲(转角小于 π)就是以 $\boldsymbol{a},\boldsymbol{b}$ 为邻边的平行四边形的边界环行方向.一个平行四边形如果给它的边界指定了一个环行方向,则称它是**定向平行四边形**.因此,$\boldsymbol{a}\times\boldsymbol{b}$ 的方向的几何意义就是,它给以 $\boldsymbol{a},\boldsymbol{b}$ 为邻边的平行四边形确定了一个定向.

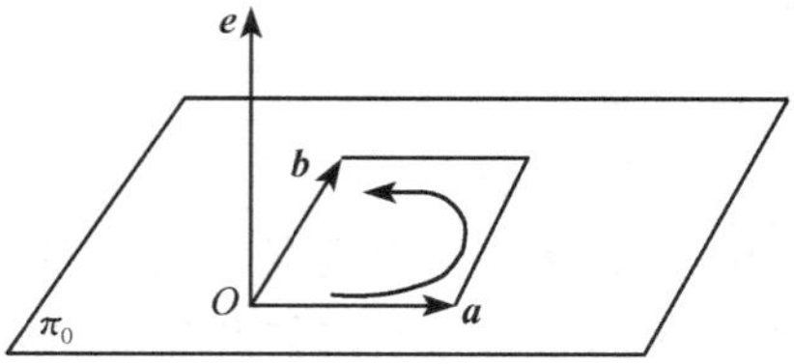

图 1.34

现在假定我们已经用单位向量 $\boldsymbol{e}$ 规定了平面 π_0 的定向,见图 1.34.对于平面 π_0 上的定向平行四边形,可以给它的面积一个正负号:如果它的定向与 π_0 的定向一致,则它的面积规定为正;如果不一致,就规定为负,这叫做定向平行四边形的**定向面积**.以 $\boldsymbol{a},\boldsymbol{b}$ 为邻边并且定向为 $\boldsymbol{a}\times\boldsymbol{b}$ 的平行四边形的定向面积用 $(\boldsymbol{a},\boldsymbol{b})$ 表示,于是当 $\boldsymbol{a}\times\boldsymbol{b}$ 与 $\boldsymbol{e}$ 同向时,$(\boldsymbol{a},\boldsymbol{b})>0$;当 $\boldsymbol{a}\times\boldsymbol{b}$ 与 $\boldsymbol{e}$ 反向时,$(\boldsymbol{a},\boldsymbol{b})<0$.又由于 $|\boldsymbol{a}\times\boldsymbol{b}|=|(\boldsymbol{a},\boldsymbol{b})|$,因此

$$\boldsymbol{a}\times\boldsymbol{b}=(\boldsymbol{a},\boldsymbol{b})\boldsymbol{e}.$$

例 1.3.5 设刚体以等角速度 $\boldsymbol{\omega}$ 绕 $\boldsymbol{l}$ 轴转动,计算刚体上点 M 的线速度.

解 刚体绕 $\boldsymbol{l}$ 轴旋转时,我们可以用在 $\boldsymbol{l}$ 轴上的一个向量 $\boldsymbol{\omega}$ 表示角速度,它的大小等于角速度的大小,它的方向由右手规则定出:即以右手握住 $\boldsymbol{l}$ 轴,当右手的四个手指的转向与刚体的旋转方向一致时，大拇指的指向就是 $\boldsymbol{\omega}$ 的方向(图 1.35).

设点 M 到旋转轴 $\boldsymbol{l}$ 的距离为 a，再在 $\boldsymbol{l}$ 轴上任取一点 O，作向量 $\boldsymbol{r}=\overrightarrow{OM}$，并以 θ 表示 $\boldsymbol{\omega}$ 与 $\boldsymbol{r}$ 的夹角，那么

$$a=|\boldsymbol{r}|\sin\theta.$$

设线速度为 $\boldsymbol{v}$，由物理学中线速度与角速度的关系可知，$\boldsymbol{v}$ 的大小为

$$|\boldsymbol{v}|=|\boldsymbol{\omega}|a=|\boldsymbol{\omega}||\boldsymbol{r}|\sin\theta;$$

$\boldsymbol{v}$ 的方向垂直于通过点 M 与 $\boldsymbol{l}$ 轴的平面，即 $\boldsymbol{v}$ 垂直于 $\boldsymbol{\omega}$ 与 $\boldsymbol{r}$；又 $\boldsymbol{v}$ 的指向是使 $\boldsymbol{\omega},\boldsymbol{r},\boldsymbol{v}$ 符合右手规则. 因此有

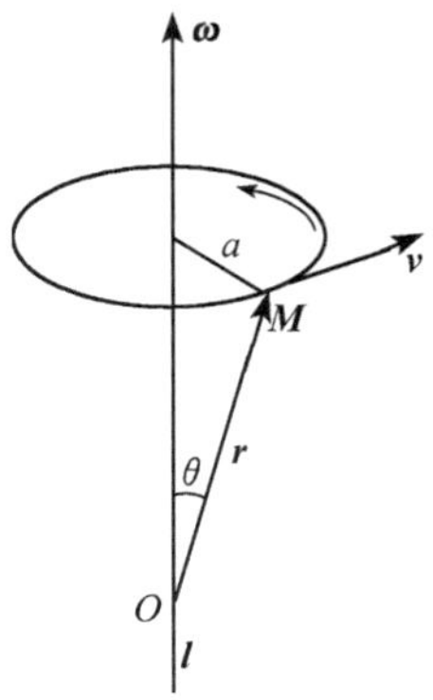

图 1.35

$$\boldsymbol{v}=\boldsymbol{\omega}\times\boldsymbol{r}.$$

3. 外积的运算规律

定理 1.3.8　对于任意向量 $\boldsymbol{a},\boldsymbol{b},\boldsymbol{c}$ 和任意实数 λ，外积适合下列运算规律：

(1) $\boldsymbol{a}\times\boldsymbol{b}=-\boldsymbol{b}\times\boldsymbol{a}$(反交换律)；

(2) $\lambda\boldsymbol{a}\times\boldsymbol{b}=\lambda(\boldsymbol{a}\times\boldsymbol{b})$；

(3) $(\boldsymbol{a}+\boldsymbol{b})\times\boldsymbol{c}=\boldsymbol{a}\times\boldsymbol{c}+\boldsymbol{b}\times\boldsymbol{c}$(右分配律)，

$\boldsymbol{a}\times(\boldsymbol{b}+\boldsymbol{c})=\boldsymbol{a}\times\boldsymbol{b}+\boldsymbol{a}\times\boldsymbol{c}$(左分配律).

证明　(1) 由定义立即得.

(2) $|(\lambda\boldsymbol{a})\times\boldsymbol{b}|=|\lambda\boldsymbol{a}||\boldsymbol{b}|\sin\angle(\lambda\boldsymbol{a},\boldsymbol{b})=|\lambda||\boldsymbol{a}||\boldsymbol{b}|\sin\angle(\boldsymbol{a},\boldsymbol{b})$

$=|\lambda||\boldsymbol{a}\times\boldsymbol{b}|=|\lambda(\boldsymbol{a}\times\boldsymbol{b})|$，

$\lambda>0$ 时，$\lambda\boldsymbol{a}$ 与 $\boldsymbol{a}$ 同向，所以 $\lambda\boldsymbol{a}\times\boldsymbol{b}$ 与 $\lambda(\boldsymbol{a}\times\boldsymbol{b})$ 同向；$\lambda<0$ 时，$\lambda\boldsymbol{a}\times\boldsymbol{b}$ 与 $\boldsymbol{a}\times\boldsymbol{b}$ 反向，从而 $\lambda\boldsymbol{a}\times\boldsymbol{b}$ 与 $\lambda(\boldsymbol{a}\times\boldsymbol{b})$ 同向，因此有

$$\lambda\boldsymbol{a}\times\boldsymbol{b}=\lambda(\boldsymbol{a}\times\boldsymbol{b}).$$

(3) 设 $\boldsymbol{a},\boldsymbol{b},\boldsymbol{c}$ 都是非零向量(否则显然成立)，任取一点 O，作 $\overrightarrow{OC}=\boldsymbol{c}$，$\overrightarrow{OA}=\boldsymbol{a}$，$\overrightarrow{AB}=\boldsymbol{b}$，则

$$\overrightarrow{OB}=\boldsymbol{a}+\boldsymbol{b}.$$

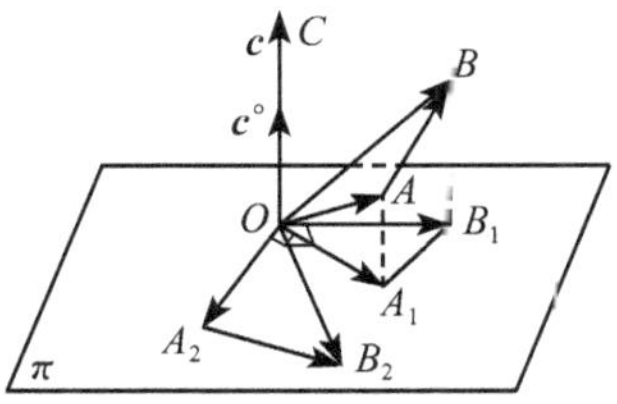

图 1.36

过 O 作平面 π 垂直于 $\boldsymbol{c}$，设 $\triangle OAB$ 在平面 π 上的射影为 $\triangle OA_1B_1$，再顺时针旋转 90°得 $\triangle OA_2B_2$(图 1.36). 我们先证明

$$\overrightarrow{OA_2}=\boldsymbol{a}\times\boldsymbol{c}^{\circ}.$$

事实上，由 $AA_1\perp$ 平面 π，从而 $AA_1\perp OA_2$，又 $OA_2\perp OA_1$，于是 $OA_2\perp$ 平面 OAA_1，从而 $\overrightarrow{OA_2}\perp\boldsymbol{a},\boldsymbol{c}^{\circ}$，

且 $\boldsymbol{a},\boldsymbol{c}^{\circ},\overrightarrow{OA_2}$ 构成右手系，又

$$|\overrightarrow{OA_2}|=|\overrightarrow{OA_1}|=|\boldsymbol{a}|\sin\angle(\boldsymbol{a},\boldsymbol{c}^{\circ})=|\boldsymbol{a}||\boldsymbol{c}^{\circ}|\sin\angle(\boldsymbol{a},\boldsymbol{c}^{\circ})=|\boldsymbol{a}\times\boldsymbol{c}^{\circ}|,$$

故 $\overrightarrow{OA_2}=\boldsymbol{a}\times\boldsymbol{c}^{\circ}$，同理得

$$\overrightarrow{A_2B_2}=\boldsymbol{b}\times\boldsymbol{c}^{\circ},\quad \overrightarrow{OB_2}=(\boldsymbol{a}+\boldsymbol{b})\times\boldsymbol{c}^{\circ}.$$

从而

$$(\boldsymbol{a}+\boldsymbol{b})\times\boldsymbol{c}^{\circ}=\overrightarrow{OB_2}=\overrightarrow{OA_2}+\overrightarrow{A_2B_2}=\boldsymbol{a}\times\boldsymbol{c}^{\circ}+\boldsymbol{b}\times\boldsymbol{c}^{\circ}.$$

于是由 $\boldsymbol{c}=|\boldsymbol{c}|\boldsymbol{c}^{\circ}$ 及(2)有

$$\begin{aligned}(\boldsymbol{a}+\boldsymbol{b})\times\boldsymbol{c}&=(\boldsymbol{a}+\boldsymbol{b})\times(|\boldsymbol{c}|\boldsymbol{c}^{\circ})=|\boldsymbol{c}|[(\boldsymbol{a}+\boldsymbol{b})\times\boldsymbol{c}^{\circ}]=|\boldsymbol{c}|[\boldsymbol{a}\times\boldsymbol{c}^{\circ}+\boldsymbol{b}\times\boldsymbol{c}^{\circ}]\\&=\boldsymbol{a}\times(|\boldsymbol{c}|\boldsymbol{c}^{\circ})+\boldsymbol{b}\times(|\boldsymbol{c}|\boldsymbol{c}^{\circ})=\boldsymbol{a}\times\boldsymbol{c}+\boldsymbol{b}\times\boldsymbol{c}.\end{aligned}$$

再证右分配律

$$\boldsymbol{a}\times(\boldsymbol{b}+\boldsymbol{c})=-(\boldsymbol{b}+\boldsymbol{c})\times\boldsymbol{a}=-\boldsymbol{b}\times\boldsymbol{a}-\boldsymbol{c}\times\boldsymbol{a}=\boldsymbol{a}\times\boldsymbol{b}+\boldsymbol{a}\times\boldsymbol{c}.$$

例 1.3.6 计算外积 $(3\boldsymbol{a}-2\boldsymbol{b})\times(2\boldsymbol{a}+\boldsymbol{b})$.

解 $(3\boldsymbol{a}-2\boldsymbol{b})\times(2\boldsymbol{a}+\boldsymbol{b})=6(\boldsymbol{a}\times\boldsymbol{a})+3(\boldsymbol{a}\times\boldsymbol{b})-4(\boldsymbol{b}\times\boldsymbol{a})-2(\boldsymbol{b}\times\boldsymbol{b})=7\boldsymbol{a}\times\boldsymbol{b}$.

例 1.3.7 试证明

$$(\boldsymbol{a}\times\boldsymbol{b})^2=\boldsymbol{a}^2\boldsymbol{b}^2-(\boldsymbol{a}\cdot\boldsymbol{b})^2. \tag{1.3.6}$$

证明 因为

$$(\boldsymbol{a}\times\boldsymbol{b})^2=|\boldsymbol{a}\times\boldsymbol{b}|^2=|\boldsymbol{a}|^2|\boldsymbol{b}|^2\sin^2\angle(\boldsymbol{a},\boldsymbol{b}),$$
$$(\boldsymbol{a}\cdot\boldsymbol{b})^2=|\boldsymbol{a}|^2|\boldsymbol{b}|^2\cos^2\angle(\boldsymbol{a},\boldsymbol{b}),$$

所以

$$(\boldsymbol{a}\times\boldsymbol{b})^2=|\boldsymbol{a}|^2|\boldsymbol{b}|^2-[|\boldsymbol{a}||\boldsymbol{b}|\cos\angle(\boldsymbol{a},\boldsymbol{b})]^2=\boldsymbol{a}^2\boldsymbol{b}^2-(\boldsymbol{a}\cdot\boldsymbol{b})^2.$$

例 1.3.8 设 $\overrightarrow{OA}=\boldsymbol{a},\overrightarrow{OB}=\boldsymbol{b},\overrightarrow{OC}=\boldsymbol{c}$，试证明 A,B,C 三点共线的充要条件是

$$\boldsymbol{a}\times\boldsymbol{b}+\boldsymbol{b}\times\boldsymbol{c}+\boldsymbol{c}\times\boldsymbol{a}=\boldsymbol{0}.$$

证明 A,B,C 三点共线 $\Leftrightarrow\overrightarrow{AB}/\!/\overrightarrow{BC}$，即

$$\overrightarrow{AB}\times\overrightarrow{BC}=\boldsymbol{0}.$$

而

$$\overrightarrow{AB}=\boldsymbol{b}-\boldsymbol{a},\quad \overrightarrow{BC}=\boldsymbol{c}-\boldsymbol{b},$$

从而这个条件就是

$$(\boldsymbol{b}-\boldsymbol{a})\times(\boldsymbol{c}-\boldsymbol{b})=\boldsymbol{b}\times\boldsymbol{c}-\boldsymbol{a}\times\boldsymbol{c}-\boldsymbol{b}\times\boldsymbol{b}+\boldsymbol{a}\times\boldsymbol{b}=\boldsymbol{0},$$

化简即得所要的等式.

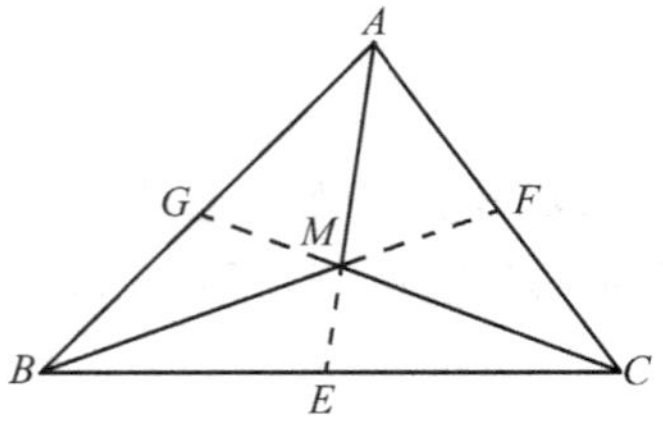

图 1.37

例 1.3.9 用向量代数知识证明三角形的重心分原三角形形成三个等积三角形(图 1.37).

证明 设 M 是 $\triangle ABC$ 的重心,则

$$\overrightarrow{AM}=\frac{2}{3}\overrightarrow{AE}=\frac{2}{3}\cdot\frac{1}{2}(\overrightarrow{AB}+\overrightarrow{AC})=\frac{1}{3}(\overrightarrow{AB}+\overrightarrow{AC}),$$

$$\overrightarrow{BM}=\frac{2}{3}\overrightarrow{BF}=\frac{2}{3}\cdot\frac{1}{2}(\overrightarrow{BA}+\overrightarrow{BC})=\frac{1}{3}(\overrightarrow{BA}+\overrightarrow{BC}),$$

$$\overrightarrow{CM}=\frac{2}{3}\overrightarrow{CG}=\frac{2}{3}\cdot\frac{1}{2}(\overrightarrow{CB}+\overrightarrow{CA})=\frac{1}{3}(\overrightarrow{CB}+\overrightarrow{CA}).$$

所以

$$S_{\triangle MBC}=\frac{1}{2}\left|\overrightarrow{MB}\times\overrightarrow{MC}\right|=\frac{1}{18}\left|\overrightarrow{AB}\times\overrightarrow{BC}+\overrightarrow{BC}\times\overrightarrow{CA}+\overrightarrow{CA}\times\overrightarrow{AB}\right|.$$

同理可证

$$S_{\triangle MAB}=S_{\triangle MCA}=\frac{1}{18}\left|\overrightarrow{AB}\times\overrightarrow{BC}+\overrightarrow{BC}\times\overrightarrow{CA}+\overrightarrow{CA}\times\overrightarrow{AB}\right|,$$

故

$$S_{\triangle MAB}=S_{\triangle MCA}=S_{\triangle MBC}.$$

1.3.3 三向量的混合积

1. 混合积的概念

前面已经知道,利用内积可以计算线段的长度,利用外积可以计算平行四边形的面积,如何利用向量的某种运算来计算平行六面体的体积?考虑以向量 $\boldsymbol{a},\boldsymbol{b},\boldsymbol{c}$ 为棱边的平行六面体(图 1.38),设其体积为 V.

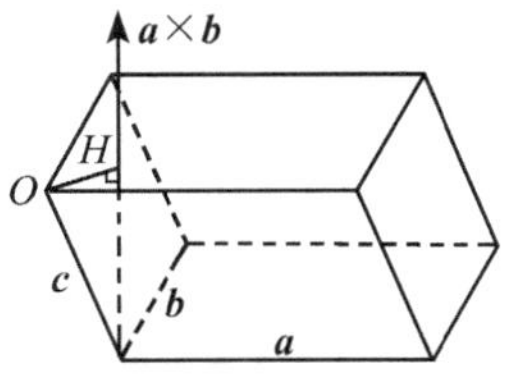

图 1.38

由于平行六面体的底面积

$$S=|\boldsymbol{a}\times\boldsymbol{b}|,$$

它的高为

$$h=|\boldsymbol{c}||\cos\angle(\boldsymbol{a}\times\boldsymbol{b},\boldsymbol{c})|,$$

所以

$$V=Sh=|\boldsymbol{a}\times\boldsymbol{b}||\boldsymbol{c}||\cos\angle(\boldsymbol{a}\times\boldsymbol{b},\boldsymbol{c})|=|(\boldsymbol{a}\times\boldsymbol{b})\cdot\boldsymbol{c}|.$$

对于三个向量的这种既有内积又有外积的运算,我们引进混合积的概念.

定义 1.3.5 $(\boldsymbol{a}\times\boldsymbol{b})\cdot\boldsymbol{c}$ 称为有序的向量组 $\boldsymbol{a},\boldsymbol{b},\boldsymbol{c}$ 的**混合积**,记为 $(\boldsymbol{a},\boldsymbol{b},\boldsymbol{c})$,即

$$(\boldsymbol{a},\boldsymbol{b},\boldsymbol{c})=(\boldsymbol{a}\times\boldsymbol{b})\cdot\boldsymbol{c}.$$

几何意义:$|(\boldsymbol{a}\times\boldsymbol{b})\cdot\boldsymbol{c}|$ 表示以 $\boldsymbol{a},\boldsymbol{b},\boldsymbol{c}$ 为棱边的平行六面体的体积,混合积 $(\boldsymbol{a},\boldsymbol{b},\boldsymbol{c})$ 的符号取决于 $\angle(\boldsymbol{a}\times\boldsymbol{b},\boldsymbol{c})$ 是锐角还是钝角,即 $\boldsymbol{a}\times\boldsymbol{b}$ 和 $\boldsymbol{c}$ 是指向 $\boldsymbol{a},\boldsymbol{b}$ 确定的底面的同侧还是异侧. 而这相当于 $\boldsymbol{a},\boldsymbol{b},\boldsymbol{c}$ 是构成右手系还是左手系,所以 $(\boldsymbol{a},\boldsymbol{b},\boldsymbol{c})>0$

(<0)的充要条件是 $\boldsymbol{a},\boldsymbol{b},\boldsymbol{c}$ 构成右(左)手系. 如果在平行六面体的同一顶点上的三条棱之间规定好一定的顺序($\boldsymbol{a},\boldsymbol{b},\boldsymbol{c}$),则称这个平行六面体的定向为($\boldsymbol{a},\boldsymbol{b},\boldsymbol{c}$). 对于定向平行六面体,可以给它的体积一个正负号:如果它的定向($\boldsymbol{a},\boldsymbol{b},\boldsymbol{c}$)构成右手系,则它的体积规定为正;如果它的定向($\boldsymbol{a},\boldsymbol{b},\boldsymbol{c}$)构成左手系,则它的体积规定为负,这叫做定向平行六面体的定向体积. 于是混合积 $(\boldsymbol{a}\times\boldsymbol{b})\cdot\boldsymbol{c}$ 表示了定向为($\boldsymbol{a},\boldsymbol{b},\boldsymbol{c}$)的平行六面体的定向体积.

定理 1.3.9　三个向量 $\boldsymbol{a},\boldsymbol{b},\boldsymbol{c}$ 共面的充要条件是 $(\boldsymbol{a}\times\boldsymbol{b})\cdot\boldsymbol{c}=0$.

证明　当 $\boldsymbol{a}$ 与 $\boldsymbol{b}$ 共线,即 $\boldsymbol{a}\times\boldsymbol{b}=\boldsymbol{0}$ 时,或 $\boldsymbol{c}=\boldsymbol{0}$ 时,结论成立.

下面假设 $\boldsymbol{a}$ 与 $\boldsymbol{b}$ 不共线,且 $\boldsymbol{c}\neq\boldsymbol{0}$,结论也成立. 如果 $(\boldsymbol{a}\times\boldsymbol{b})\cdot\boldsymbol{c}=0$,那么根据定理 1.3.1 有 $(\boldsymbol{a}\times\boldsymbol{b})\perp\boldsymbol{c}$,另一方面由外积的定义知 $(\boldsymbol{a}\times\boldsymbol{b})\perp\boldsymbol{a}$,$(\boldsymbol{a}\times\boldsymbol{b})\perp\boldsymbol{b}$,所以 $\boldsymbol{a},\boldsymbol{b},\boldsymbol{c}$ 三向量共面.

反过来,如果 $\boldsymbol{a},\boldsymbol{b},\boldsymbol{c}$ 共面,那么由 $(\boldsymbol{a}\times\boldsymbol{b})\perp\boldsymbol{a}$,$(\boldsymbol{a}\times\boldsymbol{b})\perp\boldsymbol{b}$ 知 $(\boldsymbol{a}\times\boldsymbol{b})\perp\boldsymbol{c}$,于是由定理 1.3.1 知 $(\boldsymbol{a}\times\boldsymbol{b})\cdot\boldsymbol{c}=0$.

由混合积的几何意义也可得到定理 1.3.9.

2. 混合积的性质

因 $(\boldsymbol{a}\times\boldsymbol{b})\perp\boldsymbol{a}$,$(\boldsymbol{a}\times\boldsymbol{b})\perp\boldsymbol{b}$,有 $(\boldsymbol{a}\times\boldsymbol{b})\cdot\boldsymbol{a}=0$,$(\boldsymbol{a}\times\boldsymbol{b})\cdot\boldsymbol{b}=0$,即 $(\boldsymbol{a},\boldsymbol{b},\boldsymbol{a})=0$,$(\boldsymbol{a},\boldsymbol{b},\boldsymbol{b})=0$.

定理 1.3.10(轮换定理)

$$(\boldsymbol{a},\boldsymbol{b},\boldsymbol{c})=(\boldsymbol{b},\boldsymbol{c},\boldsymbol{a})=(\boldsymbol{c},\boldsymbol{a},\boldsymbol{b})=-(\boldsymbol{b},\boldsymbol{a},\boldsymbol{c})=-(\boldsymbol{c},\boldsymbol{b},\boldsymbol{a})=-(\boldsymbol{a},\boldsymbol{c},\boldsymbol{b}).$$

证明　设 $\boldsymbol{a},\boldsymbol{b},\boldsymbol{c}$ 不共面(否则显然成立),因为 $|(\boldsymbol{a},\boldsymbol{b},\boldsymbol{c})|=|(\boldsymbol{b},\boldsymbol{c},\boldsymbol{a})|=|(\boldsymbol{c},\boldsymbol{a},\boldsymbol{b})|$,且当 $\boldsymbol{a},\boldsymbol{b},\boldsymbol{c}$ 构成右手系时,$\boldsymbol{b},\boldsymbol{c},\boldsymbol{a}$ 和 $\boldsymbol{c},\boldsymbol{a},\boldsymbol{b}$ 均构成右手系,则

$$(\boldsymbol{a},\boldsymbol{b},\boldsymbol{c})>0,\quad(\boldsymbol{b},\boldsymbol{c},\boldsymbol{a})>0,\quad(\boldsymbol{c},\boldsymbol{a},\boldsymbol{b})>0.$$

当 $\boldsymbol{a},\boldsymbol{b},\boldsymbol{c}$ 构成左手系时,$\boldsymbol{b},\boldsymbol{c},\boldsymbol{a}$ 和 $\boldsymbol{c},\boldsymbol{a},\boldsymbol{b}$ 仍构成左手系,则

$$(\boldsymbol{a},\boldsymbol{b},\boldsymbol{c})<0,\quad(\boldsymbol{b},\boldsymbol{c},\boldsymbol{a})<0,\quad(\boldsymbol{c},\boldsymbol{a},\boldsymbol{b})<0.$$

从而

$$(\boldsymbol{a},\boldsymbol{b},\boldsymbol{c})=(\boldsymbol{b},\boldsymbol{c},\boldsymbol{a})=(\boldsymbol{c},\boldsymbol{a},\boldsymbol{b}).$$

同理可证其他.

定理 1.3.11　混合积中外积和内积符号可交换,即

$$\boldsymbol{a}\times\boldsymbol{b}\cdot\boldsymbol{c}=\boldsymbol{a}\cdot\boldsymbol{b}\times\boldsymbol{c}.$$

证明　$\boldsymbol{a}\times\boldsymbol{b}\cdot\boldsymbol{c}=(\boldsymbol{a},\boldsymbol{b},\boldsymbol{c})=(\boldsymbol{b},\boldsymbol{c},\boldsymbol{a})=(\boldsymbol{b}\times\boldsymbol{c})\cdot\boldsymbol{a}=\boldsymbol{a}\cdot(\boldsymbol{b}\times\boldsymbol{c})$.

推论 1.3.2　对于任意向量 $\boldsymbol{a}_1,\boldsymbol{a}_2,\boldsymbol{b},\boldsymbol{c}$ 及实数 λ,有

$$(\boldsymbol{a}_1+\lambda\boldsymbol{a}_2,\boldsymbol{b},\boldsymbol{c})=(\boldsymbol{a}_1,\boldsymbol{b},\boldsymbol{c})+\lambda(\boldsymbol{a}_2,\boldsymbol{b},\boldsymbol{c}).$$

例 1.3.10　化简 $(\boldsymbol{c}+\boldsymbol{a},\boldsymbol{a}+\boldsymbol{b},\boldsymbol{b}+\boldsymbol{c})$.

解 $(\boldsymbol{c}+\boldsymbol{a},\boldsymbol{a}+\boldsymbol{b},\boldsymbol{b}+\boldsymbol{c})=(\boldsymbol{b},\boldsymbol{c}+\boldsymbol{a},\boldsymbol{a}+\boldsymbol{b})+(\boldsymbol{c},\boldsymbol{c}+\boldsymbol{a},\boldsymbol{a}+\boldsymbol{b})$

$=(\boldsymbol{b},\boldsymbol{c}+\boldsymbol{a},\boldsymbol{a})+(\boldsymbol{c},\boldsymbol{a},\boldsymbol{a}+\boldsymbol{b})=(\boldsymbol{b},\boldsymbol{c},\boldsymbol{a})+(\boldsymbol{c},\boldsymbol{a},\boldsymbol{b})$

$=2(\boldsymbol{a},\boldsymbol{b},\boldsymbol{c}).$

1.3.4 向量的二重外积

三向量$\boldsymbol{a},\boldsymbol{b},\boldsymbol{c}$有以下三种乘法：

(1) $(\boldsymbol{a}\cdot\boldsymbol{b})\boldsymbol{c}$是一个向量，表示数$\boldsymbol{a}\cdot\boldsymbol{b}$与向量$\boldsymbol{c}$的数乘；

(2) $(\boldsymbol{a}\times\boldsymbol{b})\cdot\boldsymbol{c}$是一个数量，表示$\boldsymbol{a},\boldsymbol{b},\boldsymbol{c}$的混合积；

(3) $(\boldsymbol{a}\times\boldsymbol{b})\times\boldsymbol{c}$是一个向量，称为**二重外积**(或称为**二重向量积**).

$(\boldsymbol{a}\times\boldsymbol{b})\times\boldsymbol{c}$是和$\boldsymbol{a},\boldsymbol{b}$共面且垂直于$\boldsymbol{c}$的向量，这是因为根据外积的定义，立即知道$(\boldsymbol{a}\times\boldsymbol{b})\times\boldsymbol{c}$与向量$\boldsymbol{c}$垂直，并且它与$\boldsymbol{a}\times\boldsymbol{b}$垂直，而$\boldsymbol{a},\boldsymbol{b}$也与$\boldsymbol{a}\times\boldsymbol{b}$垂直，所以$(\boldsymbol{a}\times\boldsymbol{b})\times\boldsymbol{c}$和$\boldsymbol{a},\boldsymbol{b}$共面.

二重外积有以下分解.

定理 1.3.12(二重外积分解公式) 对于任意三个向量$\boldsymbol{a},\boldsymbol{b},\boldsymbol{c}$有

$$(\boldsymbol{a}\times\boldsymbol{b})\times\boldsymbol{c}=(\boldsymbol{a}\cdot\boldsymbol{c})\boldsymbol{b}-(\boldsymbol{b}\cdot\boldsymbol{c})\boldsymbol{a},\tag{1.3.7}$$

$$\boldsymbol{a}\times(\boldsymbol{b}\times\boldsymbol{c})=(\boldsymbol{a}\cdot\boldsymbol{c})\boldsymbol{b}-(\boldsymbol{a}\cdot\boldsymbol{b})\boldsymbol{c}.\tag{1.3.8}$$

证明 先证(1.3.7)式.如果$\boldsymbol{a},\boldsymbol{b},\boldsymbol{c}$中有一为零向量，或$\boldsymbol{a}$与$\boldsymbol{b}$共线，或$\boldsymbol{c}$与$\boldsymbol{a},\boldsymbol{b}$都垂直，那么(1.3.7)式两边都为零，(1.3.7)式显然成立.

现在设$\boldsymbol{a},\boldsymbol{b},\boldsymbol{c}$为三个非零向量，且$\boldsymbol{a}$与$\boldsymbol{b}$不共线，$\boldsymbol{c}$与$\boldsymbol{a},\boldsymbol{b}$都不垂直.

情形 1 首先考虑$\boldsymbol{c}=\boldsymbol{a}$.由于$(\boldsymbol{a}\times\boldsymbol{b})\times\boldsymbol{a},\boldsymbol{a},\boldsymbol{b}$共面，而$\boldsymbol{a}$与$\boldsymbol{b}$不共线，从而可设

$$(\boldsymbol{a}\times\boldsymbol{b})\times\boldsymbol{a}=\lambda\boldsymbol{a}+\mu\boldsymbol{b},\tag{1.3.9}$$

(1.3.9)式两边同时与$\boldsymbol{a}$作内积，因为$(\boldsymbol{a}\times\boldsymbol{b})\times\boldsymbol{a}$与$\boldsymbol{a}$垂直，得

$$\lambda(\boldsymbol{a}\cdot\boldsymbol{a})+\mu(\boldsymbol{a}\cdot\boldsymbol{b})=0,\tag{1.3.10}$$

(1.3.9)式两边同时与$\boldsymbol{b}$作内积，得

$$\lambda(\boldsymbol{a}\cdot\boldsymbol{b})+\mu\boldsymbol{b}^2=(\boldsymbol{a}\times\boldsymbol{b})^2,\tag{1.3.11}$$

利用公式(1.3.6)，由(1.3.10)式和(1.3.11)式解得

$$\lambda=-\boldsymbol{a}\cdot\boldsymbol{b},\quad \mu=\boldsymbol{a}^2,\tag{1.3.12}$$

(1.3.12)式代入(1.3.9)式即得

$$(\boldsymbol{a}\times\boldsymbol{b})\times\boldsymbol{a}=(\boldsymbol{a}\cdot\boldsymbol{a})\boldsymbol{b}-(\boldsymbol{a}\cdot\boldsymbol{b})\boldsymbol{a},\tag{1.3.13}$$

即$\boldsymbol{c}=\boldsymbol{a}$时，(1.3.7)式成立.

情形 2 $\boldsymbol{c}=\boldsymbol{b}$时与情形1的证明相仿，结论仍然成立.

情形 3 $\boldsymbol{c}\neq\boldsymbol{a}$且$\boldsymbol{c}\neq\boldsymbol{b}$时，因为$\boldsymbol{a},\boldsymbol{b},\boldsymbol{a}\times\boldsymbol{b}$不共面，对任何向量$\boldsymbol{c}$，根据定理

1.2.7 总有数 l,m,γ 使得

$$\boldsymbol{c}=l\boldsymbol{a}+m\boldsymbol{b}+\gamma(\boldsymbol{a}\times\boldsymbol{b}),\tag{1.3.14}$$

从而有

$$\begin{aligned}(\boldsymbol{a}\times\boldsymbol{b})\times\boldsymbol{c}&=(\boldsymbol{a}\times\boldsymbol{b})\times[l\boldsymbol{a}+m\boldsymbol{b}+\gamma(\boldsymbol{a}\times\boldsymbol{b})]\\&=l[(\boldsymbol{a}\times\boldsymbol{b})\times\boldsymbol{a}]+m[(\boldsymbol{a}\times\boldsymbol{b})\times\boldsymbol{b}].\end{aligned}$$

利用(1.3.13)式可得

$$\begin{aligned}(\boldsymbol{a}\times\boldsymbol{b})\times\boldsymbol{c}&=l[(\boldsymbol{a}^2)\boldsymbol{b}-(\boldsymbol{a}\cdot\boldsymbol{b})\boldsymbol{a}]-m[(\boldsymbol{b}^2)\boldsymbol{a}-(\boldsymbol{a}\cdot\boldsymbol{b})\boldsymbol{b}]\\&=[l(\boldsymbol{a}^2)+m(\boldsymbol{a}\cdot\boldsymbol{b})]\boldsymbol{b}-[l(\boldsymbol{a}\cdot\boldsymbol{b})+m\boldsymbol{b}^2]\boldsymbol{a}\\&=[\boldsymbol{a}\cdot(l\boldsymbol{a}+m\boldsymbol{b}+\gamma(\boldsymbol{a}\times\boldsymbol{b}))]\boldsymbol{b}-[\boldsymbol{b}\cdot(l\boldsymbol{a}+m\boldsymbol{b}+\gamma(\boldsymbol{a}\times\boldsymbol{b}))]\boldsymbol{a},\end{aligned}$$

即(1.3.7)式成立,定理证毕.

由公式(1.3.7)式和外积的反交换律可得到

$$\begin{aligned}\boldsymbol{a}\times(\boldsymbol{b}\times\boldsymbol{c})&=-(\boldsymbol{b}\times\boldsymbol{c})\times\boldsymbol{a}=-(\boldsymbol{b}\cdot\boldsymbol{a})\boldsymbol{c}+(\boldsymbol{c}\cdot\boldsymbol{a})\boldsymbol{b}\\&=(\boldsymbol{a}\cdot\boldsymbol{c})\boldsymbol{b}-(\boldsymbol{a}\cdot\boldsymbol{b})\boldsymbol{c},\end{aligned}\tag{1.3.15}$$

即(1.3.8)式成立.

必须指出,由(1.3.15)式看到,在一般情况下,$\boldsymbol{a}\times(\boldsymbol{b}\times\boldsymbol{c})\neq(\boldsymbol{a}\times\boldsymbol{b})\times\boldsymbol{c}$,即向量的外积不适合结合律.

例 1.3.11 证明下述的雅可比(Jacobi)等式

$$\boldsymbol{a}\times(\boldsymbol{b}\times\boldsymbol{c})+\boldsymbol{b}\times(\boldsymbol{c}\times\boldsymbol{a})+\boldsymbol{c}\times(\boldsymbol{a}\times\boldsymbol{b})=\boldsymbol{0}.\tag{1.3.16}$$

证明

$$\begin{aligned}\boldsymbol{a}\times(\boldsymbol{b}\times\boldsymbol{c})&=(\boldsymbol{a}\cdot\boldsymbol{c})\boldsymbol{b}-(\boldsymbol{a}\cdot\boldsymbol{b})\boldsymbol{c},\\\boldsymbol{b}\times(\boldsymbol{c}\times\boldsymbol{a})&=(\boldsymbol{b}\cdot\boldsymbol{a})\boldsymbol{c}-(\boldsymbol{b}\cdot\boldsymbol{c})\boldsymbol{a},\\\boldsymbol{c}\times(\boldsymbol{a}\times\boldsymbol{b})&=(\boldsymbol{c}\cdot\boldsymbol{b})\boldsymbol{a}-(\boldsymbol{c}\cdot\boldsymbol{a})\boldsymbol{b},\end{aligned}$$

三式相加得

$$\boldsymbol{a}\times(\boldsymbol{b}\times\boldsymbol{c})+\boldsymbol{b}\times(\boldsymbol{c}\times\boldsymbol{a})+\boldsymbol{c}\times(\boldsymbol{a}\times\boldsymbol{b})=\boldsymbol{0}.$$

例 1.3.12 证明(1) $(\boldsymbol{a}\times\boldsymbol{b})\times(\boldsymbol{a}\times\boldsymbol{d})=(\boldsymbol{a},\boldsymbol{b},\boldsymbol{d})\boldsymbol{a}$;

(2) $\boldsymbol{a}\times[(\boldsymbol{b}\times\boldsymbol{a})\times(\boldsymbol{a}\times\boldsymbol{c})]=\boldsymbol{0}$.

证明 (1) 由二重外积的分解公式及轮换公式,得

$$\begin{aligned}(\boldsymbol{a}\times\boldsymbol{b})\times(\boldsymbol{a}\times\boldsymbol{d})&=[\boldsymbol{a}\cdot(\boldsymbol{a}\times\boldsymbol{d})]\boldsymbol{b}-[\boldsymbol{b}\cdot(\boldsymbol{a}\times\boldsymbol{d})]\boldsymbol{a}\\&=(\boldsymbol{a},\boldsymbol{a},\boldsymbol{d})\boldsymbol{b}-(\boldsymbol{b},\boldsymbol{a},\boldsymbol{d})\boldsymbol{a}=(\boldsymbol{a},\boldsymbol{b},\boldsymbol{d})\boldsymbol{a}.\end{aligned}$$

(2) 由(1)知,

$$\begin{aligned}\boldsymbol{a}\times[(\boldsymbol{b}\times\boldsymbol{a})\times(\boldsymbol{a}\times\boldsymbol{c})]&=\boldsymbol{a}\times[(\boldsymbol{a}\times\boldsymbol{c})\times(\boldsymbol{a}\times\boldsymbol{b})]=\boldsymbol{a}\times[(\boldsymbol{a},\boldsymbol{c},\boldsymbol{b})\boldsymbol{a}]\\&=(\boldsymbol{a},\boldsymbol{c},\boldsymbol{b})(\boldsymbol{a}\times\boldsymbol{a})=\boldsymbol{0}.\end{aligned}$$

1.3.5 拉格朗日恒等式及其应用

定理 1.3.13(Lagrange 恒等式) 对任意四个向量 $\boldsymbol{a},\boldsymbol{b},\boldsymbol{c},\boldsymbol{d}$ 有

$$(\boldsymbol{a}\times\boldsymbol{b})\cdot(\boldsymbol{c}\times\boldsymbol{d})=\begin{vmatrix}\boldsymbol{a}\cdot\boldsymbol{c} & \boldsymbol{a}\cdot\boldsymbol{d}\\ \boldsymbol{b}\cdot\boldsymbol{c} & \boldsymbol{b}\cdot\boldsymbol{d}\end{vmatrix}. \qquad (1.3.17)$$

(1.3.17)式称为**拉格朗日(Lagrange)恒等式**.

证明 $(\boldsymbol{a}\times\boldsymbol{b})\cdot(\boldsymbol{c}\times\boldsymbol{d})=\boldsymbol{a}\cdot[\boldsymbol{b}\times(\boldsymbol{c}\times\boldsymbol{d})]=\boldsymbol{a}\cdot[(\boldsymbol{b}\cdot\boldsymbol{d})\boldsymbol{c}-(\boldsymbol{b}\cdot\boldsymbol{c})\boldsymbol{d}]$

$=(\boldsymbol{b}\cdot\boldsymbol{d})(\boldsymbol{a}\cdot\boldsymbol{c})-(\boldsymbol{b}\cdot\boldsymbol{c})(\boldsymbol{a}\cdot\boldsymbol{d}).$

例 1.3.13 证明:三直角棱锥的斜面面积的平方等于其他三个面面积的平方和.

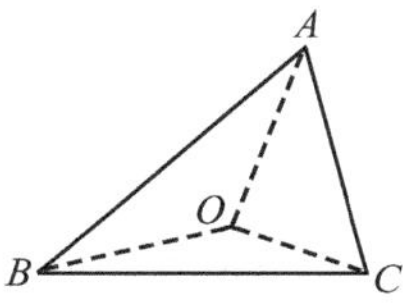

图 1.39

证明 设 $O\text{-}ABC$ 是三棱锥(图 1.39),其中 $\angle AOB=\angle AOC=\angle BOC=90°$. $\triangle ABC$ 是它的斜面. 注意到$\overrightarrow{OB}\cdot\overrightarrow{OC}=0$, $\overrightarrow{OB}\cdot\overrightarrow{OA}=0$,$\overrightarrow{OA}\cdot\overrightarrow{OC}=0$,有

$$\begin{aligned}|\overrightarrow{AB}\times\overrightarrow{AC}|^2&=(\overrightarrow{AB}\times\overrightarrow{AC})\cdot(\overrightarrow{AB}\times\overrightarrow{AC})\\&=\begin{vmatrix}\overrightarrow{AB}\cdot\overrightarrow{AB} & \overrightarrow{AB}\cdot\overrightarrow{AC}\\ \overrightarrow{AC}\cdot\overrightarrow{AB} & \overrightarrow{AC}\cdot\overrightarrow{AC}\end{vmatrix}=|\overrightarrow{AB}|^2|\overrightarrow{AC}|^2-(\overrightarrow{AB}\cdot\overrightarrow{AC})^2\\&=(|\overrightarrow{OA}|^2+|\overrightarrow{OB}|^2)(|\overrightarrow{OA}|^2+|\overrightarrow{OC}|^2)\\&\quad-[(\overrightarrow{OB}-\overrightarrow{OA})\cdot(\overrightarrow{OC}-\overrightarrow{OA})]^2\\&=|\overrightarrow{OA}|^4+|\overrightarrow{OB}|^2|\overrightarrow{OA}|^2+|\overrightarrow{OA}|^2|\overrightarrow{OC}|^2\\&\quad+|\overrightarrow{OB}|^2|\overrightarrow{OC}|^2-|\overrightarrow{OA}|^4\\&=(|\overrightarrow{OB}||\overrightarrow{OA}|)^2+(|\overrightarrow{OA}||\overrightarrow{OC}|)^2+(|\overrightarrow{OB}||\overrightarrow{OC}|)^2.\end{aligned}$$

由此即得我们所要的结论.

结 束 语

解析几何是用代数的方法来研究几何问题. 向量代数是解析几何中的重要内容,本章主要讲述向量的概念,向量的四种运算. 这里,我们没有引入坐标是为了使读者能掌握向量代数的基本内容,直接利用向量工具解决一些几何问题.

1. 关于向量的概念

既有大小又有方向的量称为向量,它有两个特征:大小(称为向量的模)和方向.

向量可以用有向线段来表示,有向线段的长度表示向量的大小,有向线段的方

向就是该向量的方向,大小相等方向一致表示同一个向量.在用向量处理几何问题时,要认清哪些向量虽然位置不同但实际上是相同的.

模为零的向量叫做零向量,记为 $\mathbf{0}$,其方向不定.

模为 1 的向量称为单位向量,与向量 $\boldsymbol{a}$ 同方向的单位向量记为 $\boldsymbol{a}^{\circ}$.

大小相等、方向相反的两个向量叫做互为负向量,$\boldsymbol{a}$ 的负向量记为 $-\boldsymbol{a}$.

2. 关于向量的运算

向量共有四种运算:加(减)法、数乘、内积(数量积)、外积(向量积、叉乘).对于线性运算,即向量的加法运算与数乘运算,它们具有下面的运算规律:

加法运算满足:

(1) 交换律:$\boldsymbol{a}+\boldsymbol{b}=\boldsymbol{b}+\boldsymbol{a}$;

(2) 结合律:$(\boldsymbol{a}+\boldsymbol{b})+\boldsymbol{c}=\boldsymbol{a}+(\boldsymbol{b}+\boldsymbol{c})$;

(3) 对任意向量 $\boldsymbol{a}$,有 $\boldsymbol{a}+\mathbf{0}=\boldsymbol{a}$;

(4) 对任意向量 $\boldsymbol{a}$,有 $\boldsymbol{a}+(-\boldsymbol{a})=\mathbf{0}$.

数乘运算满足:

(5) $1\cdot\boldsymbol{a}=\boldsymbol{a}$,$(-1)\boldsymbol{a}=-\boldsymbol{a}$;

(6) $\lambda(\mu\boldsymbol{a})=(\lambda\mu)\boldsymbol{a}$;

(7) $(\lambda+\mu)\boldsymbol{a}=\lambda\boldsymbol{a}+\mu\boldsymbol{a}$;

(8) $\lambda(\boldsymbol{a}+\boldsymbol{b})=\lambda\boldsymbol{a}+\lambda\boldsymbol{b}$.

利用向量的线性运算,就可以解决几何中与共线、共面等有关的几何问题;为了解决几何中的与长度、交角、面积、体积等有关的度量问题,我们又介绍了两向量 $\boldsymbol{a}$ 与 $\boldsymbol{b}$ 的内积、外积以及三向量 $\boldsymbol{a},\boldsymbol{b},\boldsymbol{c}$ 的混合积.

内积 $\boldsymbol{a}\cdot\boldsymbol{b}=|\boldsymbol{a}||\boldsymbol{b}|\cos\angle(\boldsymbol{a},\boldsymbol{b})$满足:

(9) $\boldsymbol{a}\cdot\boldsymbol{b}=\boldsymbol{b}\cdot\boldsymbol{a}$;

(10) $(\lambda\boldsymbol{a})\cdot\boldsymbol{b}=\lambda(\boldsymbol{a}\cdot\boldsymbol{b})$;

(11) $(\boldsymbol{a}+\boldsymbol{b})\cdot\boldsymbol{c}=\boldsymbol{a}\cdot\boldsymbol{c}+\boldsymbol{b}\cdot\boldsymbol{c}$.

外积 $\boldsymbol{a}\times\boldsymbol{b}$ 满足:

(12) $\boldsymbol{a}\times\boldsymbol{b}=-\boldsymbol{b}\times\boldsymbol{a}$(反交换律);

(13) $\lambda\boldsymbol{a}\times\boldsymbol{b}=\lambda(\boldsymbol{a}\times\boldsymbol{b})$;

(14) $(\boldsymbol{a}+\boldsymbol{b})\times\boldsymbol{c}=\boldsymbol{a}\times\boldsymbol{c}+\boldsymbol{b}\times\boldsymbol{c}$(右分配律),

$\boldsymbol{a}\times(\boldsymbol{b}+\boldsymbol{c})=\boldsymbol{a}\times\boldsymbol{b}+\boldsymbol{a}\times\boldsymbol{c}$(左分配律).

混合积$(\boldsymbol{a},\boldsymbol{b},\boldsymbol{c})=(\boldsymbol{a}\times\boldsymbol{b})\cdot\boldsymbol{c}$ 具有性质:

$$(\boldsymbol{a},\boldsymbol{b},\boldsymbol{c})=(\boldsymbol{b},\boldsymbol{c},\boldsymbol{a})=(\boldsymbol{c},\boldsymbol{a},\boldsymbol{b})=-(\boldsymbol{b},\boldsymbol{a},\boldsymbol{c})=-(\boldsymbol{c},\boldsymbol{b},\boldsymbol{a})=-(\boldsymbol{a},\boldsymbol{c},\boldsymbol{b}).$$

三向量 $\boldsymbol{a},\boldsymbol{b},\boldsymbol{c}$ 的二重外积,它的计算公式

$$(\boldsymbol{a}\times\boldsymbol{b})\times\boldsymbol{c}=(\boldsymbol{c}\cdot\boldsymbol{c})\boldsymbol{b}-(\boldsymbol{b}\cdot\boldsymbol{c})\boldsymbol{a},\quad (\boldsymbol{a}\times\boldsymbol{b})\times(\boldsymbol{a}\times\boldsymbol{d})=(\boldsymbol{a},\boldsymbol{b},\boldsymbol{d})\boldsymbol{a}.$$

特别注意向量的运算与数的运算区别：

$$\boldsymbol{a}\cdot\boldsymbol{b}=\boldsymbol{a}\cdot\boldsymbol{c}\quad\not\Rightarrow\quad\boldsymbol{b}=\boldsymbol{c};\quad \boldsymbol{a}\times\boldsymbol{b}=\boldsymbol{a}\times\boldsymbol{c}\quad\not\Rightarrow\quad\boldsymbol{b}=\boldsymbol{c};$$

$$\boldsymbol{a}\cdot\boldsymbol{b}=0\text{ 或 }\boldsymbol{a}\times\boldsymbol{b}=\boldsymbol{0}\quad\not\Rightarrow\quad\boldsymbol{a}=\boldsymbol{0}\text{ 或 }\boldsymbol{b}=\boldsymbol{0};\quad \boldsymbol{a}\times(\boldsymbol{b}\times\boldsymbol{c})\neq(\boldsymbol{a}\times\boldsymbol{b})\boldsymbol{c};$$

$$\boldsymbol{a}\times\boldsymbol{b}\neq\boldsymbol{b}\times\boldsymbol{a};\quad (\boldsymbol{a}\times\boldsymbol{b})\cdot\boldsymbol{c}\neq\boldsymbol{a}\times(\boldsymbol{b}\cdot\boldsymbol{c});$$

$$(\boldsymbol{a}\cdot\boldsymbol{b})\boldsymbol{c}\neq\boldsymbol{a}(\boldsymbol{b}\cdot\boldsymbol{c});\quad (\boldsymbol{a}\times\boldsymbol{b})\times\boldsymbol{c}\neq\boldsymbol{a}\times(\boldsymbol{b}\times\boldsymbol{c}).$$

3. 关于向量运算的几何应月

(1) 已知非零向量 $\boldsymbol{a},\boldsymbol{b}$，那么下列条件是等价的：

(i) $\boldsymbol{a}/\!/\boldsymbol{b}$ 或 $\boldsymbol{a}$ 与 $\boldsymbol{b}$ 共线；

(ii) 存在不全为零的实数 λ,μ，使得

$$\lambda\boldsymbol{a}+\mu\boldsymbol{b}=\boldsymbol{0};$$

(iii) $\boldsymbol{a}\times\boldsymbol{b}=\boldsymbol{0}$；

(iv) $\boldsymbol{b}=\lambda\boldsymbol{a},\lambda\neq0$.

(2) $\boldsymbol{a}\perp\boldsymbol{b}\Leftrightarrow\boldsymbol{a}\cdot\boldsymbol{b}=0$.

(3) 已知非零向量 $\boldsymbol{a},\boldsymbol{b},\boldsymbol{c}$，则下列条件是等价的：

(i) $\boldsymbol{a},\boldsymbol{b},\boldsymbol{c}$ 共面；

(ii) 存在不全为零的实数 λ,μ,ν，使得

$$\lambda\boldsymbol{a}+\mu\boldsymbol{b}+\nu\boldsymbol{c}=\boldsymbol{0};$$

(iii) 如果 $\boldsymbol{a}$ 与 $\boldsymbol{b}$ 不共线，存在不全为零的实数 λ,μ，使得

$$\boldsymbol{c}=\lambda\boldsymbol{a}+\mu\boldsymbol{b};$$

(iv) 混合积 $(\boldsymbol{a},\boldsymbol{b},\boldsymbol{c})=0$.

(4) $|\boldsymbol{a}\times\boldsymbol{b}|$ 表示以 $\boldsymbol{a},\boldsymbol{b}$ 为邻边的平行四边形的面积. $|(\boldsymbol{a},\boldsymbol{b},\boldsymbol{c})|$ 表示以 $\boldsymbol{a},\boldsymbol{b},\boldsymbol{c}$ 为邻边的平行六面体的体积.

练　习　题

一、基　础　题

1. 下列情形中的向量终点各构成什么图形？

(1) 把空间中一切单位向量归结到共同的始点；

(2) 把平行于某一平面的一切单位向量归结到共同的始点；

(3) 把平行于某一直线的一切向量归结到共同的始点；

(4) 把平行于某一直线的一切单位向量归结到共同的始点.

2. 设点 O 是正六边形 $ABCDEF$ 的中心，在向量 $\overrightarrow{OA},\overrightarrow{OB},\overrightarrow{OC},\overrightarrow{OD},\overrightarrow{OE},\overrightarrow{OF},\overrightarrow{AB},\overrightarrow{BC},\overrightarrow{CD},\overrightarrow{DE},\overrightarrow{EF}$ 和 $\overrightarrow{FA}$ 中，哪些向量是相等的？

3. 设 $ABCD\text{-}EFGH$ 是一个平行六面体，在下列各对向量中，找出相等的向量和互为相反向量的向量：

(1) $\overrightarrow{AB},\overrightarrow{CD}$；(2) $\overrightarrow{AE},\overrightarrow{CG}$；(3) $\overrightarrow{AC},\overrightarrow{EG}$；(4) $\overrightarrow{AD},\overrightarrow{GF}$；(5) $\overrightarrow{BE},\overrightarrow{CH}$.

4. 对于怎样的向量 $\boldsymbol{a}$，有 $\boldsymbol{a}=-\boldsymbol{a}$?

5. 要使下列各式成立，向量 $\boldsymbol{a},\boldsymbol{b}$ 应满足什么条件？

(1) $|\boldsymbol{a}+\boldsymbol{b}|=|\boldsymbol{a}|+|\boldsymbol{b}|$；(2) $|\boldsymbol{a}+\boldsymbol{b}|=|\boldsymbol{a}|-|\boldsymbol{b}|$；

(3) $|\boldsymbol{a}-\boldsymbol{b}|=|\boldsymbol{a}|-|\boldsymbol{b}|$；(4) $|\boldsymbol{a}-\boldsymbol{b}|=|\boldsymbol{a}|+|\boldsymbol{b}|$；

(5) $|\boldsymbol{a}+\boldsymbol{b}+\boldsymbol{c}|\leqslant|\boldsymbol{a}|+|\boldsymbol{b}|+|\boldsymbol{c}|$.

6. 设在平面上给了一个四边形 $ABCD$，点 K,L,M,N 分别是边 AB,BC,CD,DA 的中点，求证：$\overrightarrow{KL}=\overrightarrow{NM}$. 当 $ABCD$ 是空间四边形时，等式是否也成立？

7. 设 $ABCDEF$ 为正六边形，求$\overrightarrow{AB}+\overrightarrow{AC}+\overrightarrow{AD}+\overrightarrow{AE}+\overrightarrow{AF}$.

8. 设 L,M,N 分别是三角形 ABC 的三边 BC,CA,AB 的中点，证明三中线向量$\overrightarrow{AL},\overrightarrow{BM},\overrightarrow{CN}$可以构成一个三角形.

9. 设三角形 ABC 中$\angle A$ 的角平分线为 AD，试用$\overrightarrow{AB},\overrightarrow{AC}$表示向量$\overrightarrow{AD}$.

10. 在四边形 $ABCD$ 中，$\overrightarrow{AB}=\boldsymbol{a}+2\boldsymbol{b},\overrightarrow{BC}=-4\boldsymbol{a}-\boldsymbol{b},\ \overrightarrow{CD}=-5\boldsymbol{a}-3\boldsymbol{b}$($\boldsymbol{a},\boldsymbol{b}$ 都是非零向量)，证明 $ABCD$ 为梯形.

11. 用向量法证明，平行四边形的对角线互相平分.

12. 已知 $\boldsymbol{a},\boldsymbol{b}$ 不共线，问向量 $\boldsymbol{c}=3\boldsymbol{a}+\boldsymbol{b}$ 与 $\boldsymbol{d}=2\boldsymbol{a}-\boldsymbol{b}$ 是否线性相关？

13. 设 $\boldsymbol{e}_1,\boldsymbol{e}_2,\boldsymbol{e}_3$ 不共面，证明三个向量 $\boldsymbol{a}=-\boldsymbol{e}_1+3\boldsymbol{e}_2+2\boldsymbol{e}_3,\boldsymbol{b}=4\boldsymbol{e}_1-6\boldsymbol{e}_2+2\boldsymbol{e}_3,\boldsymbol{c}=-3\boldsymbol{e}_1+12\boldsymbol{e}_2+11\boldsymbol{e}_3$ 共面，其中 $\boldsymbol{a}$ 能否用 $\boldsymbol{b},\boldsymbol{c}$ 线性表示？如能表示，写出线性表示关系式.

14. (1) 设向量 $\boldsymbol{a}/\!/\boldsymbol{b},\boldsymbol{b}/\!/\boldsymbol{c}$，问 $\boldsymbol{a}$ 与 $\boldsymbol{c}$ 是否平行？

(2) 设向量 $\boldsymbol{a},\boldsymbol{b},\boldsymbol{c}$ 共面，$\boldsymbol{b},\boldsymbol{c},\boldsymbol{d}$ 也共面，问 $\boldsymbol{a},\boldsymbol{c},\boldsymbol{d}$ 是否一定共面？

15. 下列等式是否正确：

(1) $|\boldsymbol{a}|\boldsymbol{a}=\boldsymbol{a}^2$；(2) $\boldsymbol{a}(\boldsymbol{b}\cdot\boldsymbol{b})=\boldsymbol{a}\boldsymbol{b}^2$；(3) $\boldsymbol{a}(\boldsymbol{a}\cdot\boldsymbol{b})=\boldsymbol{a}^2\cdot\boldsymbol{b}$；

(4) $(\boldsymbol{a}\cdot\boldsymbol{b})^2=\boldsymbol{a}^2\cdot\boldsymbol{b}^2$；(5) $(\boldsymbol{a}\cdot\boldsymbol{b})\cdot\boldsymbol{c}=\boldsymbol{a}\cdot(\boldsymbol{b}\cdot\boldsymbol{c})$.

16. (1) 如果 $\boldsymbol{a}\cdot\boldsymbol{b}=\boldsymbol{a}\cdot\boldsymbol{c}$，且 $\boldsymbol{a}\neq\boldsymbol{0}$，则必有 $\boldsymbol{b}=\boldsymbol{c}$ 吗？

(2) 如果 $\boldsymbol{a}\times\boldsymbol{b}=\boldsymbol{a}\times\boldsymbol{c}$，且 $\boldsymbol{a}\neq\boldsymbol{0}$，则必有 $\boldsymbol{b}=\boldsymbol{c}$ 吗？

17. 已知两个向量 $\boldsymbol{a}$ 与 $\boldsymbol{b}$，求证：$|\boldsymbol{a}+\boldsymbol{b}|=|\boldsymbol{a}-\boldsymbol{b}|\Leftrightarrow\boldsymbol{a}\perp\boldsymbol{b}$.

18. 设 $\boldsymbol{a},\boldsymbol{b}$ 都是非零向量，且不共线，试证明 $2(|\boldsymbol{a}|^2+|\boldsymbol{b}|^2)=|\boldsymbol{a}+\boldsymbol{b}|^2+|\boldsymbol{a}-\boldsymbol{b}|^2$. 这个等式有什么几何意义？

19. 已知向量 $\boldsymbol{a},\boldsymbol{b}$ 互相垂直，向量 $\boldsymbol{c}$ 与 $\boldsymbol{a},\boldsymbol{b}$ 的夹角都是 $60°$，且 $|\boldsymbol{a}|=1,|\boldsymbol{b}|=2,|\boldsymbol{c}|=3$，计算：

(1) $(\boldsymbol{a}+\boldsymbol{b})^2$；(2) $(\boldsymbol{a}+\boldsymbol{b})\cdot(\boldsymbol{a}-\boldsymbol{b})$；(3) $(3\boldsymbol{a}-2\boldsymbol{b})\cdot(\boldsymbol{b}-3\boldsymbol{c})$；(4) $(\boldsymbol{a}+2\boldsymbol{b}-\boldsymbol{c})^2$.

20. 证明向量 $\boldsymbol{a}$ 与$(\boldsymbol{a}\cdot\boldsymbol{c})\boldsymbol{b}-(\boldsymbol{a}\cdot\boldsymbol{b})\boldsymbol{c}$ 和 $\boldsymbol{b}-\dfrac{\boldsymbol{a}\cdot\boldsymbol{b}}{\boldsymbol{a}^2}\boldsymbol{a}$ 都垂直.

21. 证明在平面上如果 $\boldsymbol{m}_1 \nparallel \boldsymbol{m}_2$，且 $\boldsymbol{a}\cdot\boldsymbol{m}_i=\boldsymbol{b}\cdot\boldsymbol{m}_i\ (i=1,2)$，则有 $\boldsymbol{a}=\boldsymbol{b}$.

22. 用向量法证明以下各题：

(1) 三角形的余弦定理 $a^2=b^2+c^2-2bc\cos A$；

(2) 三角形各边的垂直平分线共点且这点到各顶点等距.

23. 利用向量证明：

(1) 直径所对的圆周角是直角；

(2) 等腰三角形底边中线垂直于底边.

24. 设模为4的向量 $\boldsymbol{a}$ 与向量 $\boldsymbol{e}$ 的夹角为 $\frac{2\pi}{3}$，试求 a_e.

25. 如果 $|\boldsymbol{a}|=3, |\boldsymbol{b}|=2, \angle(\boldsymbol{a},\boldsymbol{b})=\frac{\pi}{3}$，求 a_b.

26. 已知 $\boldsymbol{a},\boldsymbol{b},\boldsymbol{c}$ 两两垂直，且 $|\boldsymbol{a}|=1, |\boldsymbol{b}|=2, |\boldsymbol{c}|=3$，求 $\boldsymbol{r}=\boldsymbol{a}+\boldsymbol{b}+\boldsymbol{c}$ 的长和它与 $\boldsymbol{a},\boldsymbol{b},\boldsymbol{c}$ 的夹角.

27. 已知 $\boldsymbol{a}=5\boldsymbol{p}+2\boldsymbol{q}, \boldsymbol{b}=\boldsymbol{p}-3\boldsymbol{q}$，且 $|\boldsymbol{p}|=2\sqrt{2}, |\boldsymbol{q}|=3, \angle(\boldsymbol{p},\boldsymbol{q})=\frac{\pi}{4}$，求 $\boldsymbol{a}+\boldsymbol{b}$ 的长度.

28. 已知 $|\boldsymbol{a}|=3, |\boldsymbol{b}|=2, \angle(\boldsymbol{a},\boldsymbol{b})=\frac{\pi}{6}$，求 $3\boldsymbol{a}+2\boldsymbol{b}$ 与 $2\boldsymbol{a}-3\boldsymbol{b}$ 的内积和夹角.

29. 证明三角形三条中线的长度平方和等于三边的长度平方和的 $\frac{3}{4}$.

30. 若 $\boldsymbol{a}\cdot\boldsymbol{b}=0$，则 $\boldsymbol{a}\times\boldsymbol{b}=\boldsymbol{0}$ 正确吗？

31. 化简下列各式：

(1) $(\boldsymbol{a}+\boldsymbol{b})\times(\boldsymbol{a}-2\boldsymbol{b})$；　　(2) $(2\boldsymbol{a}+\boldsymbol{b})\times(3\boldsymbol{a}-\boldsymbol{b})$；

(3) $(\boldsymbol{a}+\boldsymbol{b}+\boldsymbol{c})\times(\boldsymbol{a}+\boldsymbol{b}+\boldsymbol{c})$；　(4) $(\boldsymbol{a}+\boldsymbol{b}-\boldsymbol{c})\times(\boldsymbol{a}-\boldsymbol{b}+\boldsymbol{c})$.

32. 已知 $\boldsymbol{a}\times\boldsymbol{b}=\boldsymbol{c}\times\boldsymbol{d}, \boldsymbol{a}\times\boldsymbol{c}=\boldsymbol{b}\times\boldsymbol{d}$，试证 $\boldsymbol{a}-\boldsymbol{d}$ 与 $\boldsymbol{b}-\boldsymbol{c}$ 共线.

33. 设平行四边形对角线为 $\boldsymbol{a}=\boldsymbol{m}+2\boldsymbol{n}$ 与 $\boldsymbol{b}=3\boldsymbol{m}-4\boldsymbol{n}$，而 $|\boldsymbol{m}|=1, |\boldsymbol{n}|=2, \angle(\boldsymbol{m},\boldsymbol{n})=\frac{\pi}{6}$，求该平行四边形的面积.

34. 已知三角形的两边 $\overrightarrow{AB}=3\boldsymbol{p}-4\boldsymbol{q}, \overrightarrow{BC}=\boldsymbol{p}+5\boldsymbol{q}$，若 $\boldsymbol{p}$ 与 $\boldsymbol{q}$ 是互相垂直的单位向量，求高 $\overrightarrow{CD}$ 的长.

35. 设 $\boldsymbol{a},\boldsymbol{b},\boldsymbol{c}$ 为三个非零向量，证明：

(1) $(\boldsymbol{a},\boldsymbol{b},\boldsymbol{c}+\lambda\boldsymbol{a}+\mu\boldsymbol{b})=(\boldsymbol{a},\boldsymbol{b},\boldsymbol{c})$；

(2) $(\boldsymbol{a}+\boldsymbol{b},\boldsymbol{b}+\boldsymbol{c},\boldsymbol{c}+\boldsymbol{a})=2(\boldsymbol{a},\boldsymbol{b},\boldsymbol{c})$.

36. 证明 $(\boldsymbol{a}\times\boldsymbol{b})^2\leqslant\boldsymbol{a}^2\cdot\boldsymbol{b}^2$，并说明在什么情形下等号成立.

37. 证明下列各题：

(1) $(\boldsymbol{a}-\boldsymbol{d},\boldsymbol{b}-\boldsymbol{d},\boldsymbol{c}-\boldsymbol{d})=(\boldsymbol{a},\boldsymbol{b},\boldsymbol{c})-(\boldsymbol{a},\boldsymbol{b},\boldsymbol{d})+(\boldsymbol{a},\boldsymbol{c},\boldsymbol{d})-(\boldsymbol{b},\boldsymbol{c},\boldsymbol{d})$；

(2) $\boldsymbol{a}\times[\boldsymbol{b}\times(\boldsymbol{c}\times\boldsymbol{d})]=(\boldsymbol{a}\times\boldsymbol{c})(\boldsymbol{b}\cdot\boldsymbol{d})-(\boldsymbol{a}\times\boldsymbol{d})(\boldsymbol{b}\cdot\boldsymbol{c})$；

(3) $(\boldsymbol{a}\times\boldsymbol{b},\boldsymbol{b}\times\boldsymbol{c},\boldsymbol{c}\times\boldsymbol{a})=(\boldsymbol{a},\boldsymbol{b},\boldsymbol{c})^2$；

(4) $(\boldsymbol{a}\times\boldsymbol{b})\times\boldsymbol{c}+(\boldsymbol{b}\times\boldsymbol{c})\times\boldsymbol{a}+(\boldsymbol{c}\times\boldsymbol{a})\times\boldsymbol{b}=\boldsymbol{0}$.

38. 若向量 $\boldsymbol{a},\boldsymbol{b},\boldsymbol{c}$ 不共面，而且 $\boldsymbol{a}\cdot\boldsymbol{x}=0, \boldsymbol{b}\cdot\boldsymbol{x}=0, \boldsymbol{c}\cdot\boldsymbol{x}=0$，证明 $\boldsymbol{x}=\boldsymbol{0}$.

39. $\boldsymbol{u}=a_1\boldsymbol{e}_1+b_1\boldsymbol{e}_2+c_1\boldsymbol{e}_3, \boldsymbol{v}=a_2\boldsymbol{e}_1+b_2\boldsymbol{e}_2+c_2\boldsymbol{e}_3, \boldsymbol{\omega}=a_3\boldsymbol{e}_1+b_3\boldsymbol{e}_2+c_3\boldsymbol{e}_3$，试证明

$$(\boldsymbol{u},\boldsymbol{v},\boldsymbol{\omega})=\begin{vmatrix} a_1 & b_1 & c_1 \\ a_2 & b_2 & c_2 \\ a_3 & b_3 & c_3 \end{vmatrix}(\boldsymbol{e}_1,\boldsymbol{e}_2,\boldsymbol{e}_3).$$

二、提　高　题

1. 给出 $(\boldsymbol{a}\cdot\boldsymbol{b})\boldsymbol{c}=(\boldsymbol{c}\cdot\boldsymbol{b})\boldsymbol{a}$ 成立的条件.

2. 设 A,B,C,D 是一个四面体的四个顶点，M,N 分别是边 AB,CD 的中点. 证明：

$$\overrightarrow{MN} = \frac{1}{2}(\overrightarrow{AD} + \overrightarrow{BC}).$$

3. 证明 $[\boldsymbol{v}_1 \times (\boldsymbol{v}_1 \times \boldsymbol{v}_2)] \times [\boldsymbol{v}_2 \times (\boldsymbol{v}_1 \times \boldsymbol{v}_2)] = |\boldsymbol{v}_1 \times \boldsymbol{v}_2|^2 (\boldsymbol{v}_1 \times \boldsymbol{v}_2)$.

4. 证明：若 $\boldsymbol{v}_1$ 与 $\boldsymbol{v}_2$ 不共线，则 $\boldsymbol{v}_1 \times (\boldsymbol{v}_1 \times \boldsymbol{v}_2)$ 与 $\boldsymbol{v}_2 \times (\boldsymbol{v}_1 \times \boldsymbol{v}_2)$ 不共线.

5. 如果 $\boldsymbol{a} \perp \boldsymbol{b}$，试证 $\boldsymbol{a} \times \{\boldsymbol{a} \times [\boldsymbol{a} \times (\boldsymbol{a} \times \boldsymbol{b})]\} = \boldsymbol{a}^4 \boldsymbol{b}$.

6. 证明下列向量恒等式：

(1) $(\boldsymbol{b} \times \boldsymbol{c}) \times (\boldsymbol{a} \times \boldsymbol{d}) + (\boldsymbol{c} \times \boldsymbol{a}) \times (\boldsymbol{b} \times \boldsymbol{d}) + (\boldsymbol{a} \times \boldsymbol{b}) \times (\boldsymbol{c} \times \boldsymbol{d}) = -2(\boldsymbol{a},\boldsymbol{b},\boldsymbol{c})\boldsymbol{d}$；

(2) $(\boldsymbol{a}-\boldsymbol{d}) \cdot (\boldsymbol{b}-\boldsymbol{c}) + (\boldsymbol{b}-\boldsymbol{d}) \cdot (\boldsymbol{c}-\boldsymbol{a}) + (\boldsymbol{c}-\boldsymbol{d}) \cdot (\boldsymbol{a}-\boldsymbol{b}) = 0$；

(3) $(\boldsymbol{a}-\boldsymbol{d}) \times (\boldsymbol{b}-\boldsymbol{c}) + (\boldsymbol{b}-\boldsymbol{d}) \times (\boldsymbol{c}-\boldsymbol{a}) + (\boldsymbol{c}-\boldsymbol{d}) \times (\boldsymbol{a}-\boldsymbol{b}) = 2(\boldsymbol{a} \times \boldsymbol{b} + \boldsymbol{b} \times \boldsymbol{c} + \boldsymbol{c} \times \boldsymbol{a})$.

7. 证明关于三角形面积的海伦公式：

$$\Delta^2 = s(s-a)(s-b)(s-c),$$

其中 Δ 表示三角形面积，a,b,c 表示三边长，$s=\dfrac{a+b+c}{2}$.

8. 设一个四边形各边之长分别是 a,b,c,d，且其对角线互相垂直. 求证各边之长也是 a,b,c,d 的任一四边形的两条对角线也相互垂直.

9. 已知 $\triangle OAB$ 中，记 $\overrightarrow{OA}=\boldsymbol{a}$，$\overrightarrow{OB}=\boldsymbol{b}$，点 M,N 在 OA,OB 上，AN 和 BM 交于点 P，若 $\overrightarrow{OM}=\lambda\boldsymbol{a}$，$\overrightarrow{ON}=\mu\boldsymbol{b}$，试把 $\overrightarrow{OP}$ 分解成 $\boldsymbol{a},\boldsymbol{b}$ 的线性组合.

10. 证明契维定理：设 D,E,F 在 $\triangle ABC$ 的边 BC,CA,AB 上，且 $AF:FB=k_2:k_1$，$BD:DC=k_3:k_2$，$CE:EA=k_1:k_3$，则 AD,BE,CF 交于一点 M，且对任意点 O，有

$$\overrightarrow{OM} = \frac{k_1\overrightarrow{OA} + k_2\overrightarrow{OB} + k_3\overrightarrow{OC}}{k_1+k_2+k_3}.$$

11. 已知 $\overrightarrow{OA}=\boldsymbol{p}$，$\overrightarrow{OB}=\boldsymbol{q}$，$\overrightarrow{OC}=\boldsymbol{r}$，$I$ 是 $\triangle ABC$ 的内心，证明 $\overrightarrow{OI}=\dfrac{a\boldsymbol{p}+b\boldsymbol{q}+c\boldsymbol{r}}{a+b+c}$，其中 a,b,c 分别为 A,B,C 所对的边长.

12. 证明：任意不同的四点 A,B,C,D 共面的充分必要条件是存在四个不全为零的实数，使得

$$k_1\overrightarrow{OA} + k_2\overrightarrow{OB} + k_3\overrightarrow{OC} + k_4\overrightarrow{OD} = \boldsymbol{0}, \quad 且\ k_1+k_2+k_3+k_4 = 0.$$

13. 试证：点 M 在线段 $\overline{AB}$ 上的充要条件是：存在非负实数 λ,μ 使得

$$\overrightarrow{OM} = \lambda\overrightarrow{OA} + \mu\overrightarrow{OB}, \quad 且\ \lambda+\mu = 1,$$

其中 O 是任意取定的一点.

14. 证明梅内劳斯定理：在 $\triangle ABC$ 的三边 BC,CA,AB 或其延长线上分别取三点 L,M,N，令 $\overrightarrow{BL}=\lambda\overrightarrow{LC}$，$\overrightarrow{CM}=\mu\overrightarrow{MA}$，$\overrightarrow{AN}=\nu\overrightarrow{NB}$，则 L,M,N 在一直线上的充要条件是 $\lambda\mu\nu=-1$.

15. 证明：点 M 在 $\triangle ABC$ 内（包括三条边）的充分必要条件是：存在非负实数 λ,μ 使得

$$\overrightarrow{AM} = \lambda\overrightarrow{AB} + \mu\overrightarrow{AC}, \quad 且\ \lambda+\mu \leqslant 1.$$

三、复习与测试

1. 单项选择题

(1) 向量 $\boldsymbol{a},\boldsymbol{b}$ 为两个不共线的单位向量，那么与 $\boldsymbol{a},\boldsymbol{b}$ 都垂直的单位向量是（　　）.

A. $\boldsymbol{a}\times\boldsymbol{b}$　　B. $\dfrac{\boldsymbol{a}\times\boldsymbol{b}}{|\boldsymbol{a}\times\boldsymbol{b}|}$　　C. $\dfrac{\boldsymbol{a}\times\boldsymbol{b}}{\sin\angle(\boldsymbol{a},\boldsymbol{b})}$　　D. $\pm\dfrac{\boldsymbol{a}\times\boldsymbol{b}}{\sin\angle(\boldsymbol{a},\boldsymbol{b})}$

(2) 设$\boldsymbol{i},\boldsymbol{j},\boldsymbol{k}$是两两互相垂直的单位向量且顺序符合右手规则,则向量$\boldsymbol{a}=\boldsymbol{i}+\boldsymbol{j}$与向量$\boldsymbol{b}=\boldsymbol{i}+\boldsymbol{k}$的夹角是(　　).

A. $\dfrac{2}{3}\pi$　　B. $\dfrac{\pi}{3}$　　C. $\dfrac{\pi}{4}$　　D. $\dfrac{\pi}{2}$

(3) 设$\boldsymbol{i},\boldsymbol{j},\boldsymbol{k}$是直角坐标轴上的单位向量,那么有性质(　　).

A. $\boldsymbol{i}\times\boldsymbol{j}=\boldsymbol{0},\boldsymbol{j}\times\boldsymbol{k}=\boldsymbol{0},\boldsymbol{k}\times\boldsymbol{i}=\boldsymbol{0}$　　B. $\boldsymbol{i}\times\boldsymbol{j}=1,\boldsymbol{j}\times\boldsymbol{k}=1,\boldsymbol{k}\times\boldsymbol{i}=1$

C. $\boldsymbol{i}\times\boldsymbol{j}=\boldsymbol{k},\boldsymbol{j}\times\boldsymbol{k}=\boldsymbol{i},\boldsymbol{k}\times\boldsymbol{i}=\boldsymbol{j}$　　D. $\boldsymbol{i}\times\boldsymbol{j}=-\boldsymbol{k},\boldsymbol{j}\times\boldsymbol{k}=-\boldsymbol{i},\boldsymbol{k}\times\boldsymbol{i}=-\boldsymbol{j}$

(4) 设三个向量$\boldsymbol{a},\boldsymbol{b},\boldsymbol{c}$满足$\boldsymbol{a}+\boldsymbol{b}+\boldsymbol{c}=\boldsymbol{0}$,那么$\boldsymbol{a}\times\boldsymbol{b}=$(　　).

A. $\boldsymbol{a}\times\boldsymbol{c}$　　B. $\boldsymbol{b}\times\boldsymbol{a}$　　C. $\boldsymbol{c}\times\boldsymbol{b}$　　D. $\boldsymbol{c}\times\boldsymbol{a}$

(5) 如果$\boldsymbol{c}\times\boldsymbol{a}=\boldsymbol{c}\times\boldsymbol{b}$,且$\boldsymbol{c}\neq\boldsymbol{0}$,那么(　　)

A. $\boldsymbol{a}=\boldsymbol{b}$　　B. $\boldsymbol{b}/\!/\boldsymbol{a}$　　C. $(\boldsymbol{a}-\boldsymbol{b})/\!/\boldsymbol{c}$　　D. $(\boldsymbol{a}-\boldsymbol{b})\perp\boldsymbol{c}$

(6) 混合积$(\boldsymbol{a}\times\boldsymbol{b})\cdot\boldsymbol{c}=$(　　).

A. $(\boldsymbol{c}\times\boldsymbol{b})\cdot\boldsymbol{a}$　　B. $\boldsymbol{b}\cdot(\boldsymbol{c}\times\boldsymbol{a})$　　C. $(\boldsymbol{a}\times\boldsymbol{c})\cdot\boldsymbol{b}$　　D. $\boldsymbol{c}\cdot(\boldsymbol{b}\times\boldsymbol{a})$

(7) 向量积$\boldsymbol{a}\times\boldsymbol{b}=\boldsymbol{0}$的充分必要条件是(　　).

A. $\boldsymbol{a}=\boldsymbol{0}$且$\boldsymbol{b}=\boldsymbol{0}$　　B. $\boldsymbol{a}=\boldsymbol{0}$且$\boldsymbol{b}=\boldsymbol{0}$或$\angle(\boldsymbol{a},\boldsymbol{b})=0$

C. $\boldsymbol{a}=\boldsymbol{0}$或$\boldsymbol{b}=\boldsymbol{0}$　　D. $\boldsymbol{a}=\boldsymbol{0}$或$\boldsymbol{b}=\boldsymbol{0}$或$\sin\angle(\boldsymbol{a},\boldsymbol{b})=0$

2. 填空题

(1) 设$\boldsymbol{a},\boldsymbol{b}$为两个不共线的向量,那么$|\boldsymbol{a}+\boldsymbol{b}|>|\boldsymbol{a}-\boldsymbol{b}|$的充分必要条件是________,$|\boldsymbol{a}+\boldsymbol{b}|=|\boldsymbol{a}-\boldsymbol{b}|$的充分必要条件是________,$|\boldsymbol{a}+\boldsymbol{b}|<|\boldsymbol{a}-\boldsymbol{b}|$的充分必要条件是________.

(2) 设三个单位向量$\boldsymbol{a},\boldsymbol{b},\boldsymbol{c}$满足$\boldsymbol{a}+\boldsymbol{b}+\boldsymbol{c}=\boldsymbol{0}$,那么$\boldsymbol{a}\cdot\boldsymbol{b}+\boldsymbol{b}\cdot\boldsymbol{c}+\boldsymbol{c}\cdot\boldsymbol{a}=$________.

(3) 在四面体O-ABC中,设$\overrightarrow{OA}=\boldsymbol{a},\overrightarrow{OB}=\boldsymbol{b},\overrightarrow{OC}=\boldsymbol{c}$,$G$是三角形$ABC$的重心,那么$\overrightarrow{OG}=$________.

(4) 设$\boldsymbol{e}_1,\boldsymbol{e}_2,\boldsymbol{e}_3$不共面,$\boldsymbol{a}=\boldsymbol{e}_2+\boldsymbol{e}_3,\boldsymbol{b}=\boldsymbol{e}_3+\boldsymbol{e}_1,\boldsymbol{c}=\boldsymbol{e}_1+\boldsymbol{e}_2$,则$\boldsymbol{a},\boldsymbol{b},\boldsymbol{c}$的线性关系是________.

(5) 设有两个向量$\boldsymbol{a},\boldsymbol{b}$,如果$|\boldsymbol{a}|=2,|\boldsymbol{b}|=3,|\boldsymbol{a}+\boldsymbol{b}|=5$,那么$|\boldsymbol{a}-\boldsymbol{b}|=$________.

(6) 设三向量$\boldsymbol{a},\boldsymbol{b},\boldsymbol{c}$两两互相垂直,并且$|\boldsymbol{a}|=2,|\boldsymbol{b}|=1,|\boldsymbol{c}|=3$,那么$|\boldsymbol{a}+\boldsymbol{b}+\boldsymbol{c}|=$________,$|\boldsymbol{a}\times\boldsymbol{b}+\boldsymbol{b}\times\boldsymbol{c}+\boldsymbol{c}\times\boldsymbol{a}|=$________.

(7) 设三向量$\boldsymbol{e}_1,\boldsymbol{e}_2,\boldsymbol{e}_3$不共面,那么当$\lambda\boldsymbol{e}_1+\boldsymbol{e}_2$与$\boldsymbol{e}_1+\lambda\boldsymbol{e}_2$共线时,$\lambda=$________,$\lambda\boldsymbol{e}_1+\mu\boldsymbol{e}_2+\nu\boldsymbol{e}_3$与$\boldsymbol{e}_2,\boldsymbol{e}_3$共面时,$\lambda=$________.

(8) 已知三角形ABC的中线为AD,BE,CF,则$\overrightarrow{AD}+\overrightarrow{BE}+\overrightarrow{CF}=$________.

3. 证明三个向量$k_1\boldsymbol{a}-k_2\boldsymbol{b},k_2\boldsymbol{b}-k_3\boldsymbol{c},k_3\boldsymbol{c}-k_1\boldsymbol{a}$共面.

4. 若$\boldsymbol{a}\neq\boldsymbol{0},\boldsymbol{b}/\!/\boldsymbol{a}$且$\boldsymbol{b}\perp\boldsymbol{a}$,则$\boldsymbol{b}=\boldsymbol{0}$.

5. 试证:三点A,B,C共线的充要条件是存在不全为零的实数λ,μ,ν,使得

$$\lambda\overrightarrow{OA}+\mu\overrightarrow{OB}+\nu\overrightarrow{OC}=\boldsymbol{0},\quad 且\ \lambda+\mu+\nu=0,$$

其中O是任意取定的一点.

6. 设$\boldsymbol{a},\boldsymbol{b}$为两不共线的向量,$\overrightarrow{AB}=\boldsymbol{a}+\boldsymbol{b},\overrightarrow{BC}=2\boldsymbol{a}+8\boldsymbol{b},\overrightarrow{CD}=3(\boldsymbol{a}-\boldsymbol{b})$,证明:$A,B,D$三点共线.

7. 如果 $\boldsymbol{a}=\boldsymbol{p}\times\boldsymbol{n},\boldsymbol{b}=\boldsymbol{q}\times\boldsymbol{n},\boldsymbol{c}=\boldsymbol{r}\times\boldsymbol{n}$,则 $\boldsymbol{a},\boldsymbol{b},\boldsymbol{c}$ 共面,试证明.

8. 已知 $\boldsymbol{a}+3\boldsymbol{b}$ 与 $7\boldsymbol{a}-5\boldsymbol{b}$ 垂直,且 $\boldsymbol{a}-4\boldsymbol{b}$ 与 $7\boldsymbol{a}-2\boldsymbol{b}$ 垂直,求 $\boldsymbol{a},\boldsymbol{b}$ 之间的夹角.

9. 计算以 $\boldsymbol{a}=\boldsymbol{p}-3\boldsymbol{q}+\boldsymbol{r},\boldsymbol{b}=2\boldsymbol{p}+\boldsymbol{q}-\boldsymbol{r}$ 和 $\boldsymbol{c}=\boldsymbol{p}+2\boldsymbol{q}+\boldsymbol{r}$ 为相邻三棱的平行六面体的体积,其中 $\boldsymbol{p},\boldsymbol{q},\boldsymbol{r}$ 是互相垂直的单位向量.

10. 证明下列各题:

(1) $\boldsymbol{a}\cdot[(\boldsymbol{a}\times\boldsymbol{b})\times\boldsymbol{a}]=0$;

(2) $(\boldsymbol{a}\times\boldsymbol{b})\times(\boldsymbol{c}\times\boldsymbol{d})=(\boldsymbol{a},\boldsymbol{c},\boldsymbol{d})\boldsymbol{b}-(\boldsymbol{b},\boldsymbol{c},\boldsymbol{d})\boldsymbol{a}$.

11. 已知 $\overrightarrow{AB}=\boldsymbol{a}-2\boldsymbol{b},\overrightarrow{AD}=\boldsymbol{a}-3\boldsymbol{b}$,其中 $|\boldsymbol{a}|=5,|\boldsymbol{b}|=3,\angle(\boldsymbol{a},\boldsymbol{b})=\frac{\pi}{6}$,求平行四边形 $ABCD$ 的面积.

12. 设 $(\boldsymbol{a}\times\boldsymbol{b})\cdot\boldsymbol{c}=3$,求 $[(\boldsymbol{a}+\boldsymbol{b})\times(\boldsymbol{b}+\boldsymbol{c})]\cdot(\boldsymbol{c}+\boldsymbol{a})$ 的值.

13. 利用向量证明:

(1) $(a_1b_1+a_2b_2+a_3b_3)^2\leqslant(a_1^2+a_2^2+a_3^2)(b_1^2+b_2^2+b_3^2)$;

(2) $\begin{vmatrix} a_1 & a_2 & a_3 \\ b_1 & b_2 & b_3 \\ c_1 & c_2 & c_3 \end{vmatrix}^2\leqslant(a_1^2+a_2^2+a_3^2)(b_1^2+b_2^2+b_3^2)(c_1^2+c_2^2+c_3^2)$.

14. 设 M 是平行四边形 $ABCD$ 的中心,O 是任意一点. 证明:

$$\overrightarrow{OA}+\overrightarrow{OB}+\overrightarrow{OC}+\overrightarrow{OD}=4\overrightarrow{OM}.$$

15. 用向量法证明:P 是 $\triangle ABC$ 的重心的充要条件是

$$\overrightarrow{PA}+\overrightarrow{PB}+\overrightarrow{PC}=\boldsymbol{0}.$$

16. 设 $(\boldsymbol{a},\boldsymbol{b},\boldsymbol{c})\neq\boldsymbol{0}$,求向量方程组 $\boldsymbol{a}\cdot\boldsymbol{x}=l,\boldsymbol{b}\cdot\boldsymbol{x}=m,\boldsymbol{c}\cdot\boldsymbol{x}=n$ 的解 $\boldsymbol{x}$.

第 2 章　空间坐标系

向量法的优点在于比较直观，但是向量的运算不如数的运算简洁，为了把代数运算引到几何中来，最根本的做法就是设法把空间的几何结构有系统的代数化、数量化. 本章的主要内容是引进空间的坐标系，用坐标讨论空间中的基本问题及向量的代数运算，把向量法与坐标法结合起来研究几何问题.

2.1　空间仿射坐标系与直角坐标系

2.1.1　仿射坐标系与直角坐标系的建立

在一直线上，取定原点 O，一个长度单位以及正向，则此直线就称为一个**数轴**或直线上的**坐标系**，通常用 Ox 表示.

设 $\boldsymbol{e}$ 为坐标轴的一个长度单位的同向向量，称为轴上的**坐标向量**或**基向量**. P 是直线上任一点，则 $\overrightarrow{OP}=x\boldsymbol{e}$，$x$ 就是 P 点在该坐标系下的坐标，$\{O;\boldsymbol{e}\}$ 称为直线上的坐标架.

将直线上的坐标系加以推广就可以得到平面上的坐标系和空间坐标系，我们已经学过平面上的直角坐标系，现在定义空间坐标系.

定义 2.1.1　在空间中取定一点 O 和三个不共面的有序向量 $\boldsymbol{e}_1,\boldsymbol{e}_2,\boldsymbol{e}_3$，它们叫做空间中的一个**坐标架**，记作 $\{O;\boldsymbol{e}_1,\boldsymbol{e}_2,\boldsymbol{e}_3\}$. 如果 $\boldsymbol{e}_1,\boldsymbol{e}_2,\boldsymbol{e}_3$ 是两两相互垂直的单位向量，那么 $\{O;\boldsymbol{e}_1,\boldsymbol{e}_2,\boldsymbol{e}_3\}$ 就叫做**直角坐标架**. 在一般的情况下，$\{O;\boldsymbol{e}_1,\boldsymbol{e}_2,\boldsymbol{e}_3\}$ 叫做**仿射坐标架**.

对于坐标架 $\{O;\boldsymbol{e}_1,\boldsymbol{e}_2,\boldsymbol{e}_3\}$，如果 $\boldsymbol{e}_1,\boldsymbol{e}_2,\boldsymbol{e}_3$ 顺序关系构成右(左)手规则，那么这个坐标架叫做**右(左)手坐标架**(图 2.1).

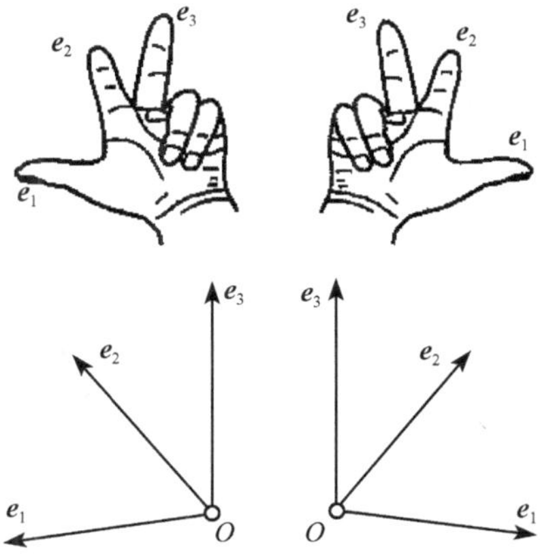

图 2.1

过点 O 沿着三向量 $\boldsymbol{e}_1,\boldsymbol{e}_2,\boldsymbol{e}_3$ 的方向分别引三条数轴，依次记为 Ox 轴，Oy 轴，Oz 轴，这样我们用三条具有公共点 O 的两两不共面的有序数轴 Ox，Oy 与 Oz 来表示空间坐标系，记为 $O\text{-}xyz$，Ox 轴，Oy 轴，Oz 轴统称为

坐标轴，分别简称为 x 轴，y 轴，z 轴. 由两个坐标轴决定的平面称为坐标面，它们分别是 xOy 面，yOz 面，zOx 面.

由于空间坐标系由坐标架 $\{O;\boldsymbol{e}_1,\boldsymbol{e}_2,\boldsymbol{e}_3\}$ 完全确定，因此空间坐标系也常用坐标架 $\{O;\boldsymbol{e}_1,\boldsymbol{e}_2,\boldsymbol{e}_3\}$ 来表示，这时 O 点称为坐标原点，向量 $\boldsymbol{e}_1,\boldsymbol{e}_2,\boldsymbol{e}_3$ 称为**坐标向量**或**基向量**.

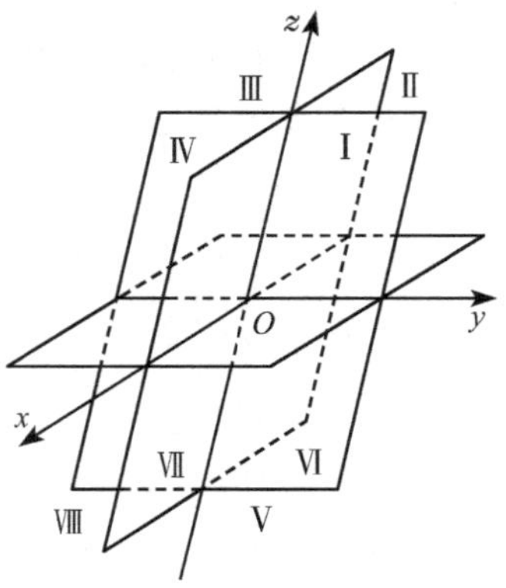

图 2.2

特别约定，以后用到直角坐标系时，坐标向量用单位向量 $\boldsymbol{i},\boldsymbol{j},\boldsymbol{k}$ 表示，即用 $\{O;\boldsymbol{i},\boldsymbol{j},\boldsymbol{k}\}$ 表示直角坐标架，如无特别申明，采用的直角坐标系也是右手直角坐标系.

三个坐标面把空间分成八个部分，每一部分叫做一个卦限(图 2.2)，含有三个正半轴的卦限叫做第一卦限，它位于 xOy 面的上方. 在 xOy 面的上方，按逆时针方向排列着第二卦限、第三卦限和第四卦限. 在 xOy 面的下方，与第一卦限对应的是第五卦限，按逆时针方向还排列着第六卦限、第七卦限和第八卦限. 八个卦限分别用字母 Ⅰ，Ⅱ，Ⅲ，Ⅳ，Ⅴ，Ⅵ，Ⅶ，Ⅷ表示.

2.1.2 点的坐标

在坐标系 $O\text{-}xyz$ 下，可以建立空间中点 P 的坐标.

设 $\{O;\boldsymbol{e}_1,\boldsymbol{e}_2,\boldsymbol{e}_3\}$ 是空间坐标架，那么由定理 1.2.7 知，空间中任何向量 $\boldsymbol{r}$ 都可以分解成 $\boldsymbol{e}_1,\boldsymbol{e}_2,\boldsymbol{e}_3$ 的线性组合

$$\boldsymbol{r}=x\boldsymbol{e}_1+y\boldsymbol{e}_2+z\boldsymbol{e}_3, \tag{2.1.1}$$

这里 x,y,z 是唯一的一组有序实数，叫做向量 $\boldsymbol{r}$ 关于坐标架 $\{O;\boldsymbol{e}_1,\boldsymbol{e}_2,\boldsymbol{e}_3\}$ 的**坐标**(或**分量**)，记为 $\{x,y,z\}$.

反过来给定三个数，由(2.1.1)式唯一确定一个向量 $\boldsymbol{r}$，因此在取定坐标架后，空间中的向量与它的坐标具有一一对应关系.

定义 2.1.2 对于取定了坐标架 $\{O;\boldsymbol{e}_1,\boldsymbol{e}_2,\boldsymbol{e}_3\}$ 的空间中任意点 P，向量 $\overrightarrow{OP}$ 叫做点 P 的**向径**，向径 $\overrightarrow{OP}$ 关于坐标架 $\{O;\boldsymbol{e}_1,\boldsymbol{e}_2,\boldsymbol{e}_3\}$ 的坐标 x,y,z 叫做点 P 关于坐标架 $\{O;\boldsymbol{e}_1,\boldsymbol{e}_2,\boldsymbol{e}_3\}$ 的**坐标**，记为 $P(x,y,z)$ 或 (x,y,z).

在取定坐标架后，空间中的点与它的向径具有一一对应关系，因此空间中任意一点 P 与它的坐标也构成一一对应关系.

在同一卦限内点的坐标的符号是一致的，但不同卦限内点的坐标符号就是不一样，各卦限内点的坐标 (x,y,z) 的符号如表 2.1 所示.

表 2.1

坐标＼卦限	Ⅰ	Ⅱ	Ⅲ	Ⅳ	Ⅴ	Ⅵ	Ⅶ	Ⅷ
x	+	−	−	+	+	−	−	+
y	+	+	−	−	+	+	−	−
z	+	+	+	+	−	−	−	−

类似地，利用向量可以引进平面上的仿射坐标架与仿射坐标的概念，在平面上取定点 O 与不共线的向量 $\boldsymbol{e}_1,\boldsymbol{e}_2$，那么它们就构成了平面上的仿射坐标架$\{O;\boldsymbol{e}_1,\boldsymbol{e}_2\}$. 由定理 1.2.5 知平面上任意向量 $\boldsymbol{r}$ 与有序实数对 x,y 之间建立一一对应关系，这样的唯一一组有序实数 x,y 叫做向量 $\boldsymbol{r}$ 关于仿射坐标架$\{O;\boldsymbol{e}_1,\boldsymbol{e}_2\}$的坐标（或分量），记为$\{x,y\}$. 平面上的任意点 P 与向径$\overrightarrow{OP}$建立一一对应关系，向径$\overrightarrow{OP}$关于仿射坐标架$\{O;\boldsymbol{e}_1,\boldsymbol{e}_2\}$的坐标 x,y 叫做点 P 关于仿射坐标架$\{O;\boldsymbol{e}_1,\boldsymbol{e}_2\}$的坐标，记作 $P(x,y)$或(x,y).

过点 O 沿着向量 $\boldsymbol{e}_1$ 与 $\boldsymbol{e}_2$ 的方向分别引两条数轴 Ox 轴，Oy 轴，它们称为坐标轴，O 为坐标原点，也可以用 O-xy 来表示平面仿射坐标系. 如果向量 $\boldsymbol{e}_1,\boldsymbol{e}_2$ 是互相垂直的单位向量，那么它们所确定的坐标系就是我们熟悉的平面直角坐标系. 我们约定，平面直角坐标系的坐标向量 $\boldsymbol{e}_1,\boldsymbol{e}_2$ 改写为单位向量 $\boldsymbol{i},\boldsymbol{j}$，并用$\{O;\boldsymbol{i},\boldsymbol{j}\}$表示平面直角坐标系.

例 2.1.1　由点坐标的定义，原点的坐标为$(0,0,0)$，Ox 轴上点的坐标为$(x,0,0)$，其特征为 $y=z=0$；xOy 面上点的坐标为$(x,y,0)$，其特征为 $z=0$. 其他坐标轴、坐标面上的点的坐标特征类似可得.

例 2.1.2　在直角坐标系下，设点 P 的坐标为(a,b,c)，那么点 P 关于原点的对称点 P' 的坐标为$(-a,-b,-c)$，点 P 关于 xOy 面的对称点为$(a,b,-c)$，点 P 关于 Ox 轴的对称点为$(a,-b,-c)$.

类似地，读者可写出其余坐标面和坐标轴的对称点的坐标.

2.2　向量的坐标与向量运算的坐标表示

大家知道，利用平面直角坐标系可以定义点的直角坐标，通过坐标可以把许多几何问题归结为代数问题；同样，利用空间坐标系可以定义空间中的任一点 P 的坐标(x,y,z)，通过坐标也可以把空间的许多几何问题归结为代数问题，研究其数量关系，从而得到一种统一而有效的方法——坐标法.

2.2.1　向量及其线性运算的坐标表示

1. 用向量的始点和终点的坐标表示向量的坐标

定理 2.2.1　向量的坐标等于其终点的坐标减去其始点的坐标.

证明　取坐标架$\{O;\boldsymbol{e}_1,\boldsymbol{e}_2,\boldsymbol{e}_3\}$，设向量$\overrightarrow{P_1P_2}$的始点与终点分别是 $P_1(x_1,y_1,$

z_1)和 $P_2(x_2,y_2,z_2)$,那么

$$\overrightarrow{OP_1}=x_1\boldsymbol{e}_1+y_1\boldsymbol{e}_2+z_1\boldsymbol{e}_3,\quad \overrightarrow{OP_2}=x_2\boldsymbol{e}_1+y_2\boldsymbol{e}_2+z_2\boldsymbol{e}_3,$$

故

$$\begin{aligned}\overrightarrow{P_1P_2}&=\overrightarrow{OP_2}-\overrightarrow{OP_1}=(x_2\boldsymbol{e}_1+y_2\boldsymbol{e}_2+z_2\boldsymbol{e}_3)-(x_1\boldsymbol{e}_1+y_1\boldsymbol{e}_2+z_1\boldsymbol{e}_3)\\&=(x_2-x_1)\boldsymbol{e}_1+(y_2-y_1)\boldsymbol{e}_2+(z_2-z_1)\boldsymbol{e}_3,\end{aligned}$$

即

$$\overrightarrow{P_1P_2}=\{x_2-x_1,y_2-y_1,z_2-z_1\}.$$

2. 用坐标表示向量的线性运算

定理 2.2.2 向量和的坐标等于对应坐标的和.

证明 取坐标架$\{O;\boldsymbol{e}_1,\boldsymbol{e}_2,\boldsymbol{e}_3\}$,设 $\boldsymbol{a}=\{a_1,a_2,a_3\}$,$\boldsymbol{b}=\{b_1,b_2,b_3\}$. 则

$$\begin{aligned}\boldsymbol{a}\pm\boldsymbol{b}&=(a_1\boldsymbol{e}_1+a_2\boldsymbol{e}_2+a_3\boldsymbol{e}_3)\pm(b_1\boldsymbol{e}_1+b_2\boldsymbol{e}_2+b_3\boldsymbol{e}_3)\\&=(a_1\pm b_1)\boldsymbol{e}_1+(a_2\pm b_2)\boldsymbol{e}_2+(a_3\pm b_3)\boldsymbol{e}_3,\end{aligned}$$

所以

$$\boldsymbol{a}\pm\boldsymbol{b}=\{a_1\pm b_1,a_2\pm b_2,a_3\pm b_3\}.$$

定理 2.2.3 数乘向量的坐标等于这个数与向量对应坐标的积.

证明 取坐标架$\{O;\boldsymbol{e}_1,\boldsymbol{e}_2,\boldsymbol{e}_3\}$,设 $\boldsymbol{a}=\{a_1,a_2,a_3\}$,对于任一实数 λ,那么

$$\lambda\boldsymbol{a}=\lambda(a_1\boldsymbol{e}_1+a_2\boldsymbol{e}_2+a_3\boldsymbol{e}_3)=(\lambda a_1)\boldsymbol{e}_1+(\lambda a_2)\boldsymbol{e}_2+(\lambda a_3)\boldsymbol{e}_3,$$

所以

$$\lambda\boldsymbol{a}=\{\lambda a_1,\lambda a_2,\lambda a_3\}.$$

3. 线段的定比分点坐标

对于有向线段$\overrightarrow{P_1P_2}$($P_1\neq P_2$),如果点 P 满足$\overrightarrow{P_1P}=k\overrightarrow{PP_2}$,我们就称点 P 是把有向线段$\overrightarrow{P_1P_2}$分成定比 k 的分点. 根据上述条件,给定了点 P_1,P_2,分点 P 就由 k 唯一确定. 当 $k>0$ 时,$\overrightarrow{P_1P}$和$\overrightarrow{PP_2}$同向,点 P 是线段 P_1P_2 内部的点;当 $k<0$ 时,$\overrightarrow{P_1P}$和$\overrightarrow{PP_2}$反向,点 P 是线段 P_1P_2 外部的点. 并且注意,$k\neq-1$,否则,若$\overrightarrow{P_1P}=-\overrightarrow{PP_2}$,就有 P_1 与 P_2 重合,矛盾. 下面求分已知有向线段$\overrightarrow{P_1P_2}$成定比 k 的分点 P 的坐标.

定理 2.2.4 设有向线段$\overrightarrow{P_1P_2}$的始点为$P_1(x_1,y_1,z_1)$,终点为 $P_2(x_2,y_2,z_2)$(图 2.3),那么分有向线段$\overrightarrow{P_1P_2}$成定比 k 的分点 P 的坐标是

$$x=\frac{x_1+kx_2}{1+k},\quad y=\frac{y_1+ky_2}{1+k},\quad z=\frac{z_1+kz_2}{1+k}.$$

证明 因为

$$\overrightarrow{P_1P}=\overrightarrow{OP}-\overrightarrow{OP_1},\quad \overrightarrow{PP_2}=\overrightarrow{OP_2}-\overrightarrow{OP},$$

由已知条件$\overrightarrow{P_1P}=k\overrightarrow{PP_2}$得

$$\overrightarrow{OP}-\overrightarrow{OP_1}=k(\overrightarrow{OP_2}-\overrightarrow{OP}),$$

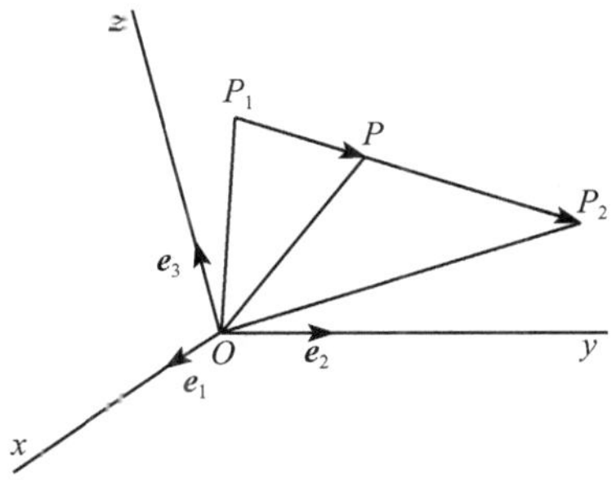

图 2.3

从而有

$$\overrightarrow{OP}=\frac{\overrightarrow{OP_1}+k\overrightarrow{OP_2}}{1+k}.$$

将$\overrightarrow{OP}$,$\overrightarrow{OP_1}$,$\overrightarrow{OP_2}$的坐标代入上式,得点 P 的坐标为

$$x=\frac{x_1+kx_2}{1+k},\quad y=\frac{y_1+ky_2}{1+k},\quad z=\frac{z_1+kz_2}{1+k}.$$

特别地,P_1P_2 中点的坐标为

$$\left(\frac{x_1+x_2}{2},\frac{y_1+y_2}{2},\frac{z_1+z_2}{2}\right).$$

以上运算均可用于仿射坐标系和直角坐标系.

例 2.2.1　设△ABC 中,顶点 $A(a_1,a_2,a_3)$,$B(b_1,b_2,b_3)$,$C(c_1,c_2,c_3)$,求重心 G 的坐标.

解　设 BC 上中线为 AD,显然点 D 的坐标为$\left(\frac{b_1+c_1}{2},\frac{b_2+c_2}{2},\frac{b_3+c_3}{2}\right)$,又因为$\overrightarrow{AG}=2\overrightarrow{GD}$,故点 G 的坐标为

$$\left(\frac{a_1+2\cdot\frac{b_1+c_1}{2}}{1+2},\frac{a_2+2\cdot\frac{b_2+c_2}{2}}{1+2},\frac{a_3+2\cdot\frac{b_3+c_3}{2}}{1+2}\right),$$

即

$$\left(\frac{a_1+b_1+c_1}{3},\frac{a_2+b_2+c_2}{3},\frac{a_3+b_3+c_3}{3}\right).$$

2.2.2　向量的线性关系与线性方程组

向量的线性关系问题可以转化为解线性方程组的问题. 常见的线性关系为如下两个问题.

问题 1　设向量 $\boldsymbol{\alpha}_1,\boldsymbol{\alpha}_2,\boldsymbol{\alpha}_3,\boldsymbol{\beta}$,问是否存在实数 x_1,x_2,x_3,使 $\boldsymbol{\beta}=x_1\boldsymbol{\alpha}_1+x_2\boldsymbol{\alpha}_2+x_3\boldsymbol{\alpha}_3$.

问题 2 设向量 $\boldsymbol{\alpha}_1,\boldsymbol{\alpha}_2,\boldsymbol{\alpha}_3$，问它们是否线性相关，即是否存在不全为零的实数 x_1,x_2,x_3，使得

$$x_1\boldsymbol{\alpha}_1+x_2\boldsymbol{\alpha}_2+x_3\boldsymbol{\alpha}_3=\mathbf{0}.$$

取坐标向量 $\boldsymbol{e}_1,\boldsymbol{e}_2,\boldsymbol{e}_3$，设

$$\boldsymbol{\alpha}_j=a_{1j}\boldsymbol{e}_1+a_{2j}\boldsymbol{e}_2+a_{3j}\boldsymbol{e}_3,\quad \boldsymbol{\beta}=b_1\boldsymbol{e}_1+b_2\boldsymbol{e}_2+b_3\boldsymbol{e}_3.$$

问题 1 等价于线性方程组

$$\begin{cases}a_{11}x_1+a_{12}x_2+a_{13}x_3=b_1,\\a_{21}x_1+a_{22}x_2+a_{23}x_3=b_2,\\a_{31}x_1+a_{32}x_2+a_{33}x_3=b_3\end{cases}\tag{2.2.1}$$

是否有解；而问题 2 等价于齐次线性方程组

$$\begin{cases}a_{11}x_1+a_{12}x_2+a_{13}x_3=0,\\a_{21}x_1+a_{22}x_2+a_{23}x_3=0,\\a_{31}x_1+a_{32}x_2+a_{33}x_3=0\end{cases}\tag{2.2.2}$$

是否有非零解.

对于方程组(2.2.1)和(2.2.2)，称 $D=\begin{vmatrix}a_{11}&a_{12}&a_{13}\\a_{21}&a_{22}&a_{23}\\a_{31}&a_{32}&a_{33}\end{vmatrix}$ 为方程组(2.2.1)和(2.2.2)系数行列式，则有以下结论成立.

命题 1 当 $D\neq0$ 时，方程组(2.2.1)有唯一解.

命题 2 当 $D\neq0$ 时，方程组(2.2.2)只有零解：$x_1=x_2=x_3=0$.

命题 3 方程组(2.2.2)有非零解的充要条件是 $D=0$.

对于平面的情形 $D=\begin{vmatrix}a_{11}&a_{12}\\a_{21}&a_{22}\end{vmatrix}$，相应的结论成立.

定理 2.2.5 设平面上的三点 A,B,C 的坐标分别是

$$(x_1,y_1),\quad(x_2,y_2),\quad(x_3,y_3),$$

则 A,B,C 三点共线的充要条件是

$$\begin{vmatrix}x_1&x_2&x_3\\y_1&y_2&y_3\\1&1&1\end{vmatrix}=0.$$

证明 A,B,C 三点共线的充要条件是存在不全为零的实数 λ,μ，使得

$$\lambda\overrightarrow{CA}+\mu\overrightarrow{CB}=\mathbf{0}.$$

它等价于下列方程组有非零解

$$\begin{cases}(x_1-x_3)\lambda+(x_2-x_3)\mu=0,\\(y_1-y_3)\lambda+(y_2-y_3)\mu=0.\end{cases}$$

而上述方程组有非零解的充要条件为

$$\begin{vmatrix}x_1-x_3 & x_2-x_3\\ y_1-y_3 & y_2-y_3\end{vmatrix}=0. \tag{2.2.3}$$

于是有

$$\begin{vmatrix}x_1-x_3 & x_2-x_3 & x_3\\ y_1-y_3 & y_2-y_3 & y_3\\ 0 & 0 & 1\end{vmatrix}=0,$$

即得

$$\begin{vmatrix}x_1 & x_2 & x_3\\ y_1 & y_2 & y_3\\ 1 & 1 & 1\end{vmatrix}=0.$$

定理 2.2.6　设向量 $\boldsymbol{a}(\boldsymbol{a}\neq\boldsymbol{0})$，$\boldsymbol{b}$ 分别为 $\{a_1,a_2,a_3\}$ 与 $\{b_1,b_2,b_3\}$，则向量 $\boldsymbol{a}$，$\boldsymbol{b}$ 共线的充要条件是

$$\frac{b_1}{a_1}=\frac{b_2}{a_2}=\frac{b_3}{a_3}.$$

证明　必要性. 若向量 $\boldsymbol{a}$，$\boldsymbol{b}$ 共线，且 $\boldsymbol{a}\neq\boldsymbol{0}$，则由定理 1.2.3 知，存在实数 λ，使得 $\boldsymbol{b}=\lambda\boldsymbol{a}$，即 $b_i=\mu a_i$，所以 $\frac{b_1}{a_1}=\frac{b_2}{a_2}=\frac{b_3}{a_3}$. 反之，若 $\frac{b_1}{a_1}=\frac{b_2}{a_2}=\frac{b_3}{a_3}=\mu$，则 $b_i=\mu a_i$，所以 $\boldsymbol{b}=\mu\boldsymbol{a}$，即 $\boldsymbol{a}$，$\boldsymbol{b}$ 共线.

当分母为零时，我们约定分子也为零.

推论 2.2.1　三点 $M_i(x_i,y_i,z_i)$，$i=1,2,3$ 共线的充要条件是

$$\frac{x_2-x_1}{x_3-x_1}=\frac{y_2-y_1}{y_3-y_1}=\frac{z_2-z_1}{z_3-z_1}.$$

推论 2.2.2　平面上三点 $M_i(x_i,y_i)$，$i=1,2,3$ 共线的充要条件是

$$\frac{x_2-x_1}{x_3-x_1}=\frac{y_2-y_1}{y_3-y_1}. \tag{2.2.4}$$

定理 2.2.7　三向量 $\boldsymbol{a}_i=\{x_i,y_i,z_i\}$，$i=1,2,3$ 共面的充要条件是

$$\begin{vmatrix}x_1 & y_1 & z_1\\ x_2 & y_2 & z_2\\ x_3 & y_3 & z_3\end{vmatrix}=0. \tag{2.2.5}$$

证明 三向量 $\boldsymbol{a}_1,\boldsymbol{a}_2,\boldsymbol{a}_3$ 共面的充要条件是存在不全为零的数 $\lambda_1,\lambda_2,\lambda_3$，使得

$$\lambda_1\boldsymbol{a}_1+\lambda_2\boldsymbol{a}_2+\lambda_3\boldsymbol{a}_3=\boldsymbol{0}.$$

即

$$\begin{cases}x_1\lambda_1+x_2\lambda_2+x_3\lambda_3=0,\\ y_1\lambda_1+y_2\lambda_2+y_3\lambda_3=0,\\ z_1\lambda_1+z_2\lambda_2+z_3\lambda_3=0.\end{cases}$$

由命题 3 知上述齐次线性方程组有非零解的充要条件是

$$\begin{vmatrix}x_1 & y_1 & z_1\\ x_2 & y_2 & z_2\\ x_3 & y_3 & z_3\end{vmatrix}=0.$$

推论 2.2.3 空间四点 $M_i(x_i,y_i,z_i)$，$i=1,2,3,4$ 共面的充要条件是

$$\begin{vmatrix}x_2-x_1 & y_2-y_1 & z_2-z_1\\ x_3-x_1 & y_3-y_1 & z_3-z_1\\ x_4-x_1 & y_4-y_1 & z_4-z_1\end{vmatrix}=0.$$

证明 四点 $M_i(x_i,y_i,z_i)$，$i=1,2,3,4$ 共面的充要条件是 $\overrightarrow{P_1P_2}$，$\overrightarrow{P_1P_3}$，$\overrightarrow{P_1P_4}$ 共面，从而由定理 2.2.7 即得证.

以上结论对仿射坐标系和直角坐标系均成立.

例 2.2.2 已知向量 $\boldsymbol{a},\boldsymbol{b},\boldsymbol{c}$ 在坐标架 $\{O;\boldsymbol{e}_1,\boldsymbol{e}_2,\boldsymbol{e}_3\}$ 下的坐标如下，试判断它们是否共面？向量 $\boldsymbol{c}$ 能否表示成 $\boldsymbol{a},\boldsymbol{b}$ 的线性组合？若能，写出线性表示式.

(1) $\boldsymbol{a}=\{1,-1,2\}$，$\boldsymbol{b}=\{-2,2,-4\}$，$\boldsymbol{c}=\{1,2,-1\}$；

(2) $\boldsymbol{a}=\{1,2,3\}$，$\boldsymbol{b}=\{2,-1,0\}$，$\boldsymbol{c}=\{0,5,6\}$；

(3) $\boldsymbol{a}=\{6,0,6\}$，$\boldsymbol{b}=\{-4,-3,0\}$，$\boldsymbol{c}=\{2,-1,3\}$.

解 (1) 由于 $\begin{vmatrix}1 & -1 & 2\\ -2 & 2 & -4\\ 1 & 2 & -1\end{vmatrix}=0$，可知 $\boldsymbol{a},\boldsymbol{b},\boldsymbol{c}$ 共面(即线性相关). 设 $x_1\boldsymbol{a}+x_2\boldsymbol{b}=\boldsymbol{c}$，它等价于线性方程组

$$\begin{cases}x_1-2x_2=1,\\ -x_1+2x_2=2,\\ 2x_1-4x_2=-1.\end{cases}$$

前两个方程相加，得 $0=3$，这是不可能的，故方程组无解，即 $\boldsymbol{c}$ 不能表为 $\boldsymbol{a},\boldsymbol{b}$ 的线性组合.

（2）由于

$$\begin{vmatrix} 1 & 2 & 3 \\ 2 & -1 & 0 \\ 0 & 5 & 6 \end{vmatrix} = 0,$$

可知 $\boldsymbol{a},\boldsymbol{b},\boldsymbol{c}$ 共面. 设 $x_1\boldsymbol{a}+x_2\boldsymbol{b}=\boldsymbol{c}$，它等价于线性方程组

$$\begin{cases} x_1 + 2x_2 = 0, \\ 2x_1 - x_2 = 5, \\ 3x_1 = 6, \end{cases}$$

解得 $x_1=2,x_2=-1$，故 $\boldsymbol{c}$ 可表为 $\boldsymbol{a},\boldsymbol{b}$ 的线性组合 $\boldsymbol{c}=2\boldsymbol{a}-\boldsymbol{b}$.

（3）由于

$$\begin{vmatrix} 6 & 0 & 6 \\ -4 & -3 & 0 \\ 2 & -1 & 3 \end{vmatrix} = 6 \neq 0,$$

可知 $\boldsymbol{a},\boldsymbol{b},\boldsymbol{c}$ 不共面，故 $\boldsymbol{c}$ 不能表为 $\boldsymbol{a},\boldsymbol{b}$ 的线性组合.

评析　第(1)小题中，$\boldsymbol{a},\boldsymbol{b},\boldsymbol{c}$ 共面，但 $\boldsymbol{c}$ 不能表为 $\boldsymbol{a},\boldsymbol{b}$ 的线性组合，原因是不满足定理 1.2.5 的条件——“$\boldsymbol{a},\boldsymbol{b}$ 不共线”. 实际上，由于 $\frac{1}{-2}=\frac{-1}{2}=\frac{2}{-4}$，向量 $\boldsymbol{a},\boldsymbol{b}$ 共线且 $\boldsymbol{b}=-2\boldsymbol{a}$.

例 2.2.3　当 a 取何值时，四点 $M_1(a,-4,5)$，$M_2(3,-1,2a)$，$M_3(0,-10,7)$，$M_4(0,1,6)$ 共面？

解　由推论 2.2.3，四点共面的充要条件是

$$\begin{vmatrix} 3-a & -1+4 & 2a-5 \\ 0-a & -10+4 & 7-5 \\ 0-a & 1+4 & 6-5 \end{vmatrix} = 0,$$

即 $-22a^2+68a-48=0$，解得

$$a = 2 \quad 或 \quad \frac{12}{11}.$$

例 2.2.4　设向量 $\boldsymbol{a}=\{0,-3,v\}$，$\boldsymbol{b}=\{u-2,1,-2\}$，问 u,v 取何值时，$\boldsymbol{a},\boldsymbol{b}$ 共线.

解　由定理 2.2.6 知，$\boldsymbol{a},\boldsymbol{b}$ 共线的充要条件是

$$\frac{0}{u-2} = \frac{-3}{1} = \frac{v}{-2},$$

所以

$$u=2,\quad v=6.$$

2.2.3 用直角坐标表示向量的内积

这里我们主要考虑直角坐标架$\{O;\boldsymbol{i},\boldsymbol{j},\boldsymbol{k}\}$下向量的内积、两点的距离公式、向量的夹角及向量的方向角的坐标表示.

1. 用向量的坐标表示内积

定理 2.2.8 在直角坐标系下,设$\boldsymbol{a}=\{a_1,a_2,a_3\}$,$\boldsymbol{b}=\{b_1,b_2,b_3\}$,则

$$\boldsymbol{a}\cdot\boldsymbol{b}=a_1b_1+a_2b_2+a_3b_3.$$

证明 因为$\{O;\boldsymbol{i},\boldsymbol{j},\boldsymbol{k}\}$是直角坐标系,则有

$$\boldsymbol{i}\cdot\boldsymbol{i}=|\boldsymbol{i}|^2=1,\quad \boldsymbol{j}\cdot\boldsymbol{j}=|\boldsymbol{j}|^2=1,\quad \boldsymbol{k}\cdot\boldsymbol{k}=|\boldsymbol{k}|^2=1;$$
$$\boldsymbol{i}\cdot\boldsymbol{j}=\boldsymbol{j}\cdot\boldsymbol{k}=\boldsymbol{k}\cdot\boldsymbol{i}=0.$$

于是

$$\boldsymbol{a}\cdot\boldsymbol{b}=(a_1\boldsymbol{i}+a_2\boldsymbol{j}+a_3\boldsymbol{k})\cdot(b_1\boldsymbol{i}+b_2\boldsymbol{j}+b_3\boldsymbol{k})=a_1b_1+a_2b_2+a_3b_3.$$

推论 2.2.4 设$\boldsymbol{a}=\{a_1,a_2,a_3\}$,那么

$$\boldsymbol{a}\cdot\boldsymbol{i}=a_1,\quad \boldsymbol{a}\cdot\boldsymbol{j}=a_2,\quad \boldsymbol{a}\cdot\boldsymbol{k}=a_3.$$

2. 两点的距离

若$\boldsymbol{a}=\{a_1,a_2,a_3\}$,则$|\boldsymbol{a}|=\sqrt{a_1^2+a_2^2+a_3^2}$.因此有如下定理.

定理 2.2.9 空间两点$P_1(x_1,y_1,z_1)$,$P_2(x_2,y_2,z_2)$间的距离是

$$d=\sqrt{(x_2-x_1)^2+(y_2-y_1)^2+(z_2-z_1)^2}.$$

证明 因为$\overrightarrow{P_1P_2}=\{x_2-x_1,y_2-y_1,z_2-z_1\}$,所以

$$d=|\overrightarrow{P_1P_2}|=\sqrt{(x_2-x_1)^2+(y_2-y_1)^2+(z_2-z_1)^2}.$$

3. 向量的方向余弦

向量与坐标轴(或坐标向量)所成的夹角叫做**向量的方向角**,方向角的余弦叫做向量的**方向余弦**.一个向量的方向完全可由它的方向角来决定.

向量的方向余弦也可用向量的坐标表示.

定理 2.2.10 非零向量$\boldsymbol{a}=\{a_1,a_2,a_3\}$的方向角分别为$\alpha,\beta,\gamma$,则它的方向余弦为

$$\left.\begin{aligned}\cos\alpha&=\frac{a_1}{\sqrt{a_1^2+a_2^2+a_3^2}},\\ \cos\beta&=\frac{a_2}{\sqrt{a_1^2+a_2^2+a_3^2}},\\ \cos\gamma&=\frac{a_3}{\sqrt{a_1^2+a_2^2+a_3^2}};\end{aligned}\right\}\tag{2.2.6}$$

且

$$\cos^2\alpha+\cos^2\beta+\cos^2\gamma=1. \tag{2.2.7}$$

证明　根据推论 2.2.4 得

$$\boldsymbol{a}\cdot\boldsymbol{i}=a_1;$$

另一方面

$$\boldsymbol{a}\cdot\boldsymbol{i}=|\boldsymbol{a}|\cdot|\boldsymbol{i}|\cos\alpha=\sqrt{a_1^2+a_2^2+a_3^2}\cos\alpha,$$

从而

$$\cos\alpha=\frac{a_1}{\sqrt{a_1^2+a_2^2+a_3^2}},$$

同理得到

$$\cos\beta=\frac{a_2}{\sqrt{a_1^2+a_2^2+a_3^2}},\quad \cos\gamma=\frac{a_3}{\sqrt{a_1^2+a_2^2+a_3^2}},$$

且

$$\cos^2\alpha+\cos^2\beta+\cos^2\gamma=1.$$

从定理 2.2.10 可以看出，空间中的每一个向量都可以由它的模与方向余弦决定. 特别地，单位向量的方向余弦等于它的坐标，即有

$$\boldsymbol{a}^\circ=\{\cos\alpha,\cos\beta,\cos\gamma\}. \tag{2.2.8}$$

若 $\boldsymbol{a}=\{a_1,a_2,a_3\}$，由射影的概念，$a_1,a_2,a_3$ 分别是 $\boldsymbol{a}$ 在 x 轴，y 轴，z 轴上的射影.

4. 两向量的夹角

定理 2.2.11　在直角坐标系中，设 $\boldsymbol{a}=\{a_1,a_2,a_3\}\neq\boldsymbol{0}$，$\boldsymbol{b}=\{b_1,b_2,b_3\}\neq\boldsymbol{0}$，那么它们夹角的余弦是

$$\cos\angle(\boldsymbol{a},\boldsymbol{b})=\frac{\boldsymbol{a}\cdot\boldsymbol{b}}{|\boldsymbol{a}||\boldsymbol{b}|}=\frac{a_1b_1+a_2b_2+a_3b_3}{\sqrt{a_1^2+a_2^2+a_3^2}\sqrt{b_1^2+b_2^2+b_3^2}}. \tag{2.2.9}$$

证明　因为 $\boldsymbol{a}\cdot\boldsymbol{b}=|\boldsymbol{a}||\boldsymbol{b}|\cos\angle(\boldsymbol{a},\boldsymbol{b})$，且 $|\boldsymbol{a}||\boldsymbol{b}|\neq 0$，所以

$$\cos\angle(\boldsymbol{a},\boldsymbol{b})=\frac{\boldsymbol{a}\cdot\boldsymbol{b}}{|\boldsymbol{a}||\boldsymbol{b}|},$$

又

$$\boldsymbol{a}\cdot\boldsymbol{b}=a_1b_1+a_2b_2+a_3b_3,$$

$$|\boldsymbol{a}|=\sqrt{a_1^2-a_2^2+a_3^2},\quad |\boldsymbol{b}|=\sqrt{b_1^2+b_2^2+b_3^2},$$

所以(2.2.9)式成立.

推论 2.2.5　在直角坐标系中，设 $\boldsymbol{a}=\{a_1,a_2,a_3\}$，$\boldsymbol{b}=\{b_1,b_2,b_3\}$，那么它们互相垂直的充要条件是

$$a_1b_1 + a_2b_2 + a_3b_3 = 0. \qquad (2.2.10)$$

在平面直角坐标系下，平面上的向量也有完全类似的结论. 设平面上两向量 $\boldsymbol{a}=\{a_1,a_2\}$ 和 $\boldsymbol{b}=\{b_1,b_2\}$，则

$$\boldsymbol{a}\cdot\boldsymbol{b} = a_1b_1 + a_2b_2, \qquad (2.2.11)$$

$$\boldsymbol{a}\cdot\boldsymbol{i} = a_1, \quad \boldsymbol{a}\cdot\boldsymbol{j} = a_2, \qquad (2.2.12)$$

$$|\boldsymbol{a}| = \sqrt{a_1^2 + a_2^2}. \qquad (2.2.13)$$

平面上两点 $P_1(x_1,y_1)$，$P_2(x_2,y_2)$ 间的距离是

$$d = \sqrt{(x_2-x_1)^2 + (y_2-y_1)^2}.$$

向量 $\boldsymbol{a}$ 的方向余弦为

$$\left.\begin{aligned}\cos\alpha &= \frac{a_1}{|\boldsymbol{a}|} = \frac{a_1}{\sqrt{a_1^2+a_2^2}},\\ \cos\beta &= \frac{a_2}{|\boldsymbol{a}|} = \frac{a_2}{\sqrt{a_1^2+a_2^2}},\end{aligned}\right\} \qquad (2.2.14)$$

且

$$\cos^2\alpha + \cos^2\beta = 1. \qquad (2.2.15)$$

向量 $\boldsymbol{a},\boldsymbol{b}$ 的夹角的余弦是

$$\cos\angle(\boldsymbol{a},\boldsymbol{b}) = \frac{\boldsymbol{a}\cdot\boldsymbol{b}}{|\boldsymbol{a}||\boldsymbol{b}|} = \frac{a_1b_1+a_2b_2}{\sqrt{a_1^2+a_2^2}\sqrt{b_1^2+b_2^2}}; \qquad (2.2.16)$$

向量 $\boldsymbol{a}$ 与 $\boldsymbol{b}$ 垂直的充要条件是

$$a_1b_1 + a_2b_2 = 0. \qquad (2.2.17)$$

例 2.2.5 在空间直角坐标系下，已知三点 $A(1,1,0)$，$B(3,2,1)$，$C(2,1,1)$，设 $\boldsymbol{a}=\overrightarrow{BC}$，$\boldsymbol{b}=\overrightarrow{CA}$，$\boldsymbol{c}=\overrightarrow{AB}$，求

(1) $|\boldsymbol{a}|,|\boldsymbol{b}|,|\boldsymbol{c}|$； (2) $\cos\angle(\boldsymbol{a},\boldsymbol{b})$； (3) $\boldsymbol{a}^\circ$； (4) $(\boldsymbol{a}+\boldsymbol{b})_{\boldsymbol{c}}$.

解 (1) $\boldsymbol{a}=\overrightarrow{BC}=\{-1,-1,0\}$， $\boldsymbol{b}=\overrightarrow{CA}=\{-1,0,-1\}$， $\boldsymbol{c}=\overrightarrow{AB}=\{2,1,1\}$，从而

$$|\boldsymbol{a}| = \sqrt{(-1)^2+(-1)^2+0^2} = \sqrt{2},$$

$$|\boldsymbol{b}| = \sqrt{(-1)^2+0^2+(-1)^2} = \sqrt{2},$$

$$|\boldsymbol{c}| = \sqrt{2^2+1^2+1^2} = \sqrt{6}.$$

(2) $\cos\angle(\boldsymbol{a},\boldsymbol{b}) = \dfrac{\boldsymbol{a}\cdot\boldsymbol{b}}{|\boldsymbol{a}||\boldsymbol{b}|} = \dfrac{(-1)\cdot(-1)+(-1)\cdot 0+0\cdot(-1)}{|\boldsymbol{a}||\boldsymbol{b}|} = \dfrac{1}{2}.$

(3) $\boldsymbol{a}^\circ = \dfrac{\boldsymbol{a}}{|\boldsymbol{a}|} = \dfrac{1}{\sqrt{2}}\{-1,-1,0\} = \left\{-\dfrac{1}{\sqrt{2}},-\dfrac{1}{\sqrt{2}},0\right\}.$

(4) $\boldsymbol{a}+\boldsymbol{b}=\{-2,-1,-1\}$，且 $\boldsymbol{c}=\{2,1,1\}$，所以

$$(\boldsymbol{a}+\boldsymbol{b})_c=\frac{(\boldsymbol{a}+\boldsymbol{b})\cdot\boldsymbol{c}}{|\boldsymbol{c}|}=\frac{-6}{\sqrt{6}}=-\sqrt{6}.$$

例 2.2.6　利用内积证明 Cauchy-Schwarz 不等式

$$\left(\sum_{i=1}^{3}a_ib_i\right)^2\leqslant\left(\sum_{i=1}^{3}a_i^2\right)\left(\sum_{i=1}^{3}b_i^2\right).$$

证明　在空间直角坐标架$\{O;\boldsymbol{i},\boldsymbol{j},\boldsymbol{k}\}$下，设 $\boldsymbol{a}=\{a_1,a_2,a_3\}$，$\boldsymbol{b}=\{b_1,b_2,b_3\}$，因为

$$|\boldsymbol{a}\cdot\boldsymbol{b}|=|\boldsymbol{a}||\boldsymbol{b}||\cos\angle(\boldsymbol{a},\boldsymbol{b})|\leqslant|\boldsymbol{a}||\boldsymbol{b}|,$$

所以

$$(\boldsymbol{a}\cdot\boldsymbol{b})^2\leqslant\boldsymbol{a}^2\boldsymbol{b}^2,$$

即

$$\left(\sum_{i=1}^{3}a_ib_i\right)^2\leqslant\left(\sum_{i=1}^{3}a_i^2\right)\left(\sum_{i=1}^{3}b_i^2\right).$$

例 2.2.7　已知 $\boldsymbol{a}=\{2,-3,6\}$，$\boldsymbol{b}=\{-1,2,-2\}$，求与 $\boldsymbol{a}$ 和 $\boldsymbol{b}$ 的角平分线上平行的单位向量.

解　$$\boldsymbol{a}^\circ=\frac{\boldsymbol{a}}{|\boldsymbol{a}|}=\frac{1}{7}\{2,-3,6\},\quad \boldsymbol{b}^\circ=\frac{\boldsymbol{b}}{|\boldsymbol{b}|}=\frac{1}{3}\{-1,2,-2\},$$

$$\boldsymbol{a}^\circ+\boldsymbol{b}^\circ=\left\{-\frac{1}{21},\frac{5}{21},\frac{4}{21}\right\},\quad |\boldsymbol{a}^\circ+\boldsymbol{b}^\circ|=\frac{\sqrt{42}}{21},$$

因此，$\boldsymbol{a}$ 和 $\boldsymbol{b}$ 的角平分线上平行的单位向量为

$$\pm(\boldsymbol{a}^\circ-\boldsymbol{b}^\circ)^\circ=\pm\frac{\sqrt{42}}{42}\{-1,5,4\}.$$

2.2.4　用直角坐标表示向量的外积

下面在直角坐标架$\{O;\boldsymbol{i},\boldsymbol{j},\boldsymbol{k}\}$下，用坐标表示两向量的外积.

定理 2.2.12　在直角坐标架$\{O;\boldsymbol{i},\boldsymbol{j},\boldsymbol{k}\}$下，设 $\boldsymbol{a}=\{a_1,a_2,a_3\}$，$\boldsymbol{b}=\{b_1,b_2,b_3\}$，则

$$\boldsymbol{a}\times\boldsymbol{b}=\begin{vmatrix}a_2&a_3\\b_2&b_3\end{vmatrix}\boldsymbol{i}+\begin{vmatrix}a_3&a_1\\b_3&b_1\end{vmatrix}\boldsymbol{j}+\begin{vmatrix}a_1&a_2\\b_1&b_2\end{vmatrix}\boldsymbol{k}.\tag{2.2.18}$$

证明　由于坐标向量满足

$$\begin{aligned}&\boldsymbol{i}\times\boldsymbol{i}=\boldsymbol{0},\quad \boldsymbol{j}\times\boldsymbol{j}=\boldsymbol{0},\quad \boldsymbol{k}\times\boldsymbol{k}=\boldsymbol{0},\\&\boldsymbol{i}\times\boldsymbol{j}=\boldsymbol{k},\quad \boldsymbol{j}\times\boldsymbol{k}=\boldsymbol{i},\quad \boldsymbol{k}\times\boldsymbol{i}=\boldsymbol{j},\\&\boldsymbol{j}\times\boldsymbol{i}=-\boldsymbol{k},\quad \boldsymbol{k}\times\boldsymbol{j}=-\boldsymbol{i},\quad \boldsymbol{i}\times\boldsymbol{k}=-\boldsymbol{j}.\end{aligned}$$

从而得

$$\begin{aligned}\boldsymbol{a}\times\boldsymbol{b}&=(a_1\boldsymbol{i}+a_2\boldsymbol{j}+a_3\boldsymbol{k})\times(b_1\boldsymbol{i}+b_2\boldsymbol{j}+b_3\boldsymbol{k})\\&=(a_1b_2-a_2b_1)\boldsymbol{i}\times\boldsymbol{j}+(a_3b_1-a_1b_3)\boldsymbol{k}\times\boldsymbol{i}+(a_2b_3-a_3b_2)\boldsymbol{j}\times\boldsymbol{k}\\&=(a_2b_3-a_3b_2)\boldsymbol{i}+(a_3b_1-a_1b_3)\boldsymbol{j}+(a_1b_2-a_2b_1)\boldsymbol{k}\\&=\begin{vmatrix}a_2&a_3\\b_2&b_3\end{vmatrix}\boldsymbol{i}+\begin{vmatrix}a_3&a_1\\b_3&b_1\end{vmatrix}\boldsymbol{j}+\begin{vmatrix}a_1&a_2\\b_1&b_2\end{vmatrix}\boldsymbol{k},\end{aligned}$$

即

$$\{a_1,a_2,a_3\}\times\{b_1,b_2,b_3\}=\left\{\begin{vmatrix}a_2&a_3\\b_2&b_3\end{vmatrix},\begin{vmatrix}a_3&a_1\\b_3&b_1\end{vmatrix},\begin{vmatrix}a_1&a_2\\b_1&b_2\end{vmatrix}\right\}.$$

为便于记忆，上述公式写为

$$\boldsymbol{a}\times\boldsymbol{b}=\begin{vmatrix}\boldsymbol{i}&\boldsymbol{j}&\boldsymbol{k}\\a_1&a_2&a_3\\b_1&b_2&b_3\end{vmatrix},$$

$$|\boldsymbol{a}\times\boldsymbol{b}|=\sqrt{(a_2b_3-a_3b_2)^2+(a_3b_1-a_1b_3)^2+(a_1b_2-a_2b_1)^2}.\qquad(2.2.19)$$

由外积的几何意义知，(2.2.19)式也是以 $\boldsymbol{a},\boldsymbol{b}$ 为邻边的平行四边形的面积公式.

例 2.2.8 已知空间中点 $A(3,2,-5)$，直线 l 上两点 $B(1,2,3)$ 和 $C(2,-1,5)$，求点 A 到直线 l 的距离 d.

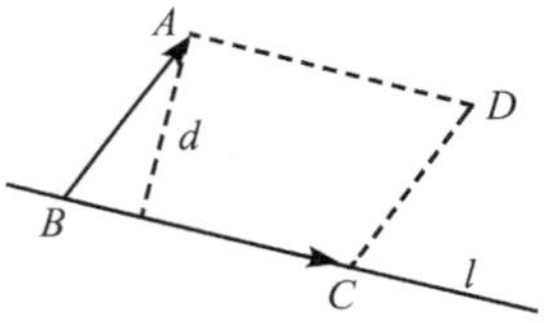

图 2.4

解 如图 2.4，作平行四边形 $ABCD$，其面积记为 S，则 $S=|\overrightarrow{BA}\times\overrightarrow{BC}|$，另一方面，又有 $S=|\overrightarrow{BC}|d$，就可求得 d. 因为

$$\overrightarrow{BA}=\{2,0,-8\},\quad\overrightarrow{BC}=\{1,-3,2\},$$

$$\overrightarrow{BA}\times\overrightarrow{BC}=\left\{\begin{vmatrix}0&-8\\-3&2\end{vmatrix},\begin{vmatrix}-8&2\\2&1\end{vmatrix},\begin{vmatrix}2&0\\1&-3\end{vmatrix}\right\}=\{-24,-12,-6\},$$

所以

$$d=\frac{|\overrightarrow{BA}\times\overrightarrow{BC}|}{|\overrightarrow{BC}|}=\frac{\sqrt{(-24)^2+(-12)^2+(-6)^2}}{\sqrt{1^2+(-3)^2+2^2}}=3\sqrt{6}.$$

例 2.2.9 已知向量 $\boldsymbol{a}=\{2,2,1\}$，$\boldsymbol{b}=\{8,10,6\}$，求与 $\boldsymbol{a},\boldsymbol{b}$ 都垂直的单位向量 $\boldsymbol{e}$ 的坐标.

解 由于 $\boldsymbol{a}\times\boldsymbol{b}$ 垂直于 $\boldsymbol{a}$ 和 $\boldsymbol{b}$，故 $\boldsymbol{e}$ 与 $\boldsymbol{a}\times\boldsymbol{b}$ 共线，但有两个方向，即 $\boldsymbol{e}=\pm\dfrac{\boldsymbol{a}\times\boldsymbol{b}}{|\boldsymbol{a}\times\boldsymbol{b}|}$，而 $\boldsymbol{a}\times\boldsymbol{b}=\{2,-4,4\}$，所以 $|\boldsymbol{a}\times\boldsymbol{b}|=6$，故

$$e = \pm \frac{a \times b}{|a \times b|} = \pm \left\{ \frac{1}{3}, -\frac{2}{3}, \frac{2}{3} \right\}.$$

2.2.5　用直角坐标表示向量的混合积

下面在直角坐标架$\{O;\boldsymbol{i},\boldsymbol{j},\boldsymbol{k}\}$下,用坐标表示三个向量的混合积.

定理 2.2.13　在直角坐标架$\{O;\boldsymbol{i},\boldsymbol{j},\boldsymbol{k}\}$下,设$\boldsymbol{a}=\{a_1,a_2,a_3\}$,$\boldsymbol{b}=\{b_1,b_2,b_3\}$,$\boldsymbol{c}=\{c_1,c_2,c_3\}$,则

$$(\boldsymbol{a},\boldsymbol{b},\boldsymbol{c}) = \begin{vmatrix} a_1 & b_1 & c_1 \\ a_2 & b_2 & c_2 \\ a_3 & b_3 & c_3 \end{vmatrix}. \tag{2.2.20}$$

证明　根据式(2.2.18),得

$$\boldsymbol{a} \times \boldsymbol{b} = \begin{vmatrix} a_2 & a_3 \\ b_2 & b_3 \end{vmatrix} \boldsymbol{i} + \begin{vmatrix} a_3 & a_1 \\ b_3 & b_1 \end{vmatrix} \boldsymbol{j} + \begin{vmatrix} a_1 & a_2 \\ b_1 & b_2 \end{vmatrix} \boldsymbol{k},$$

由内积的坐标表示得

$$(\boldsymbol{a},\boldsymbol{b},\boldsymbol{c}) = (\boldsymbol{a} \times \boldsymbol{b}) \cdot \boldsymbol{c} = \begin{vmatrix} a_2 & a_3 \\ b_2 & b_3 \end{vmatrix} c_1 + \begin{vmatrix} a_3 & a_1 \\ b_3 & b_1 \end{vmatrix} c_2 + \begin{vmatrix} a_1 & a_2 \\ b_1 & b_2 \end{vmatrix} c_3,$$

所以(2.2.20)式成立.

推论 2.2.6　三个向量$\boldsymbol{a}=\{a_1,a_2,a_3\}$,$\boldsymbol{b}=\{b_1,b_2,b_3\}$,$\boldsymbol{c}=\{c_1,c_2,c_3\}$共面的充要条件是

$$\begin{vmatrix} a_1 & b_1 & c_1 \\ a_2 & b_2 & c_2 \\ a_3 & b_3 & c_3 \end{vmatrix} = 0. \tag{2.2.21}$$

例 2.2.10　已知四面体 $ABCD$ 顶点为 $A(0,0,0)$,$B(6,0,6)$,$C(4,3,0)$,$D(2,-1,3)$,求它的体积.

解　因为四面体 $ABCD$ 的体积 V 等于以 AB,AC 和 AD 为棱的平行六面体体积的六分之一倍,因此

$$V = \frac{1}{6} |(\overrightarrow{AB},\overrightarrow{AC},\overrightarrow{AD})|.$$

又因为

$$\overrightarrow{AB} = \{6,0,6\}, \quad \overrightarrow{AC} = \{4,3,0\}, \quad \overrightarrow{AD} = \{2,-1,3\},$$

所以

$$(\overrightarrow{AB},\overrightarrow{AC},\overrightarrow{AD})=\begin{vmatrix}6&4&2\\0&3&-1\\6&0&3\end{vmatrix}=-6,$$

从而

$$V=\frac{1}{6}\mid(\overrightarrow{AB},\overrightarrow{AC},\overrightarrow{AD})\mid=1.$$

2.2.6 用仿射坐标表示向量的内积、外积和混合积

在仿射坐标系下，向量的线性运算（加法、减法和数乘）、向量的线性关系（共线、共面）及线段的定比分点公式同直角坐标表示完全一致. 但向量的内积、外积和混合积的运算是涉及坐标向量本身的度量性质，因此，在仿射坐标架下向量的内积、外积和混合积的坐标运算要复杂得多.

取一个仿射坐标系$\{O;\boldsymbol{e}_1,\boldsymbol{e}_2,\boldsymbol{e}_3\}$，设$\boldsymbol{a}=\{a_1,a_2,a_3\}$，$\boldsymbol{b}=\{b_1,b_2,b_3\}$，则

$$\begin{aligned}\boldsymbol{a}\cdot\boldsymbol{b}&=(a_1\boldsymbol{e}_1+a_2\boldsymbol{e}_2+a_3\boldsymbol{e}_3)\cdot(b_1\boldsymbol{e}_1+b_2\boldsymbol{e}_2+b_3\boldsymbol{e}_3)\\&=a_1b_1\boldsymbol{e}_1\cdot\boldsymbol{e}_1+a_1b_2\boldsymbol{e}_1\cdot\boldsymbol{e}_2+a_1b_3\boldsymbol{e}_1\cdot\boldsymbol{e}_3+a_2b_1\boldsymbol{e}_2\cdot\boldsymbol{e}_1+a_2b_2\boldsymbol{e}_2\cdot\boldsymbol{e}_2\\&\quad+a_2b_3\boldsymbol{e}_2\cdot\boldsymbol{e}_3+a_3b_1\boldsymbol{e}_3\cdot\boldsymbol{e}_1+a_3b_2\boldsymbol{e}_3\cdot\boldsymbol{e}_2+a_3b_3\boldsymbol{e}_3\cdot\boldsymbol{e}_3.\end{aligned}\tag{2.2.22}$$

可见只要知道坐标向量$\boldsymbol{e}_1,\boldsymbol{e}_2,\boldsymbol{e}_3$之间的内积$g_{ij}=\boldsymbol{e}_i\cdot\boldsymbol{e}_j$（9个数，实质上只有6个数$g_{ij}=g_{ji}$）就可以求出任意两个向量的内积，这9个数称为仿射标架$\{O;\boldsymbol{e}_1,\boldsymbol{e}_2,\boldsymbol{e}_3\}$的**度量参数**. 此外，还有

$$\begin{aligned}\boldsymbol{a}\times\boldsymbol{b}&=(a_1\boldsymbol{e}_1+a_2\boldsymbol{e}_2+a_3\boldsymbol{e}_3)\times(b_1\boldsymbol{e}_1+b_2\boldsymbol{e}_2+b_3\boldsymbol{e}_3)\\&=(a_1b_2-a_2b_1)\boldsymbol{e}_1\times\boldsymbol{e}_2+(a_2b_3-a_3b_2)\boldsymbol{e}_2\times\boldsymbol{e}_3+(a_3b_1-a_1b_3)\boldsymbol{e}_3\times\boldsymbol{e}_1,\\(\boldsymbol{a},\boldsymbol{b},\boldsymbol{c})&=[(a_1b_2-a_2b_1)\boldsymbol{e}_1\times\boldsymbol{e}_2+(a_3b_1-a_1b_3)\boldsymbol{e}_3\times\boldsymbol{e}_1\\&\quad+(a_2b_3-a_3b_2)\boldsymbol{e}_2\times\boldsymbol{e}_3]\cdot(c_1\boldsymbol{e}_1+c_2\boldsymbol{e}_2+c_3\boldsymbol{e}_3)\\&=[(a_1b_2-a_2b_1)c_3+(a_3b_1-a_1b_3)c_2+(a_2b_3-a_3b_2)c_1](\boldsymbol{e}_1\times\boldsymbol{e}_2)\cdot\boldsymbol{e}_3\\&=\begin{vmatrix}a_1&b_1&c_1\\a_2&b_2&c_2\\a_3&b_3&c_3\end{vmatrix}(\boldsymbol{e}_1,\boldsymbol{e}_2,\boldsymbol{e}_3).\end{aligned}$$

由于$\boldsymbol{e}_1,\boldsymbol{e}_2,\boldsymbol{e}_3$不共面，所以$(\boldsymbol{e}_1\times\boldsymbol{e}_2)\cdot\boldsymbol{e}_3\neq0$. 于是得到

$$\frac{(\boldsymbol{a}\times\boldsymbol{b})\cdot\boldsymbol{c}}{(\boldsymbol{e}_1\times\boldsymbol{e}_2)\cdot\boldsymbol{e}_3}=\begin{vmatrix}a_1&b_1&c_1\\a_2&b_2&c_2\\a_3&b_3&c_3\end{vmatrix}.$$

因此$\boldsymbol{a},\boldsymbol{b},\boldsymbol{c}$共面的充要条件是

$$\begin{vmatrix} a_1 & b_1 & c_1 \\ a_2 & b_2 & c_2 \\ a_3 & b_3 & c_3 \end{vmatrix} = 0.$$

这与定理 2.2.7 和推论 2.2.6 的结论均是一致的.

2.3 坐标变换

在不同的坐标系中,同一点有不同的坐标.本节讨论不同坐标系中的坐标向量和点的坐标变换公式.

2.3.1 仿射坐标系下的坐标变换

设 $O\text{-}xyz$ 与 $O'\text{-}x'y'z'$ 为空间的两个不同的仿射坐标系(图 2.5),为叙述简便,称 $O\text{-}xyz$ 为旧系,$O'\text{-}x'y'z'$ 为新系,它们的坐标向量分别为 $\boldsymbol{e}_1,\boldsymbol{e}_2,\boldsymbol{e}_3$ 和 $\boldsymbol{e}_1',\boldsymbol{e}_2',\boldsymbol{e}_3'$.设新系中原点 O' 与坐标向量在旧系下的坐标分别为

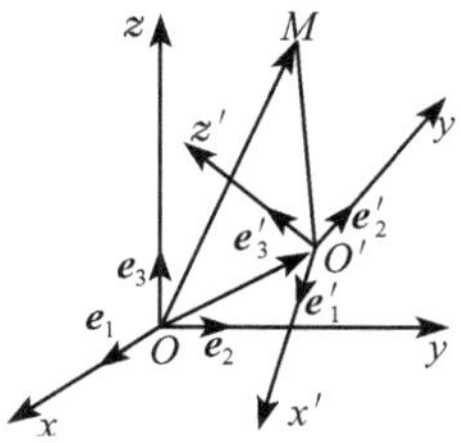

图 2.5

$$\overrightarrow{OO'} = x_0\boldsymbol{e}_1 + y_0\boldsymbol{e}_2 + z_0\boldsymbol{e}_3. \tag{2.3.1}$$

$$\begin{cases} \boldsymbol{e}_1' = a_{11}\boldsymbol{e}_1 + a_{21}\boldsymbol{e}_2 + a_{31}\boldsymbol{e}_3, \\ \boldsymbol{e}_2' = a_{12}\boldsymbol{e}_1 + a_{22}\boldsymbol{e}_2 + a_{32}\boldsymbol{e}_3, \\ \boldsymbol{e}_3' = a_{13}\boldsymbol{e}_1 + a_{23}\boldsymbol{e}_2 + a_{33}\boldsymbol{e}_3. \end{cases} \tag{2.3.2}$$

(2.3.2)式称为坐标向量变换公式.因为 $\boldsymbol{e}_1,\boldsymbol{e}_2,\boldsymbol{e}_3$ 和 $\boldsymbol{e}_1',\boldsymbol{e}_2',\boldsymbol{e}_3'$都不共面,因此

$$\begin{vmatrix} a_{11} & a_{12} & a_{13} \\ a_{21} & a_{22} & a_{23} \\ a_{31} & a_{32} & a_{33} \end{vmatrix} \neq 0.$$

空间中任一点 M 在旧、新系中的坐标分别为(x,y,z)和(x',y',z'),即

$$\overrightarrow{OM} = x\boldsymbol{e}_1 + y\boldsymbol{e}_2 + z\boldsymbol{e}_3, \tag{2.3.3}$$

$$\overrightarrow{O'M} = x'\boldsymbol{e}_1' + y'\boldsymbol{e}_2' + z'\boldsymbol{e}_3'. \tag{2.3.4}$$

由于

$$\overrightarrow{OM} = \overrightarrow{OO'} + \overrightarrow{O'M}, \tag{2.3.5}$$

由(2.3.1)式～(2.3.5)式得一般坐标变换公式

$$\begin{cases} x = a_{11}x' + a_{12}y' + a_{13}z' + x_0, \\ y = a_{21}x' + a_{22}y' + a_{23}z' + y_0, \\ z = a_{31}x' + a_{32}y' + a_{33}z' + z_0. \end{cases} \tag{2.3.6}$$

(2.3.6)式就是仿射坐标系中的**坐标变换公式**.

由于直角坐标系是仿射坐标系的特殊情形,因此上述公式对直角坐标系的情形也成立.

如果 $\boldsymbol{e}_1,\boldsymbol{e}_2,\boldsymbol{e}_3$ 和 $\boldsymbol{e}_1',\boldsymbol{e}_2',\boldsymbol{e}_3'$ 都是直角坐标系中的坐标向量,则在(2.3.2)式和(2.3.6)式中的系数满足

$$\begin{cases} a_{11}^2+a_{21}^2+a_{31}^2=1, \\ a_{12}^2+a_{22}^2+a_{32}^2=1, \\ a_{13}^2+a_{23}^2+a_{33}^2=1, \end{cases} \quad \begin{cases} a_{11}a_{12}+a_{21}a_{22}+a_{31}a_{32}=0, \\ a_{12}a_{13}+a_{22}a_{23}+a_{32}a_{33}=0, \\ a_{11}a_{13}+a_{21}a_{23}+a_{31}a_{33}=0. \end{cases} \tag{2.3.7}$$

由于 $\boldsymbol{e}_1,\boldsymbol{e}_2,\boldsymbol{e}_3$ 和 $\boldsymbol{e}_1',\boldsymbol{e}_2',\boldsymbol{e}_3'$ 分别是两两垂直的单位向量,所以

$$\begin{cases} \boldsymbol{e}_1=a_{11}\boldsymbol{e}_1'+a_{12}\boldsymbol{e}_2'+a_{13}\boldsymbol{e}_3', \\ \boldsymbol{e}_2=a_{21}\boldsymbol{e}_1'+a_{22}\boldsymbol{e}_2'+a_{23}\boldsymbol{e}_3', \\ \boldsymbol{e}_3=a_{31}\boldsymbol{e}_1'+a_{32}\boldsymbol{e}_2'+a_{33}\boldsymbol{e}_3'. \end{cases} \tag{2.3.8}$$

因此还有

$$\begin{cases} a_{11}^2+a_{12}^2+a_{13}^2=1, \\ a_{21}^2+a_{22}^2+a_{23}^2=1, \\ a_{31}^2+a_{32}^2+a_{33}^2=1, \end{cases} \quad \begin{cases} a_{11}a_{21}+a_{12}a_{22}+a_{13}a_{23}=0, \\ a_{21}a_{31}+a_{22}a_{32}+a_{23}a_{33}=0, \\ a_{11}a_{31}+a_{12}a_{32}+a_{13}a_{33}=0. \end{cases} \tag{2.3.9}$$

(2.3.7)式和(2.3.9)式称为**正交条件**.

如果将(2.3.6)式中各式分别乘以 a_{11},a_{21},a_{31},再相加得

$$\begin{aligned} &(x-x_0)a_{11}+(y-y_0)a_{21}+(z-z_0)a_{31} \\ =&(a_{11}^2+a_{21}^2+a_{31}^2)x'+(a_{11}a_{12}+a_{21}a_{22}+a_{31}a_{32})y' \\ &+(a_{11}a_{13}+a_{21}a_{23}+a_{31}a_{33})z'. \end{aligned}$$

由正交条件(2.3.7)式得

$$x'=a_{11}(x-x_0)+a_{21}(y-y_0)+a_{31}(z-z_0).$$

类似地,有

$$\begin{aligned} y'&=a_{12}(x-x_0)+a_{22}(y-y_0)+a_{32}(z-z_0), \\ z'&=a_{13}(x-x_0)+a_{23}(y-y_0)+a_{33}(z-z_0). \end{aligned}$$

这样我们就得到用旧坐标表示新坐标的公式

$$\begin{cases} x'=a_{11}(x-x_0)+a_{21}(y-y_0)+a_{31}(z-z_0), \\ y'=a_{12}(x-x_0)+a_{22}(y-y_0)+a_{32}(z-z_0), \\ z'=a_{13}(x-x_0)+a_{23}(y-y_0)+a_{33}(z-z_0). \end{cases} \tag{2.3.10}$$

2.3.2 直角坐标系下常用的坐标变换

1. 平移

同平面上直角坐标变换一样，空间直角坐标变换可视为平移和旋转两种坐标变换连续进行的结果.

只有坐标系原点的位置改变而坐标轴的方向不变，这种坐标变换叫做**坐标轴的平移**.

设坐标系 O-xyz 平移到 O'-$x'y'z'$（图 2.6）. 仍记 O-xyz 为旧系，O'-$x'y'z'$ 为新系，它们的坐标向量都是 $\boldsymbol{i},\boldsymbol{j},\boldsymbol{k}$. 设 O' 在旧系下的坐标为 (x_0,y_0,z_0)，即

$$\overrightarrow{OO'}=x_0\boldsymbol{i}+y_0\boldsymbol{j}+z_0\boldsymbol{k}.$$

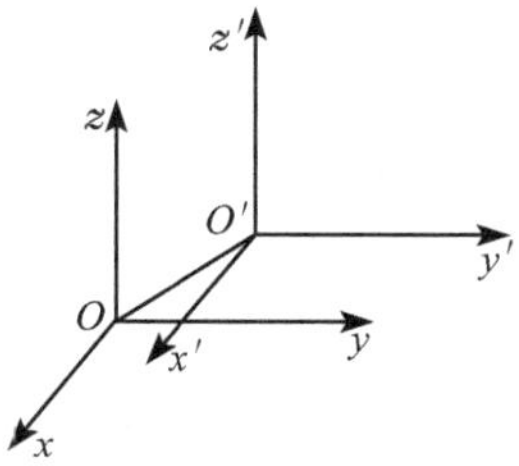

图 2.6

空间中任一点 M 在旧系下的坐标为 (x,y,z)，在新系下的坐标为 (x',y',z')，即

$$\overrightarrow{OM}=x\boldsymbol{i}+y\boldsymbol{j}+z\boldsymbol{k},\quad \overrightarrow{O'M}=x'\boldsymbol{i}+y'\boldsymbol{j}+z'\boldsymbol{k}.$$

于是有

$$\begin{aligned}\overrightarrow{OM}=\overrightarrow{OO'}+\overrightarrow{O'M}&=(x_0\boldsymbol{i}+y_0\boldsymbol{j}+z_0\boldsymbol{k})+(x'\boldsymbol{i}+y'\boldsymbol{j}+z'\boldsymbol{k})\\&=(x_0+x')\boldsymbol{i}+(y_0+y')\boldsymbol{j}+(z_0+z')\boldsymbol{k},\end{aligned}$$

即得

$$\begin{cases}x'=x-x_0,\\y'=y-y_0,\\z'=z-z_0.\end{cases}\qquad(2.3.11)$$

(2.3.11)式称为**平移变换**.

2. 旋转

如果原点不动，而坐标轴的方向改变（但改变以后，保证各坐标轴方向互相垂直），这种坐标变换称为**旋转变换**.

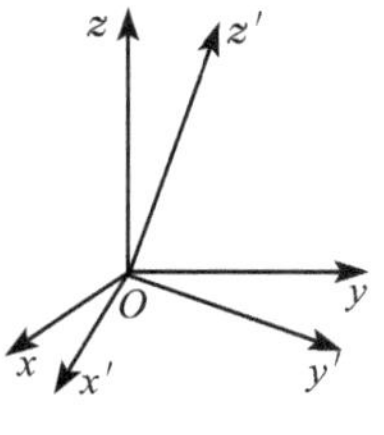

图 2.7

假设坐标系 O-xyz（旧系）旋转到 O-$x'y'z'$（新系），如图 2.7，它们的坐标向量分别为 $\boldsymbol{i},\boldsymbol{j},\boldsymbol{k}$ 和 $\boldsymbol{i}',\boldsymbol{j}',\boldsymbol{k}'$. 设新系的坐标向量 $\boldsymbol{i}',\boldsymbol{j}',\boldsymbol{k}'$ 在旧坐标系中的坐标为

$$\begin{cases}\boldsymbol{i}'=a_{11}\boldsymbol{i}+a_{21}\boldsymbol{j}+a_{31}\boldsymbol{k},\\\boldsymbol{j}'=a_{12}\boldsymbol{i}+a_{22}\boldsymbol{j}+a_{32}\boldsymbol{k},\\\boldsymbol{k}'=a_{13}\boldsymbol{i}+a_{23}\boldsymbol{j}+a_{33}\boldsymbol{k}.\end{cases}\qquad(2.3.12)$$

M 是空间中的任一点，且在新、旧系中的坐标分别为 (x',y',z') 及 (x,y,z)，即

$$\overrightarrow{OM}=x\boldsymbol{i}+y\boldsymbol{j}+z\boldsymbol{k},\qquad(2.3.13)$$

$$\overrightarrow{OM}=x'\boldsymbol{i}'+y'\boldsymbol{j}'+z'\boldsymbol{k}',\tag{2.3.14}$$

将(2.3.12)式代入(2.3.14)式并与(2.3.13)式比较可得

$$\begin{cases}x=a_{11}x'+a_{12}y'+a_{13}z',\\ y=a_{21}x'+a_{22}y'+a_{23}z',\\ z=a_{31}x'+a_{32}y'+a_{33}z'.\end{cases}\tag{2.3.15}$$

(2.3.15)式就是用新坐标表示旧坐标的旋转公式.

例 2.3.1 已知在坐标架$\{O;\boldsymbol{e}_1,\boldsymbol{e}_2,\boldsymbol{e}_3\}$下,$\boldsymbol{a}=\{1,1,0\}$,$\boldsymbol{b}=\{0,1,1\}$,$\boldsymbol{c}=\{1,0,1\}$,$\boldsymbol{d}=\{2,-2,4\}$,

(1) 试证:$\boldsymbol{a},\boldsymbol{b},\boldsymbol{c}$ 不共面,因而 $\boldsymbol{a},\boldsymbol{b},\boldsymbol{c}$ 也是一组坐标向量;

(2) 写出坐标向量 $\boldsymbol{e}_1,\boldsymbol{e}_2,\boldsymbol{e}_3$ 到坐标向量 $\boldsymbol{a},\boldsymbol{b},\boldsymbol{c}$ 的变换公式;

(3) 求 $\boldsymbol{d}$ 在坐标向量 $\boldsymbol{a},\boldsymbol{b},\boldsymbol{c}$ 下的坐标.

解 (1) 由于

$$D=\begin{vmatrix}1&0&1\\1&1&0\\0&1&1\end{vmatrix}=2\neq 0,$$

可知 $\boldsymbol{a},\boldsymbol{b},\boldsymbol{c}$ 不共面,因而 $\boldsymbol{a},\boldsymbol{b},\boldsymbol{c}$ 也是一组坐标向量.

(2) 因为 $\boldsymbol{a}=\{1,1,0\}=\boldsymbol{e}_1+\boldsymbol{e}_2$,$\boldsymbol{b}=\{0,1,1\}=\boldsymbol{e}_2+\boldsymbol{e}_3$,$\boldsymbol{c}=\{1,0,1\}=\boldsymbol{e}_1+\boldsymbol{e}_3$,所以坐标向量变换公式为

$$\begin{cases}\boldsymbol{a}=\boldsymbol{e}_1+\boldsymbol{e}_2,\\ \boldsymbol{b}=\boldsymbol{e}_2+\boldsymbol{e}_3,\\ \boldsymbol{c}=\boldsymbol{e}_1+\boldsymbol{e}_3.\end{cases}$$

(3) 设 $\boldsymbol{d}=x\boldsymbol{a}+y\boldsymbol{b}+z\boldsymbol{c}$,它等价于线性方程组

$$\begin{cases}x+z=2,\\ x+y=-2,\\ y+z=4\end{cases}$$

有唯一解,即

$$x=-2,\quad y=0,\quad z=4.$$

所以

$$\boldsymbol{d}=-2\boldsymbol{a}+0\boldsymbol{b}+4\boldsymbol{c},$$

即 $\boldsymbol{d}$ 在坐标向量 $\boldsymbol{a},\boldsymbol{b},\boldsymbol{c}$ 下的坐标是$\{-2,0,4\}$.

评析 空间 $\mathbf{R}^3$ 中,任意三个不共面的向量都可成为一组坐标向量. 于是一个向量在不同的坐标向量下就会有不同的坐标,因此说起一个向量的坐标必须说明

是在什么坐标向量下的坐标.

2.4　空间柱面坐标与球面坐标

在数学分析中,计算三重积分或曲面积分时,柱面坐标或球面坐标起到了非常重要的作用.

2.4.1　柱面坐标系

设有空间直角坐标系 $O\text{-}xyz$,$P(x,y,z)$为空间中一点,它在 xOy 面上的射影为 P',Ox 轴到$\overrightarrow{OP'}$的夹角为 θ $(0\leqslant\theta<2\pi)$,$|\overrightarrow{OP'}|=r(0\leqslant r<+\infty)$,这时,点 P 的位置可用数组(r,θ,z)确定(图 2.8),数组(r,θ,z)称为点 P 的**柱面坐标**.显然,点 P 的直角坐标(x,y,z)与柱面坐标(r,θ,z)之间的关系为

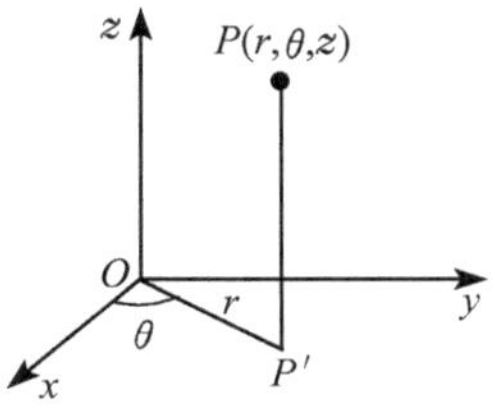

图 2.8

$$\begin{cases}x = r\cos\theta,\\ y = r\sin\theta, & 0\leqslant\theta<2\pi,0\leqslant r<+\infty,-\infty<z<+\infty.\\ z = z,\end{cases}$$

坐标面为(图 2.9)

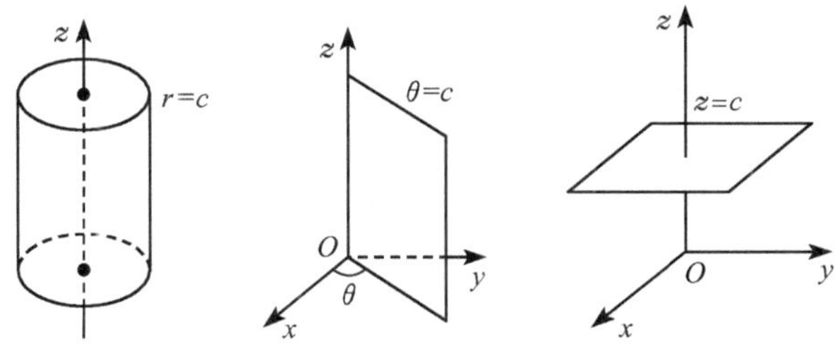

图 2.9

$r=$常数,表示以 z 轴为对称轴,r 为半径的圆柱面;

$\theta=$常数,表示过 z 轴的半平面;

$z=$常数,表示与 xOy 面平行的平面.

2.4.2　球面坐标系

设有空间直角坐标系 $O\text{-}xyz$,$P(x,y,z)$为空间中一点,它在 xOy 面上的射影为 P',Ox 轴到$\overrightarrow{OP'}$的夹角为 $\theta(0\leqslant\theta<2\pi)$,$\overrightarrow{OP}$与 z 轴正方向的夹角为 $\varphi(0\leqslant\varphi\leqslant\pi)$,$|\overrightarrow{OP}|=r(0\leqslant r<+\infty)$,这时,点 P 的位置可用数组(r,φ,θ)确定(图 2.10),数

组(r,φ,θ)称为点 P 的球面坐标.

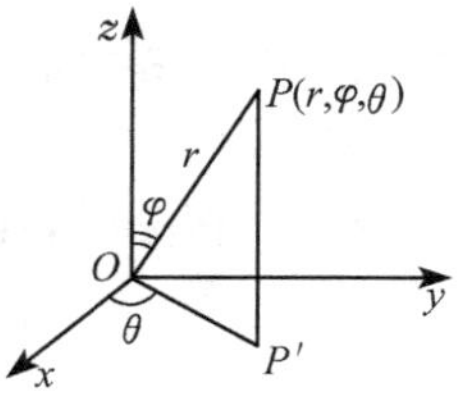

图 2.10

显然,点 P 的直角坐标与球面坐标(r,φ,θ)之间的关系为

$$\begin{cases} x = r\sin\varphi\cos\theta, \\ y = r\sin\varphi\sin\theta, \quad 0 \leqslant \theta < 2\pi, 0 \leqslant \varphi \leqslant \pi, 0 \leqslant r < +\infty. \\ z = r\cos\varphi, \end{cases}$$

坐标面为(图 2.11)

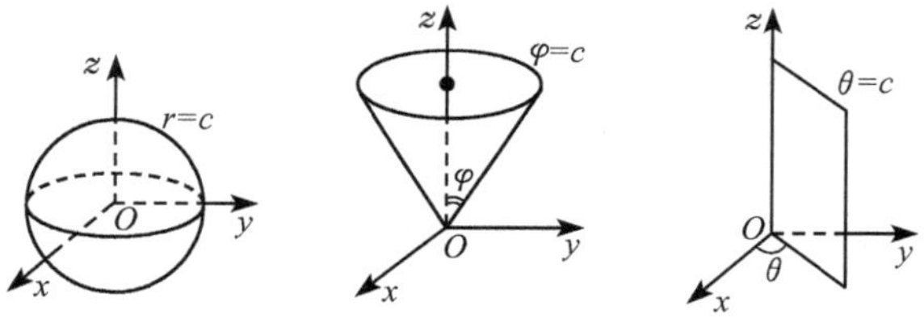

图 2.11

$r=$常数,表示以 O 为中心,r 为半径的球面;

$\varphi=$常数,表示以 O 为顶点,z 轴为对称轴的圆锥面的一腔;

$\theta=$常数,表示过 z 轴的半平面.

例 2.4.1 试证明:在柱面坐标系中,两点 $P_1(r_1,\theta_1,z_1)$和 $P_2(r_2,\theta_2,z_2)$之间的距离为

$$|P_1P_2| = \sqrt{r_1^2 + r_2^2 - 2r_1r_2\cos(\theta_2-\theta_1) + (z_2-z_1)^2}.$$

证明 设点 P_1,P_2 的直角坐标为$(x_1,y_1,z_1),(x_2,y_2,z_2)$,则

$$x_i = r_i\cos\theta_i, \quad y_i = r_i\sin\theta_i, \quad z_i = z_i, \quad i=1,2.$$

由直角坐标系下的两点距离公式得

$$\begin{aligned} |P_1P_2| &= \sqrt{(r_2\cos\theta_2 - r_1\cos\theta_1)^2 + (r_2\sin\theta_2 - r_1\sin\theta_1)^2 + (z_2-z_1)^2} \\ &= \sqrt{r_1^2 + r_2^2 - 2r_1r_2(\cos\theta_2\cos\theta_1 + \sin\theta_2\sin\theta_1) + (z_2-z_1)^2} \\ &= \sqrt{r_1^2 + r_2^2 - 2r_1r_2\cos(\theta_2-\theta_1) + (z_2-z_1)^2}. \end{aligned}$$

结　束　语

本章引入了空间的直角坐标系、仿射坐标系、柱面坐标系和球面坐标系.

空间直角坐标系是平面直角坐标系的自然推广，仿射坐标系是直角坐标系的推广，而柱面坐标系和球面坐标系都是由于某些实际问题需要特殊分析而引入的.

在这一章中，我们又通过向量引进了坐标架与坐标的概念，这样就使得向量与有序实数组、点与有序实数组建立了一一对应的关系. 也就使得空间的几何结构数量化了，从而向量的运算就转化为数的运算，这对我们在计算上带来很大的方便. 另一方面，给出了代数问题的几何解释. 但是必须注意，在解决实际问题时，必须适当地选取坐标系，使计算简化.

在这里还要指出，我们在这一章中，所介绍的向量运算的定义与运算的规律，是和坐标系的选取无关的，向量运算的坐标表达式，因选取不同的坐标系将会出现不同的表达式，例如两向量 $\boldsymbol{a},\boldsymbol{b}$ 的内积在直角坐标系下为

$$\boldsymbol{a}\cdot\boldsymbol{b}=a_1b_1+a_2b_2+a_3b_3,$$

其中 a_1,a_2,a_3 与 b_1,b_2,b_3 分别为 $\boldsymbol{a}$ 与 $\boldsymbol{b}$ 的直角坐标，但是如果选取一般的仿射坐标系，设

$$\boldsymbol{a}=a_1\boldsymbol{e}_1-a_2\boldsymbol{e}_2+a_3\boldsymbol{e}_3,\quad \boldsymbol{b}=b_1\boldsymbol{e}_1+b_2\boldsymbol{e}_2+b_3\boldsymbol{e}_3.$$

那么根据内积的运算观律有

$$\begin{aligned}\boldsymbol{a}\cdot\boldsymbol{b}=&a_1b_1\boldsymbol{e}_1^2+a_2b_2\boldsymbol{e}_2^2+a_3b_3\boldsymbol{e}_3^2+(a_1b_2+a_2b_1)\boldsymbol{e}_1\cdot\boldsymbol{e}_2\\&+(a_1b_3+a_3b_1)\boldsymbol{e}_1\cdot\boldsymbol{e}_3+(a_2b_3+a_3b_2)\boldsymbol{e}_2\cdot\boldsymbol{e}_3\end{aligned}$$

它的值决定于坐标系的坐标向量 $\boldsymbol{e}_1,\boldsymbol{e}_2,\boldsymbol{e}_3$ 间的内积，它对给定的坐标系都是已知的.

值得指出，对于只涉及向量的线性运算、定比分点的概念和点、线、面的线性关系（共线、共面）等，直角坐标与仿射坐标没有什么区别. 有时，采用仿射坐标要比直角坐标更简单. 但是，考虑一些度量关系（距离、夹角）、向量间的乘法运算时，一般都是用直角坐标.

用各式各样的坐标系，在分析物理等其他学科都有着广泛的应用.

练　习　题

一、基　础　题

1. 在空间直角坐标系 $\{O;\boldsymbol{i},\boldsymbol{j},\boldsymbol{k}\}$ 下，求 $M(a,b,c)$ 分别关于

(1) 坐标平面；(2) 坐标轴；(3) 坐标原点

的各个对称点的坐标.

2. 坐标满足下列条件之一的点位于哪个卦限：

(1) $xy>0$；　(2) $xz>0$；　(3) $xyz>0$；　(4) $xyz<0$.

3. 在直角坐标系中，已知点 $A(-3,2,1)$ 和点 $B(2,-3,0)$，分别求它们在各坐标面和各坐标轴上射影的坐标.

在仿射坐标系下讨论 4～14 题.

4. 对于平行四边形 $ABCD$，求 $A,D,\overrightarrow{AD},\overrightarrow{DB}$ 在坐标架 $\{C;\overrightarrow{AC},\overrightarrow{BD}\}$ 下的坐标.

5. 已知平行四边形 $ABCD$ 三个顶点 $A(3,-4,7)$，$B(-5,3,-2)$ 和 $C(1,2,-3)$，求它的第四个顶点 D 的坐标.

6. 设 $\boldsymbol{a}=\{1,5,2\}$，$\boldsymbol{b}=\{0,-3,4\}$，$\boldsymbol{c}=\{-2,3,-1\}$，求向量 $2\boldsymbol{a}+\boldsymbol{c}$，$-3\boldsymbol{a}+2\boldsymbol{b}+4\boldsymbol{c}$ 的坐标.

7. 已知向量 $\boldsymbol{a},\boldsymbol{b},\boldsymbol{c}$ 的坐标：

(1) 在坐标架 $\{O;\boldsymbol{e}\}$ 下，$\boldsymbol{a}=\{3\}$，$\boldsymbol{b}=\{-2\}$，$\boldsymbol{c}=\{-1\}$；

(2) 在坐标架 $\{O;\boldsymbol{e}_1,\boldsymbol{e}_2\}$ 下，$\boldsymbol{a}=\{0,1\}$，$\boldsymbol{b}=\{-1,0\}$，$\boldsymbol{c}=\{1,-1\}$；

(3) 在坐标架 $\{O;\boldsymbol{e}_1,\boldsymbol{e}_2,\boldsymbol{e}_3\}$ 下，$\boldsymbol{a}=\{0,-1,0\}$，$\boldsymbol{b}=\{1,2,3\}$，$\boldsymbol{c}=\{2,0,1\}$，

求 $\boldsymbol{a}+2\boldsymbol{b}-3\boldsymbol{c}$ 的分量.

8. 已知线段 AB 被点 $C(2,0,2)$ 和 $D(5,-2,0)$ 三等分，试求这线段的两个端点 A,B 的坐标.

9. 已知 A,B 两点的坐标分别为 $(1,-2,3)$，$(4,1,2)$.

(1) 试确定点 P 的坐标，使点 P 分线段 AB 成定比 $3:2$；

(2) 试确定点 P 的坐标，使点 P 分线段 BA 成定比 $(-2):3$.

10. 已知三角形 ABC 的两个顶点 $A(-4,-1,2)$，$B(3,-5,6)$ 且 AC 边的中点在 y 轴上，BC 边的中点在 zOx 面上，求第三个顶点的坐标.

11. 设坐标向量为 $\boldsymbol{e}_1,\boldsymbol{e}_2,\boldsymbol{e}_3$.

(1) 证明：向量 $\boldsymbol{a}=\boldsymbol{e}_1+3\boldsymbol{e}_2-\boldsymbol{e}_3$，$\boldsymbol{b}=2\boldsymbol{e}_1-3\boldsymbol{e}_2-10\boldsymbol{e}_3$，$\boldsymbol{c}=-\boldsymbol{e}_1+2\boldsymbol{e}_2+6\boldsymbol{e}_3$ 线性无关；

(2) 求向量 $\boldsymbol{d}=3\boldsymbol{a}-2\boldsymbol{b}+\boldsymbol{c}$ 在坐标向量 $\boldsymbol{e}_1,\boldsymbol{e}_2,\boldsymbol{e}_3$ 下的坐标；

(3) 求向量 $\boldsymbol{f}$，使 $-\boldsymbol{a}+2\boldsymbol{b}-3\boldsymbol{c}+3\boldsymbol{f}=\boldsymbol{0}$.

12. 确定下列四点是否共面：

(1) $A(1,2,-1)$，$B(0,1,5)$，$C(-1,2,1)$，$D(2,1,3)$；

(2) $A(3,-2,1)$，$B(2,0,-1)$，$C(-1,-4,5)$，$D(3,-2,4)$；

(3) $A(1,2,-3)$，$B(3,5,-1)$，$C(0,-2,7)$，$D(2,1,3)$；

(4) $A(1,0,1)$，$B(0,-1,2)$，$C(1,2,-2)$，$D(2,0,-21)$.

13. 设向量 $\boldsymbol{a}=\{1,-1,2\}$，$\boldsymbol{b}=\{2,k,1\}$，$\boldsymbol{c}=\{1,1-k,k\}$，问当 k 取什么值时，$\boldsymbol{a},\boldsymbol{b},\boldsymbol{c}$ 共面？特别地，k 取什么值时，$\boldsymbol{a},\boldsymbol{c}$ 共线？

14. 判断下列每组的三个向量 $\boldsymbol{a},\boldsymbol{b},\boldsymbol{c}$ 是否共面？能否将 $\boldsymbol{c}$ 表示成 $\boldsymbol{a},\boldsymbol{b}$ 的线性组合？若能表示，写出表示式.

(1) $\boldsymbol{a}=\{5,2,1\}$，$\boldsymbol{b}=\{-1,4,2\}$，$\boldsymbol{c}=\{-1,-1,5\}$；

(2) $\boldsymbol{a}=\{0,-1,2\}$，$\boldsymbol{b}=\{0,2,-4\}$，$\boldsymbol{c}=\{1,2,-1\}$；

(3) $\boldsymbol{a}=\{1,2,3\}$，$\boldsymbol{b}=\{2,-1,0\}$，$\boldsymbol{c}=\{0,5,6\}$.

在直角坐标系中讨论 15～34 题.

15. 已知向量 $\boldsymbol{a},\boldsymbol{b}$ 的坐标如下，求 $\boldsymbol{a}\cdot\boldsymbol{b}$.

(1) $\boldsymbol{a}=\{3,5,7\},\boldsymbol{b}=\{-2,6,1\}$；　(2) $\boldsymbol{a}=\{3,0,-6\},\boldsymbol{b}=\{2,-4,0\}$.

16. 已知向量 $\boldsymbol{a}=\{3,1,2\},\boldsymbol{b}=\{2,7,4\},\boldsymbol{c}=\{1,2,1\}$，试求：

(1) $(\boldsymbol{a}\cdot\boldsymbol{b})\boldsymbol{c}$；　(2) $\boldsymbol{a}^2(\boldsymbol{b}\cdot\boldsymbol{c})$；　(3) $\boldsymbol{a}^2\boldsymbol{b}+\boldsymbol{b}^2\boldsymbol{c}+\boldsymbol{c}^2\boldsymbol{a}$.

17. 将下列向量单位化：

(1) $\boldsymbol{a}=5\boldsymbol{i}-6\boldsymbol{j}+3\boldsymbol{k}$；　(2) $\boldsymbol{b}=\frac{1}{2}\boldsymbol{i}-\frac{1}{3}\boldsymbol{k}$.

18. 证明以 $A(3,-1,2),B(0,-4,2),C(-3,2,1)$ 为顶点的三角形是等腰三角形.

19. 已知三角形的三顶点为 $A(2,5,0),B(11,3,8)$ 和 $C(5,11,12)$，求边 BC 及中线 AD 之长.

20. 计算下列向量间的夹角：

(1) $\boldsymbol{a}=\{1,-2,3\},\boldsymbol{b}=\{2,1,-2\}$；　(2) $\boldsymbol{a}=\{-2,1,-1\},\boldsymbol{b}=\{1,-1,4\}$.

21. 证明 $\boldsymbol{a}=\{3,2,1\}$ $\boldsymbol{b}=\{2,-3,0\}$ 互相垂直.

22. 求向量 $\boldsymbol{a}=\{4,-3,4\}$ 在向量 $\boldsymbol{b}=\{2,2,1\}$ 上的射影.

23. 从点 $A(2,-1,7)$ 沿向量 $\boldsymbol{a}=8\boldsymbol{i}+9\boldsymbol{j}-12\boldsymbol{k}$ 的方向取线段长 $|\overrightarrow{AB}|=34$，求点 B 的坐标.

24. 求下列向量的方向余弦：

(1) $\boldsymbol{a}=\{2,-3,-6\}$；　(2) $\boldsymbol{b}=\{2,3,-10\}$.

25. 已知三点 $A(1,0,0),B(3,1,1),C(2,0,1)$，设 $\overrightarrow{BC}=\boldsymbol{a},\overrightarrow{CA}=\boldsymbol{b},\overrightarrow{AB}=\boldsymbol{c}$，求

(1) $\angle(\boldsymbol{a},\boldsymbol{b})$；　(2) $\angle C$；　(3) $\angle(\boldsymbol{a},\boldsymbol{i})$；　(4) $(\boldsymbol{a}+\boldsymbol{b})_c$.

26. (1) $\frac{\pi}{3},-\frac{\pi}{2},\frac{3\pi}{4}$ 能否是一个向量的方向角；

(2) $\left\{\frac{\sqrt{2}}{2},-\frac{\sqrt{2}}{2},0\right\}$ 能否是一个向量的方向余弦.

27. 求向量 $\boldsymbol{c}$，使 $\boldsymbol{c}\perp\boldsymbol{a},\boldsymbol{c}\perp\boldsymbol{b}$，其中：

(1) $\boldsymbol{a}=\boldsymbol{i}-2\boldsymbol{j}+3\boldsymbol{k}$，$\boldsymbol{b}=4\boldsymbol{j}-5\boldsymbol{k}$　(2) $\boldsymbol{a}=3\boldsymbol{i}-\boldsymbol{j}+\boldsymbol{k}$，$\boldsymbol{b}=-\boldsymbol{i}+2\boldsymbol{j}-\boldsymbol{k}$.

28. 已知向量 $\boldsymbol{a}=\{3,-1,-2\}$，$\boldsymbol{b}=\{1,2,-1\}$，试求下列向量：

(1) $\boldsymbol{a}\times\boldsymbol{b}$；　(2) $(2\boldsymbol{a}+\boldsymbol{b})\times\boldsymbol{b}$；　(3) $(2\boldsymbol{a}-\boldsymbol{b})\times(2\boldsymbol{a}+\boldsymbol{b})$.

29. 已知三角形顶点为 $A(5,1,-1),B(0,-4,3),C(1,-3,7)$，求它的面积.

30. 已知 $\boldsymbol{a}=\{3,4,2\},\boldsymbol{b}=\{3,5,-1\},\boldsymbol{c}=\{2,3,5\}$，求它们的混合积 $(\boldsymbol{a},\boldsymbol{b},\boldsymbol{c})$.

31. 证明在空间中以 $A(a_1,a_2,a_3),B(b_1,b_2,b_3),C(c_1,c_2,c_3),D(d_1,d_2,d_3)$ 为顶点的四面体体积为

$$V=\pm\frac{1}{6}\begin{vmatrix} a_1 & a_2 & a_3 & 1 \\ b_1 & b_2 & b_3 & 1 \\ c_1 & c_2 & c_3 & 1 \\ d_1 & d_2 & d_3 & 1 \end{vmatrix}.$$

32. 已知空间四点 $A(2,3,1),B(4,1,-2),C(6,3,7),D(-5,4,8)$，求以 A,B,C,D 为顶点的四面体体积以及点 D 到平面 ABC 的距离.

33. 已知向量 $\boldsymbol{a}=\{3,1,2\},\boldsymbol{b}=\{2,7,4\},\boldsymbol{c}=\{1,2,1\}$，求：

(1) $(\boldsymbol{a},\boldsymbol{b},\boldsymbol{c})$；　(2) $(\boldsymbol{a}\times\boldsymbol{b})\times\boldsymbol{c}$；　(3) $\boldsymbol{a}\times(\boldsymbol{b}\times\boldsymbol{c})$.

34. 确定以 A,B,C,D 为顶点的四面体的体积：

(1) $A(-1,0,1)$,$B(-2,1,4)$,$C(1,3,-3)$,$D(-2,-1,3)$;

(2) $A(2,-1,1)$,$B(5,4,4)$,$C(2,3,-1)$,$D(4,1,2)$.

35. 设 $OABC$ 为四面体,L,M,N 依次是$\triangle ABC$ 的三边 AB,BC,CA 的中点,取坐标架$\{O;\overrightarrow{OA},\overrightarrow{OB},\overrightarrow{OC}\}$和坐标架$\{O;\overrightarrow{OL},\overrightarrow{OM},\overrightarrow{ON}\}$.

(1) 求$\{O;\overrightarrow{OA},\overrightarrow{OB},\overrightarrow{OC}\}$到$\{O;\overrightarrow{OL},\overrightarrow{OM},\overrightarrow{ON}\}$的坐标变换公式;

(2) 求点 A,B,C 以及向量$\overrightarrow{AB}$,$\overrightarrow{AC}$在$\{O;\overrightarrow{OL},\overrightarrow{OM},\overrightarrow{ON}\}$中的坐标.

36. 设$\{O;\boldsymbol{i},\boldsymbol{j},\boldsymbol{k}\}$和$\{O';\boldsymbol{i}',\boldsymbol{j}',\boldsymbol{k}'\}$都是右手直角坐标架,已知 O' 关于$\{O;\boldsymbol{i},\boldsymbol{j},\boldsymbol{k}\}$的坐标是$(2,1,2)$,$\boldsymbol{i}'$与$\overrightarrow{O'O}$同向,$O'y'$与 Oy 轴交于 $A(0,9,0)$,$\boldsymbol{j}'$与$\overrightarrow{O'A}$同向. 求$\{O;\boldsymbol{i},\boldsymbol{j},\boldsymbol{k}\}$到$\{O';\boldsymbol{i}',\boldsymbol{j}',\boldsymbol{k}'\}$的坐标变换公式.

37. 设在仿射坐标架$\{O;\boldsymbol{e}_1,\boldsymbol{e}_2,\boldsymbol{e}_3\}$下,$\boldsymbol{a}=\{1,2,2\}$,$\boldsymbol{b}=\{-1,-1,2\}$,$\boldsymbol{c}=\{2,-1,1\}$,$\boldsymbol{d}=\{1,5,-3\}$.

(1) $\boldsymbol{a},\boldsymbol{b},\boldsymbol{c}$ 是否是一组坐标向量?

(2) 若 $\boldsymbol{a},\boldsymbol{b},\boldsymbol{c}$ 是一组坐标向量,写出坐标向量 $\boldsymbol{e}_1,\boldsymbol{e}_2,\boldsymbol{e}_3$ 到坐标向量 $\boldsymbol{a},\boldsymbol{b},\boldsymbol{c}$ 的变换公式,并求 $\boldsymbol{d}$ 在这组坐标向量下的坐标.

38. 求直角坐标系中的两点 $A(3,4,5)$,$B(-6,0,8)$的柱面坐标.

39. 在柱面坐标系中,确定下列方程代表的几何图形.

(1) $r=2$;　(2) $\theta=\dfrac{\pi}{4}$;　(3) $z=-1$;

(4) $\begin{cases} r=5, \\ \theta=\dfrac{\pi}{2}; \end{cases}$　(5) $\begin{cases} r=4, \\ z=2; \end{cases}$　(6) $z\theta=0$.

40. 在直角坐标系中,已知线段 OM 的长为 1,且$\overrightarrow{OM}$与 x 轴,y 轴,z 轴之间的交角分别为$\dfrac{\pi}{3}$,$\dfrac{\pi}{3}$,$\dfrac{3\pi}{4}$,求 M 点的柱面坐标.

41. 求点 $A(8,4,1)$,$B(-1,-1,-1)$,$C(0,1,0)$的球面坐标.

42. 在球面坐标中,下列方程代表什么图形.

(1) $r=3$;　(2) $\theta=\dfrac{\pi}{3}$;　(3) $\varphi=\dfrac{\pi}{2}$;

(4) $\begin{cases} r=4, \\ \theta=\dfrac{3\pi}{4}; \end{cases}$　(5) $\begin{cases} r=5, \\ \varphi=\pi; \end{cases}$　(6) $\begin{cases} \theta=\dfrac{\pi}{4}, \\ \varphi=\dfrac{\pi}{3}. \end{cases}$

43. 证明在球面坐标中,两点 $A_1(r_1,\varphi_1,\theta_1)$,$A_2(r_2,\varphi_2,\theta_2)$之间的距离为

$$\sqrt{r_1^2+r_2^2-2r_1r_2[\sin\varphi_1\sin\varphi_2\cos(\theta_2-\theta_1)+\cos\varphi_1\cos\varphi_2]}.$$

44. 在测量学中,球面坐标系里的 θ 称为被测点 $P(r,\varphi,\theta)$的方位角,而$\dfrac{\pi}{2}-\varphi$ 称为高低角,这时观测站设在坐标原点,利用各种观测仪器(包括雷达)可以测出被测点的 3 个坐标. 某观测站测出距观测点为 3000m 的飞机的方位角是 $42°12'$,高低角为 $45°$,再过 5s 后,飞机距观测点为 4000m,其方位角是 $10°12'$,高低角为 $60°$,如果飞机在这段时间内做匀速飞行,求飞机的飞行速度.

二、提　高　题

1. 证明三个向量 $\boldsymbol{a},\boldsymbol{b},\boldsymbol{c}$ 共面的充要条件是

$$\begin{vmatrix} \boldsymbol{a}\cdot\boldsymbol{a} & \boldsymbol{a}\cdot\boldsymbol{b} & \boldsymbol{a}\cdot\boldsymbol{c} \\ \boldsymbol{b}\cdot\boldsymbol{a} & \boldsymbol{b}\cdot\boldsymbol{b} & \boldsymbol{b}\cdot\boldsymbol{c} \\ \boldsymbol{c}\cdot\boldsymbol{a} & \boldsymbol{c}\cdot\boldsymbol{b} & \boldsymbol{c}\cdot\boldsymbol{c} \end{vmatrix}=0.$$

2. 建立坐标系证明：四面体的四条中线交于一点（即四面体的重心），且此交点将每一条中线分成定比为 3∶1（由顶点算起）的两部分（注：四面体的中线即四面体的顶点到其对面的重心的连线）.

3. 四面体的不相交的两条棱称为对棱，每一对对棱的中点的连线称为四面体的拟中线. 建立坐标系证明：四面体的三条拟中线交于它的重心，且此重心把每一条拟中线分成长度相等的两部分.

4. 直角坐标系中，已知 $\boldsymbol{a}=\{2,-3,1\}$，$\boldsymbol{b}=\{1,-2,3\}$，$\boldsymbol{c}=\{2,1,2\}$，$\boldsymbol{r}\perp\boldsymbol{a}$，$\boldsymbol{r}\perp\boldsymbol{b}$ 且 $\boldsymbol{r}$ 在 $\boldsymbol{c}$ 上的射影等于 14，求 $\boldsymbol{r}$.

5. 建立直角坐标系，计算正方体的对角线与它的任一个面的对角线之间的夹角.

6. 如右图，直角坐标系中，已知长方体 $OABC$-$O_1A_1B_1C_1$ 中，$|OA|=8$，$|OC|=6$，$|OO_1|=1$. P 是棱 OC 上的点，且 $|PC|=2|OP|$，M 是棱 AB 上的点，且 $|AM|=2|MB|$，N 是棱 B_1C_1 的中点. 求直线 A_1P 与直线 MN 所成的角.

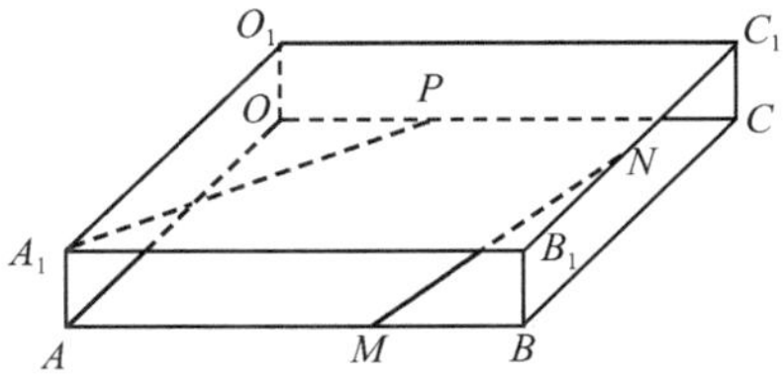

三、复习与测试题

1. 单项选择题

(1) 设平行四边形的三定点为 (0,−2,0)，(2,0,1)，(0,4,2)，那么第四顶点为（　　）

A. (−2,2,1)　　B. (−2,2,1) 或 (2,−6,−1)

C. (−2,2,1) 或 (2,6,3)　　D. (−2,2,1) 或 (2,−6,−1) 或 (2,6,3)

(2) 在直角坐标系中，$\boldsymbol{a}=\{5,2,1\}$，$\boldsymbol{b}=\{-1,4,2\}$，$\boldsymbol{c}=\{-1,-1,6\}$，则 $(\boldsymbol{a},\boldsymbol{b},\boldsymbol{c})$ 的值为（　　）.

A. 0　　B. 143　　C. 121　　D. 都不是

(3) 在直角坐标系中，以 $A(3,-2,1)$，$B(7,6,9)$，$C(9,1,-5)$ 为顶点的三角形是（　　）

A. 直角三角形　　B. 等腰三角形　　C. 任意三角形　　D. 等腰直角三角形

(4) 设向量 $\boldsymbol{a}$ 的三个方向数相等，则它的方向余弦为（　　）.

A. $\cos\alpha=\frac{\sqrt{3}}{3}$，$\cos\beta=\frac{\sqrt{3}}{3}$，$\cos\gamma=\frac{\sqrt{3}}{3}$

B. $\cos\alpha=-\frac{\sqrt{3}}{3}$，$\cos\beta=-\frac{\sqrt{3}}{3}$，$\cos\gamma=-\frac{\sqrt{3}}{3}$

C. $\cos\alpha=\frac{\sqrt{3}}{3}$，$\cos\beta=\frac{\sqrt{3}}{3}$，$\cos\gamma=\frac{\sqrt{3}}{3}$ 或 $\cos\alpha=-\frac{\sqrt{3}}{3}$，$\cos\beta=-\frac{\sqrt{3}}{3}$，$\cos\gamma=-\frac{\sqrt{3}}{3}$

D. 都不是

2. 填空题

(1) 已知向量 $\boldsymbol{a}=\{-1,2,1\}$,$\boldsymbol{b}=\{0,1,1\}$,那么 $\boldsymbol{a}$ 与 $\boldsymbol{b}$ 的夹角$\angle(\boldsymbol{a},\boldsymbol{b})=$________,以 $\boldsymbol{a},\boldsymbol{b}$ 为邻边的平行四边形的面积为________.

(2) 设 $\boldsymbol{a}=\{1,-2,1\}$,$\boldsymbol{b}=\{-1,1,k\}$,如果射影 $\boldsymbol{b}_a=-\sqrt{6}$,那么 $k=$________.

(3) 设一向量的方向角为 α,β,γ,则 $\sin^2\alpha+\sin^2\beta+\sin^2\gamma=$________.

(4) 设向量 $\boldsymbol{b}$ 与向量 $\boldsymbol{a}=\{16,-15,12\}$平行但方向相反,长度为 25,则向量 $\boldsymbol{b}=$________.

(5) $ABCD$ 为平行四边形,已知点 A,B 及对角线交点的坐标分别为$(-3,1,5)$,$(2,-3,4)$,$(1,-1,2)$. 则 C 的坐标为________,D 的坐标为________.

(6) 垂直于 $\boldsymbol{a}=\{2,1,3\}$和 $\boldsymbol{b}=\{0,-5,1\}$的单位向量为________.

(7) 在直角坐标系中,$\boldsymbol{a}=-\boldsymbol{i}+2\boldsymbol{j}+\boldsymbol{k}$,$\boldsymbol{b}=2\boldsymbol{i}-2\boldsymbol{j}$,则由向量 $\boldsymbol{a},\boldsymbol{b}$ 所构成的平行四边形的面积是________.

(8) 在直角坐标系中,已知 $A(1,2,0)$,$B(-1,3,4)$,$C(-1,-2,-3)$,$D(0,-1,3)$,则四面体 $ABCD$ 的体积为________.

3. 设 A,B 两点的坐标分别为$(-6,5,-8)$,$(4,0,7)$,试确定点 C,D,E,F,使 C,D,E,F 将线段 AB 五等分.

4. 在直角坐标系中,已知 $\boldsymbol{a}=\{1,0,1\}$,$\boldsymbol{b}=\{1,-2,0\}$,$\boldsymbol{c}=\{-1,2,1\}$,求$(3\boldsymbol{a}+\boldsymbol{b})\times(\boldsymbol{b}-\boldsymbol{c})$.

5. 下列每组向量中的 $\boldsymbol{d}$ 能否表示为 $\boldsymbol{a},\boldsymbol{b},\boldsymbol{c}$ 的线性组合,若能,写出组合的表达式.

(1) $\boldsymbol{a}=\{2,3,1\}$,$\boldsymbol{b}=\{5,7,0\}$,$\boldsymbol{c}=\{3,-2,4\}$,$\boldsymbol{d}=\{4,12,-3\}$;

(2) $\boldsymbol{a}=\{5,-2,0\}$,$\boldsymbol{b}=\{0,-3,4\}$,$\boldsymbol{c}=\{-6,0,1\}$,$\boldsymbol{d}=\{25,-22,16\}$.

6. 已知向量 $\boldsymbol{a},\boldsymbol{b},\boldsymbol{c}$ 的仿射坐标如下:

(1) $\boldsymbol{a}=\{0,-1,2\}$,$\boldsymbol{b}=\{0,2,-4\}$,$\boldsymbol{c}=\{1,2,-1\}$;

(2) $\boldsymbol{a}=\{1,2,3\}$,$\boldsymbol{b}=\{2,-1,0\}$,$\boldsymbol{c}=\{0,5,6\}$.

试判别它们是否共面? 能否将 $\boldsymbol{c}$ 表成 $\boldsymbol{a}$ 与 $\boldsymbol{b}$ 的线性组合,若能,写出组合的表达式.

7. 在仿射坐标架$\{O;\boldsymbol{e}_1,\boldsymbol{e}_2,\boldsymbol{e}_3\}$下,$\boldsymbol{a}=\{a_1,a_2,a_3\}$,$\boldsymbol{b}=\{b_1,b_2,b_3\}$,$\boldsymbol{c}=\{c_1,c_2,c_3\}$,则

(1) $\boldsymbol{a}$ 与 $\boldsymbol{b}$ 共线的条件是$\dfrac{a_1}{b_1}=\dfrac{a_2}{b_2}=\dfrac{a_3}{b_3}$;

(2) $\boldsymbol{a},\boldsymbol{b},\boldsymbol{c}$ 共面的条件的坐标表示是$\begin{vmatrix} a_1 & b_1 & c_1 \\ a_2 & b_2 & c_2 \\ a_3 & b_3 & c_3 \end{vmatrix}=0$;

(3) $\boldsymbol{a}\perp\boldsymbol{b}$ 的坐标表示是 $a_1b_1+a_2b_2+a_3b_3=0$.

8. 当 a 为何值时,四点 $M_1(1,a,a^2)$,$M_2(1,-1,1)$,$M_3(2,1,-2)$,$M_4(-1,2,2)$共面.

9. 建立仿射坐标系,证明三角形的三条中线交于一点(重心).

第3章　空间的平面和直线

空间的平面和直线是空间中最简单的图形.本章将把坐标法和向量法结合起来,研究空间中平面和直线的方程以及它们的位置关系与度量关系.

3.1　仿射坐标系下的平面方程

本节采用的坐标系是仿射坐标系,由于直角坐标系是一种特殊的仿射坐标系,因此,在仿射坐标系下建立的平面和直线方程在直角坐标系下也是成立的.

3.1.1　由平面上一点与平面的方位向量决定的平面方程

我们知道,确定一个平面的条件是:不在一条直线上的三点;或者一条直线和此直线外的一点;或者两条相交直线;或者两条平行直线.为了便于用向量法,我们采用"一个点和两不共线的向量确定一个平面"作为讨论的出发点.

设空间中的已知点为 M_0,两个不共线的向量为 $\boldsymbol{v}_1,\boldsymbol{v}_2$,由 M_0 和 $\boldsymbol{v}_1,\boldsymbol{v}_2$ 确定的唯一平面记为 π,那么向量 $\boldsymbol{v}_1,\boldsymbol{v}_2$ 叫做平面 π 的**方位向量**,显然任何一对与平面 π 平行的不共线向量都可以作为平面 π 的方位向量.

下面来求点 M_0 和向量 $\boldsymbol{v}_1,\boldsymbol{v}_2$ 确定的平面 π 的方程.在空间,取定一个仿射标架$\{O;\boldsymbol{e}_1,\boldsymbol{e}_2,\boldsymbol{e}_3\}$,如图3.1,并设点 M_0 的向径$\overrightarrow{OM_0}=\boldsymbol{r}_0$,平面 π 上任意一点 M 的向径为$\overrightarrow{OM}=\boldsymbol{r}$,显然,点 M 在平面 π 上的充要条件为向量$\overrightarrow{M_0M}$与 $\boldsymbol{v}_1,\boldsymbol{v}_2$ 共面,因为 $\boldsymbol{v}_1$ 与 $\boldsymbol{v}_2$ 不共线,所以$\overrightarrow{M_0M}$,$\boldsymbol{v}_1,\boldsymbol{v}_2$ 共面的充要条件是存在唯一的一对实数 s,t,使得

$$\overrightarrow{M_0M}=s\boldsymbol{v}_1+t\boldsymbol{v}_2,$$

又因为$\overrightarrow{M_0M}=\boldsymbol{r}-\boldsymbol{r}_0$,所以上式可以写成

$$\boldsymbol{r}-\boldsymbol{r}_0=s\boldsymbol{v}_1+t\boldsymbol{v}_2,$$

即

$$\boldsymbol{r}=\boldsymbol{r}_0+s\boldsymbol{v}_1+t\boldsymbol{v}_2.\qquad(3.1.1)$$

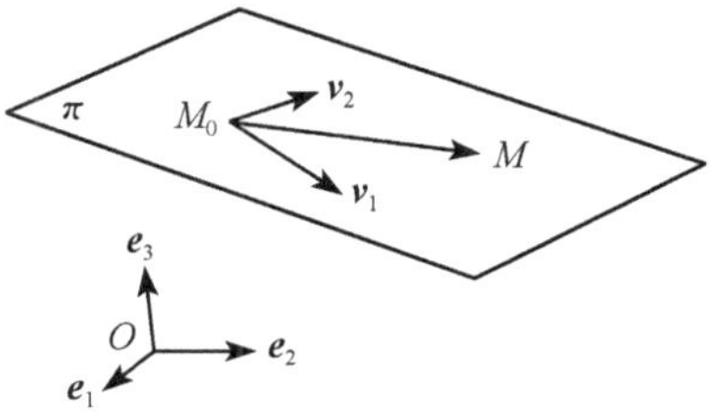

图3.1

方程(3.1.1)叫做平面 π 的**向量式参数方程**,其中 s,t 为参数.

设点 M_0,M 的坐标分别为(x_0,y_0,z_0),(x,y,z),那么

$$\boldsymbol{r}_0=\{x_0,y_0,z_0\},\quad \boldsymbol{r}=\{x,y,z\},$$

并设

$$v_1 = \{X_1, Y_1, Z_1\}, \quad v_2 = \{X_2, Y_2, Z_2\},$$

则由(3.1.1)式得

$$\begin{cases} x = x_0 + sX_1 + tX_2, \\ y = y_0 + sY_1 + tY_2, \\ z = z_0 + sZ_1 + tZ_2. \end{cases} \tag{3.1.2}$$

(3.1.2)式称为平面 π 的**参数方程**,其中 s,t 称为参数,它们可取任意实数.

又因为$\overrightarrow{M_0M}, v_1, v_2$ 共面的充要条件是$(\overrightarrow{M_0M}, v_1, v_2)=0$,因此平面 π 的方程又可写为

$$\begin{vmatrix} x-x_0 & y-y_0 & z-z_0 \\ X_1 & Y_1 & Z_1 \\ X_2 & Y_2 & Z_2 \end{vmatrix} = 0. \tag{3.1.3}$$

方程(3.1.1),(3.1.3)都是由一点和方位向量确定的平面方程,它们也称为平面的**点位式方程**.

例 3.1.1 求过两点 $P_1(0,1,-1)$,$P_2(2,2,0)$与定向量 $\boldsymbol{a}=\{1,-1,1\}$平行的平面方程.

解 因为$\overrightarrow{P_1P_2}=\{2,1,1\}$,对于所求平面上任一点 $P(x,y,z)$,有

$$\overrightarrow{P_1P} = s\overrightarrow{P_1P_2} + t\boldsymbol{a},$$

或

$$\begin{cases} x = 2s + t, \\ y = 1 + s - t, \\ z = -1 + s + t. \end{cases}$$

给定不共线的三点 P_1, P_2, P_3,也可唯一地确定一个平面 π,使得该平面通过点 P_1, P_2, P_3. 令

$$v_1 = \overrightarrow{P_1P_2}, \quad v_2 = \overrightarrow{P_1P_3},$$

则 v_1 与 v_2 不共线且点 P 在平面 π 上的充要条件是$\overrightarrow{P_1P}, v_1, v_2$ 共面,即

$$\begin{vmatrix} x-x_1 & y-y_1 & z-z_1 \\ x_2-x_1 & y_2-y_1 & z_2-z_1 \\ x_3-x_1 & y_3-y_1 & z_3-z_1 \end{vmatrix} = 0, \tag{3.1.4}$$

这就叫做平面的**三点式方程**.

作为三点式的特例,设所求平面通过坐标轴上的三点 $P_1(a,0,0)$,$P_2(0,b,0)$,

$P_3(0,0,c)$ 且 $abc\neq 0$，由平面的三点式方程，得

$$bcx + acy + bcz = 0, \tag{3.1.5}$$

或

$$\frac{x}{a}+\frac{y}{b}+\frac{z}{c}=1, \tag{3.1.6}$$

(3.1.6)式叫做平面的**截距式方程**，a,b,c 分别称为三坐标轴上的**截距**.

例 3.1.2　已知一平面通过点 $P(1,-1,1)$，在 x 轴和 y 轴上的截距分别为 2 和 3，求此平面的方程.

解　设平面在 z 轴上的截距为 c，则它的方程为

$$\frac{x}{2}+\frac{y}{3}+\frac{z}{c}=1.$$

又平面通过点 P，所以

$$\frac{1}{2}+\frac{-1}{3}+\frac{1}{c}=1,$$

则 $c=\dfrac{6}{5}$，故所求平面方程为

$$\frac{x}{2}+\frac{y}{3}+\frac{5z}{6}=1.$$

例 3.1.3　做出平面 $2x-2y+3z-6=0$ 的图形.

解　平面的截距式方程为

$$\frac{x}{3}+\frac{y}{-3}+\frac{z}{2}=1,$$

由此得到它与坐标轴的交点为 $A(3,0,0)$，$B(0,-3,0)$，$C(0,0,2)$，于是所求平面的图形由 A,B,C 三点确定，如图 3.2.

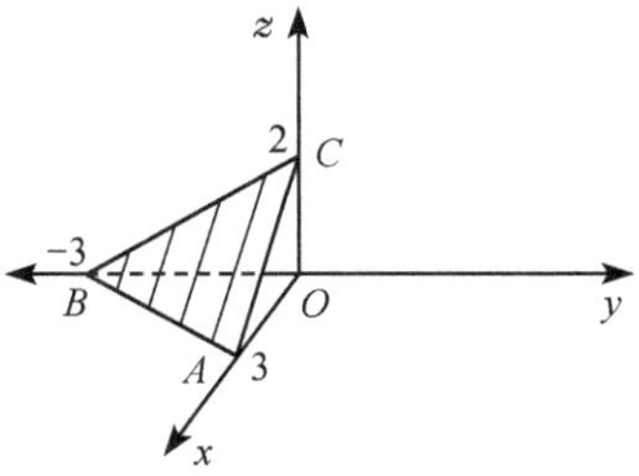

图 3.2

3.1.2　平面的一般方程

因为空间中任意平面都可用它上面的一点 M_0 和它的方位向量 $\boldsymbol{v}_1=\{X_1,Y_1,Z_1\}$，$\boldsymbol{v}_2=\{X_2,Y_2,Z_2\}$ 确定，因此平面方程可由(3.1.3)式表示，即平面上的点 $M(x,y,z)$ 应满足

$$\begin{vmatrix} x-x_0 & y-y_0 & z-z_0 \\ X_1 & Y_1 & Z_1 \\ X_2 & Y_2 & Z_2 \end{vmatrix}=0,$$

即

$$Ax + By + Cz + D = 0, \tag{3.1.7}$$

其中

$$A = \begin{vmatrix} Y_1 & Z_1 \\ Y_2 & Z_2 \end{vmatrix}, \quad B = -\begin{vmatrix} X_1 & Z_1 \\ X_2 & Z_2 \end{vmatrix}, \quad C = \begin{vmatrix} X_1 & Y_1 \\ X_2 & Y_2 \end{vmatrix},$$

$$D = -(Ax_0 + By_0 + Cz_0).$$

由于 $\boldsymbol{v}_1$ 与 $\boldsymbol{v}_2$ 不共线,A,B,C 不全为零,因此平面的方程(3.1.7)是三元一次方程.反过来,也可证明任一关于 x,y,z 的三元一次方程(3.1.7)都可表示一个平面.事实上,因为 A,B,C 不全为零,不妨设 $A\neq 0$,三点 $P_0\left(-\frac{D}{A},0,0\right)$,$P_1\left(-\frac{B+D}{A},1,0\right)$,$P_2\left(-\frac{C+D}{A},0,1\right)$的坐标满足(3.1.7)式,由点 P_0 及向量 $\boldsymbol{v}_1=A\cdot\overrightarrow{P_0P_1}=\{-B,A,0\}$,$\boldsymbol{v}_2=A\cdot\overrightarrow{P_0P_2}=\{-C,0,A\}$确定的平面方程为

$$\begin{vmatrix} x+\frac{D}{A} & y & z \\ -B & A & 0 \\ -C & 0 & A \end{vmatrix} = 0,$$

展开化简得

$$Ax + By + Cz + D = 0.$$

它与(3.1.7)式一致,因此(3.1.7)式表示一平面.对于其他的情形同理可证,因此我们有如下定理.

定理 3.1.1 空间中任一平面的方程必定是三元一次方程;反之,任意一个三元一次方程必表示一平面.

(3.1.7)式称为平面的**一般方程**(或**普通方程**),从平面的一般方程的某些系数等于零,考察平面关于坐标系具有特殊的位置.

设平面方程为 $Ax+By+Cz+D=0$,则

(1) $D=0\Leftrightarrow$平面过原点;

(2) $A=0,D\neq 0\Leftrightarrow$平面平行于 x 轴;

(3) $A=D=0\Leftrightarrow$平面过 x 轴;

(4) $A=B=0,D\neq 0\Leftrightarrow$平面平行于 xOy 面;

(5) $A=B=D=0\Leftrightarrow$平面即为 xOy 面.

显然,对于 $B=0$;$B=D=0$;$A=C=0$ 等条件所对应的平面的特殊位置都可类似地得到.

根据平面的一般方程画空间平面的图形.如果平面方程 $Ax+By+Cz+D=0$ 满足 $A\cdot B\cdot C\cdot D\neq 0$,则此平面与三坐标轴均相交,且交点不是原点,因此这三个交点不共线,它们决定的平面就是所求平面.如果平面的方程中 $B=0,A\neq 0,C\neq 0,D\neq 0$,则此平面与 y 轴平行,与 x 轴和 z 轴均相交,且交点不是原点,由这两点决定的直线沿 y 轴平行移动形成的图形就是所求平面.其余情况如何画平面,请读者思考.

例 3.1.4　已知一平面平行于 x 轴,且通过点 $P(0,4,-3)$ 和 $Q(1,-2,6)$,求此平面的方程.

解　因为平面平行于 x 轴,故可设它的方程为

$$By+Cz+D=0,$$

又因为平面通过 P,Q 两点,所以

$$\begin{cases}4B-3C+D=0,\\ -2B+6C+D=0.\end{cases}$$

解此方程组得

$$B:C:D=3:2:(-6),$$

从而所求的平面方程为 $3y+2z-6=0$.

3.2　平面间的相互位置关系

本节采用的坐标系仍是仿射坐标系,对于直角坐标系的情形也是成立的.

3.2.1　两平面的相关位置

两平面的相关位置有三种可能情形:(1)相交于一条直线;(2)平行;(3)重合.如何从两平面的方程判断它们属于何种情形?

先考虑一个向量与平面平行的条件.

定理 3.2.1　在仿射坐标系下,向量 $\boldsymbol{v}=\{X,Y,Z\}$ 与平面 $\pi:Ax+By+Cz+D=0$ 平行的充要条件是

$$AX+BY+CZ=0.$$

证明　不妨设 $A\neq 0$,这时点 $P_0\left(-\dfrac{D}{A},0,0\right),P_1\left(-\dfrac{B+D}{A},1,0\right),P_2\left(-\dfrac{C+D}{A},0,1\right)$ 都在平面 π 上,从而向量 $\boldsymbol{v}_1=-A\cdot\overrightarrow{P_0P_1}=\{B,-A,0\},\boldsymbol{v}_2=-A\cdot\overrightarrow{P_0P_2}=\{C,0,-A\}$ 平行于平面 π,$\boldsymbol{v}$ 平行于平面 π 的充要条件是 $\boldsymbol{v}_1,\boldsymbol{v}_2,\boldsymbol{v}$ 共面,即

$$\begin{vmatrix} X & B & C \\ Y & -A & 0 \\ Z & 0 & -A \end{vmatrix} = 0,$$

展开化简后得

$$AX + BY + CZ = 0.$$

对于其他的情形同理可证.

例 3.2.1 画出平面 $x+2y-z=0$ 的图形.

解 因为 $D=0$,所以此平面过原点.解方程 $X+2Y-Z=0$,求得两个不共线向量 $\boldsymbol{\omega}_1=\{2,-1,0\}$,$\boldsymbol{\omega}_2=\{1,0,1\}$.以原点为起点画出 $\boldsymbol{\omega}_1$,$\boldsymbol{\omega}_2$,所求平面就是由原点和 $\boldsymbol{\omega}_1$,$\boldsymbol{\omega}_2$ 决定的平面,见图 3.3.

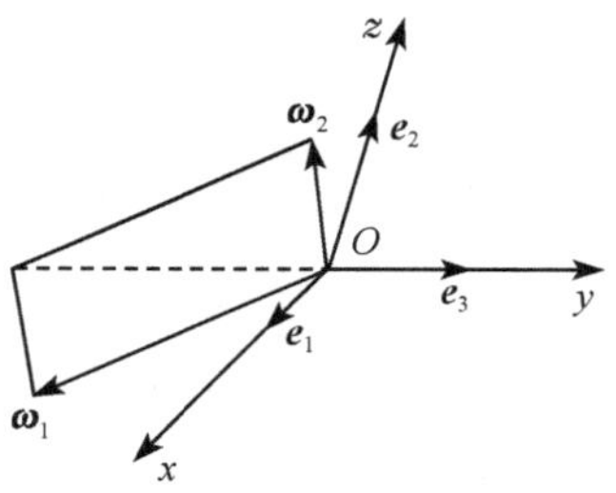

图 3.3

下面给出空间中两平面相关位置的条件.

定理 3.2.2 在仿射坐标系中,设平面 π_1 和 π_2 的方程分别是

$$\begin{aligned} \pi_1: \quad A_1x + B_1y + C_1z + D_1 = 0, \\ \pi_2: \quad A_2x + B_2y + C_2z + D_2 = 0. \end{aligned} \tag{3.2.1}$$

则

(1) π_1 与 π_2 相交的充要条件是 $A_1:B_1:C_1\neq A_2:B_2:C_2$;

(2) π_1 与 π_2 平行而不重合的充要条件是 $\dfrac{A_1}{A_2}=\dfrac{B_1}{B_2}=\dfrac{C_1}{C_2}\neq\dfrac{D_1}{D_2}$;

(3) π_1 与 π_2 重合的充要条件是 $\dfrac{A_1}{A_2}=\dfrac{B_1}{B_2}=\dfrac{C_1}{C_2}=\dfrac{D_1}{D_2}$.

证明 首先证明 π_1 与 π_2 平行的条件是

$$A_1:B_1:C_1 = A_2:B_2:C_2.$$

由于在定理 3.2.1 的证明中,向量 $\boldsymbol{v}_1=\{B_1,-A_1,0\}$,$\boldsymbol{v}_2=\{C_1,0,-A_1\}$ 平行于 π_1,如果 π_1 与 π_2 平行,那么 $\boldsymbol{v}_1$,$\boldsymbol{v}_2$ 也平行于 π_2,由定理 3.2.1 知,

$$A_2B_1 + B_2(-A_1) = 0, \quad A_2C_1 + C_2(-A_1) = 0,$$

即

$$\frac{A_1}{A_2}=\frac{B_1}{B_2}=\frac{C_1}{C_2}.$$

其次，如果$\frac{A_1}{A_2}=\frac{B_1}{B_2}=\frac{C_1}{C_2}=k$（$k$ 必不是 0），则 π_1 的方程可写为

$$A_2x+B_2y+C_2z+\frac{D_1}{k}=0. \tag{3.2.2}$$

因此，当 $D_1:D_2=k$ 时，π_1 和 π_2 可用同一个方程 $A_2x+B_2y+C_2z+D_2=0$ 表示，从而 π_1 与 π_2 重合；当 $D_1:D_2\neq k$ 时，π_1 的方程(3.2.2)与 π_2 的方程 $A_2x+B_2y+C_2z+D_2=0$ 没有公共解，π_1 与 π_2 没有交点，即 π_1 与 π_2 平行而不重合.

这就证明了(2)和(3)，对于(1)的证明，可从上述证明过程中立即得到.

例 3.2.2　求过点 $Q(1,0,-2)$，且平行于平面 $5x-2y-z-1=0$ 的平面方程.

解　设所求平面方程为

$$5x-2y-z+D=0,$$

其中 D 为待定，由于点 $Q(1,0,-2)$ 在此平面上，代入上式求得 $D=-7$，故所求平面方程为

$$5x-2y-z-7=0.$$

例 3.2.3　设平面

$$\pi_1:2x-y+3z-p=0,\quad \pi_2:qx+2y-6z+2=0,$$

问 p,q 取何值时，(1)π_1 与 π_2 相交；(2)π_1 与 π_2 平行；(3)π_1 与 π_2 重合.

解　(1) π_1 与 π_2 相交的充要条件是 $A_1:B_1:C_1\neq A_2:B_2:C_2$，由于$(-1):2=3:(-6)$，所以 π_1 与 π_2 相交的条件是

$$\frac{2}{q}\neq\frac{-1}{2}=\frac{3}{-6}.$$

故当 $q\neq-4$，p 取任意值时，π_1 与 π_2 相交.

(2) 仿(1)，当$\frac{2}{q}=\frac{-1}{2}=\frac{3}{-6}\neq\frac{-p}{2}$时，即 $p\neq1,q=-4$ 时，π_1 与 π_2 平行.

(3) 当$\frac{2}{q}=\frac{-1}{2}=\frac{3}{-6}=\frac{-p}{2}$时，即 $p=1,q=-4$ 时，π_1 与 π_2 重合.

3.2.2　三平面恰交于一点的条件

关于三个平面的相关位置，也可根据这些平面的一般式方程所构成的线性方程组解的性质来确定.

定理 3.2.3　设三个平面在仿射坐标系中的方程分别为

$$\pi_1:A_1x+B_1y+C_1z+D_1=0,$$

$$\pi_2: A_2x+B_2y+C_2z+D_2=0,$$
$$\pi_3: A_3x+B_3y+C_3z+D_3=0.$$

则这三个平面恰交于一点的充要条件是

$$\begin{vmatrix} A_1 & B_1 & C_1 \\ A_2 & B_2 & C_2 \\ A_3 & B_3 & C_3 \end{vmatrix} \neq 0.$$

证明 上述三个平面恰交于一点的充要条件是方程组有唯一解，从而它的系数行列式不等于零.

三平面的位置关系有 8 种情形见表 3.1，具体分析略去.

表 3.1

(1) 有唯一公共点	(2) 有一条公共直线，但彼此不平行	(3) 有一条公共直线，但有两平面重合，第三个平面与之相交	(4) 三个平面重合
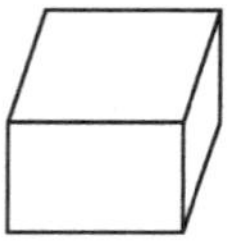	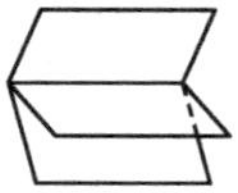	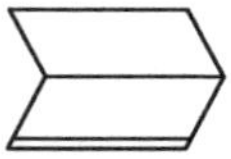	
(5) 三平面两两相交，构成三棱柱	(6) 两平面平行但不重合，第三平面与之相交	(7) 三平面彼此平行，但两两不重合	(8) 两平面重合，第三平面与之平行
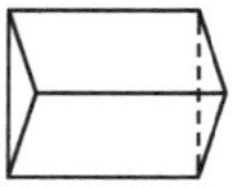	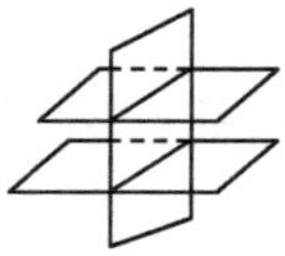	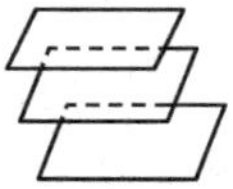	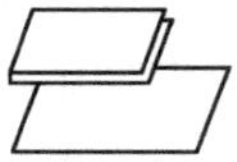

例 3.2.4 试说明下列各组平面的相关位置：

(1) $2x-2y-z-1=0, x+2y+z=0, 3x-y-\frac{1}{2}z+4=0$；

(2) $x+y+z-6=0, 2x+3y+4z-10=0, x-y+z-2=0$.

解 (1) 因为任意两个平面方程的一次项系数都不成比例，所以这三个平面两两不平行，其次这三个方程构成的方程组无解，因而这三个平面没有公共的交点，所以这三个平面构成三棱柱. 进一步我们求出棱的方向，设前两个方程决定的直线的方向向量为 $\boldsymbol{v}=\{X,Y,Z\}$，因此

$$\begin{cases} 2X-2Y-Z=0, \\ X+2Y+Z=0, \end{cases}$$

解得

$$X:Y:Z=0:1:(-2).$$

对于第三个平面，由于

$$3 \cdot 0 - 1 \cdot 1 - \frac{1}{2} \cdot (-2) = 0,$$

从而 $\boldsymbol{v}$ 也与第三张平面平行，故 $\boldsymbol{v}$ 为所求的棱的方向向量.

(2) 由这三个方程构成的线性方程组有唯一解 $(6,2,-2)$，从而这三平面有唯一的交点.

3.3　直角坐标系中平面的方程、点到平面的距离

前两节都是在一般的仿射坐标系中讨论的，这一节我们在直角坐标系下给出平面方程的另外两种重要形式.

3.3.1　平面的点法式方程

确定一个平面的条件还可以是：一个点和一个与平面垂直的非零向量. 与一个平面垂直的非零向量称为这个平面的**法向量**.

取空间直角坐标架 $\{O;\boldsymbol{i},\boldsymbol{j},\boldsymbol{k}\}$（图 3.4），我们来求过点 $M_0(x_0,y_0,z_0)$，且法向量为 $\boldsymbol{n}=\{A,B,C\}$ 的平面 π 的方程.

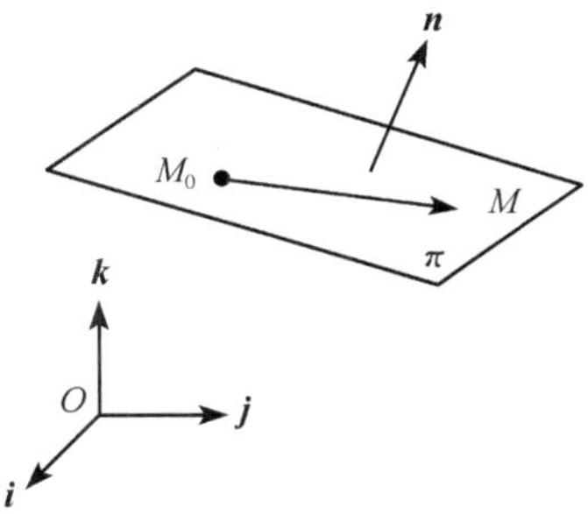

图 3.4

点 $M(x,y,z)$ 在平面 π 上的充要条件是 $\overrightarrow{M_0M} \perp \boldsymbol{n}$，从而 $\overrightarrow{M_0M} \cdot \boldsymbol{n}=0$，于是得

$$A(x-x_0)+B(y-y_0)+C(z-z_0)=0. \tag{3.3.1}$$

方程(3.3.1)叫做平面的**点法式方程**. 如果记 $D=-(Ax_0+By_0+Cz_0)$，那么(3.3.1)式成为

$$Ax+By+Cz+D=0, \tag{3.3.2}$$

它是平面的一般方程. 由此可见，在直角坐标系下，平面 π 的一般方程(3.1.7)中一次项系数 A,B,C 有简明的几何意义，它们是平面 π 的一个法向量 $\boldsymbol{n}$ 的坐标.

例 3.3.1　求过两点 $M_1(2,1,-1)$ 和 $M_2(3,2,-1)$ 且平行于 z 轴的平面方程.

解法 1　设所求的平面方程为

$$A(x-2)+B(y-1)+C(z+1)=0.$$

平面的法向量

$$\boldsymbol{n}=\{A,B,C\} \perp z \text{ 轴},$$

即

$$\{A,B,C\} \cdot \{0,0,1\}=0,$$

从而 $C=0$；又 M_2 在平面上，所以

$$A + B = 0,$$

故所求平面为

$$x - y - 1 = 0.$$

解法 2 显然,所求平面的法向量可取为

$$\boldsymbol{n} = \overrightarrow{M_1M_2} \times \boldsymbol{k} = \{1, -1, 0\},$$

平面又过点 $M_1(2,1,-1)$,因此所求平面的点法式为

$$1 \cdot (x-2) - 1 \cdot (y-1) + 0 \cdot (z+1) = 0,$$

即

$$x - y - 1 = 0.$$

3.3.2 平面的法线式方程

在空间直角坐标系中,从原点向平面所作的垂线叫做该平面的**法线**,垂足为 M_0,当平面不过原点时,π 的单位法向量 $\boldsymbol{n}^\circ$ 的正向取作与向量 $\overrightarrow{OM_0}$ 相同(图 3.5),当平面通过原点时,$\boldsymbol{n}^\circ$ 的正向在垂直于平面的两个方向中任意取定一个.

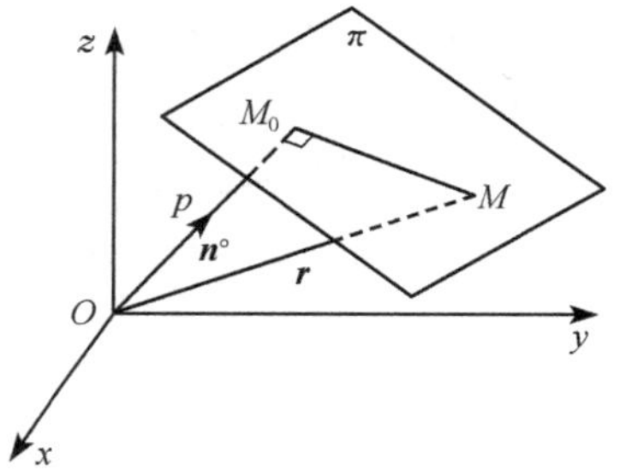

图 3.5

又设原点到此平面的距离 $OM_0 = p$,则 $\overrightarrow{OM_0} = p\boldsymbol{n}^\circ$. 设 M 是平面上任一点,则

$$\overrightarrow{M_0M} = (\overrightarrow{OM} - \overrightarrow{OM_0}) \perp \boldsymbol{n}^\circ,$$

即

$$(\overrightarrow{OM} - \overrightarrow{OM_0}) \cdot \boldsymbol{n}^\circ = 0,$$

若令 $\boldsymbol{r} = \overrightarrow{OM}$ 是点 M 的向径,则上式可化为

$$\boldsymbol{n}^\circ \cdot \boldsymbol{r} - p = 0, \tag{3.3.3}$$

(3.3.3)式称为平面的**法线式方程**(向量式).

如果引用坐标,设 $\boldsymbol{r} = \overrightarrow{OM} = \{x, y, z\}$,$\boldsymbol{n}^\circ = \{\cos\alpha, \cos\beta, \cos\gamma\}$,这里 α, β, γ 是法向量的方向角. 于是(3.3.3)式可写为

$$x\cos\alpha + y\cos\beta + z\cos\gamma - p = 0, \tag{3.3.4}$$

(3.3.4)式就是平面方程的法线式的坐标形式.

平面的法线式方程是平面方程一般式的特殊情形. 具有特征:(1)一次项系数构成平面的单位法向量,且法向量的方向总是由原点指向平面;(2)p 是原点到平面的距离($p \geqslant 0$),常项数 $-p$ 永远是非正.

现在讨论如何将平面方程的一般式

$$Ax + By + Cz + D = 0 \tag{3.3.5}$$

化为法线式.

首先,作

$$k = \pm \frac{1}{\sqrt{A^2 + B^2 + C^2}} \neq 0,$$

称为**法化因子**,其次,用 k 乘(3.3.5)式的两边得

$$\frac{Ax + By + Cz + D}{\pm \sqrt{A^2 + B^2 + C^2}} = 0. \tag{3.3.6}$$

此时,(3.3.6)式的一次项系数是平面的单位法向量,当 $D \neq 0$ 时,要使(3.3.6)式的常数项为负,(3.3.6)式的正负号的取法必须与 D 反号.特别地,如果 $D=0$,$C \neq 0$,取法化因子的符号与 C 相同;如果 $D=C=0$,而 $B \neq 0$,取法化因子的符号与 B 同号;如果 $D=C=B=0$,取法化因子的符号与 A 同号.

例 3.3.2　把平面 π 的方程 $3x-2y+6z+14=0$ 化为法线式方程,求自原点指向平面 π 的单位法向量及其方向余弦,并求原点到平面的距离.

解　因为 $A=3$,$B=-2$,$C=6$,$D=14>0$,取法化因子为负号,

$$k = -\frac{1}{\sqrt{3^2 + (-2)^2 + 6^2}} = -\frac{1}{7},$$

用 k 乘一般式方程两边,得法线式方程为

$$-\frac{3}{7}x + \frac{2}{7}y - \frac{6}{7}z - 2 = 0,$$

原点指向平面 π 的单位法向量为 $\boldsymbol{n}^\circ = \left\{-\frac{3}{7}, \frac{2}{7}, -\frac{6}{7}\right\}$,它的方向余弦为 $\cos\alpha = -\frac{3}{7}$,$\cos\beta = \frac{2}{7}$,$\cos\gamma = -\frac{6}{7}$,原点 O 到平面 π 的距离为 $p=2$.

注　在直角坐标系下,平面的法线式方程应用很广.

1. 两平行平面间的距离

设两平行平面的法线式方程分别为

$$\pi_1: \quad x\cos\alpha + y\cos\beta + z\cos\gamma - p_1 = 0, \tag{3.3.7}$$

$$\pi_2: \quad x\cos\alpha + y\cos\beta + z\cos\gamma - p_2 = 0. \tag{3.3.8}$$

则 π_1 与 π_2 之间的距离为

$$d = | p_1 - p_2 |.$$

这里假定,原点在这两平面的同侧.若原点在平行平面之间,则 π_1,π_2 的点法式方程可以化为(3.3.7)式和(3.3.8)式的形式(不一定是法线式),此公式仍然成立.

2. 两平行平面的等距面

已知两平行平面 π_1,π_2 的法线式方程为(3.3.7)式和(3.3.8)式，则 π_1,π_2 的等距面方程为

$$x\cos\alpha+y\cos\beta+z\cos\gamma-\frac{1}{2}(p_1+p_2)=0.$$

3. 两相交平面的等分面

设两相交平面的法线式方程分别为

$$\pi_1:\quad \varphi_1\equiv x\cos\alpha_1+y\cos\beta_1+z\cos\gamma_1-p_1=0,$$
$$\pi_2:\quad \varphi_2\equiv x\cos\alpha_2+y\cos\beta_2+z\cos\gamma_2-p_2=0,$$

则 π_1 与 π_2 等分面(即 π_1 与 π_2 所成二面角的平分平面)的方程为 $\varphi_1\pm\varphi_2=0$.

例 3.3.3 设有两平面

$$\pi_1:\quad 2x-3z+8=0,$$
$$\pi_2:\quad 2x-3z-6=0.$$

试求(1) 这平面之间的距离；

(2) 介于它们之间且将它们的距离三等分的两个平行平面方程.

解 (1) 首先将 π_1,π_2 的方程化为法线式

$$\pi_1:\quad -\frac{2}{\sqrt{13}}x+\frac{3}{\sqrt{13}}z-\frac{8}{\sqrt{13}}=0,$$

$$\pi_2:\quad \frac{2}{\sqrt{13}}x-\frac{3}{\sqrt{13}}z-\frac{6}{\sqrt{13}}=0.$$

由于 π_1 及 π_2 的法向量方向相反，从而原点在这两平面之间，因此，π_1 与 π_2 的距离为

$$d=|p_1-p_2|=\frac{14}{\sqrt{13}}.$$

(2) 与 π_1 及 π_2 平行，介于它们之间并把它的距离三等分的平面方程为

$$-\frac{2}{\sqrt{13}}x+\frac{3}{\sqrt{13}}z-\left(\frac{8}{\sqrt{13}}-\frac{14}{3\sqrt{13}}\right)=0,$$

及

$$-\frac{2}{\sqrt{13}}x+\frac{3}{\sqrt{13}}z-\left(\frac{8}{\sqrt{13}}-\frac{28}{3\sqrt{13}}\right)=0.$$

即

$$6x-9z+10=0,$$

及

$$6x-9z-4=0.$$

3.3.3　两相交平面的交角

现在我们讨论在直角坐标系下两平面的交角.

设在直角坐标系中,两平面 π_i 的方程是

$$A_ix+B_iy+C_iz+D_i=0,\quad i=1,2,$$

则 π_1 与 π_2 的法向量分别为

$$\boldsymbol{n}_1=\{A_1,B_1,C_1\},\quad \boldsymbol{n}_2=\{A_2,B_2,C_2\}.$$

若 π_1 与 π_2 的交角为 θ,则 $\theta=\angle(\boldsymbol{n}_1,\boldsymbol{n}_2)$或 $\pi-\angle(\boldsymbol{n}_1,\boldsymbol{n}_2)$. 因此我们得到

$$\cos\theta=\pm\frac{\boldsymbol{n}_1\cdot\boldsymbol{n}_2}{|\boldsymbol{n}_1||\boldsymbol{n}_2|}=\pm\frac{A_1A_2+B_1B_2+C_1C_2}{\sqrt{A_1^2+B_1^2+C_1^2}\cdot\sqrt{A_2^2+B_2^2+C_2^2}}.\quad(3.3.9)$$

从而得到如下定理.

定理 3.3.1　如果两平面 π_i 的方程是

$$A_ix+B_iy+C_iz+D_i=0,\quad i=1,2,$$

则 π_1 和 π_2 垂直的充要条件是

$$A_1A_2+B_1B_2+C_1C_2=0.\quad(3.3.10)$$

例 3.3.4　求过 y 轴且与 xOy 面成 45°角的平面 π 的方程.

解　所求平面过 y 轴,故可设所求平面方程为 $x+Cz=0$,它的法向量为 $\boldsymbol{n}_1=\{1,0,C\}$,$xOy$ 面的法向量 $\boldsymbol{n}_2=\{0,0,1\}$,

$$\cos\frac{\pi}{4}=\frac{|\boldsymbol{n}_1\cdot\boldsymbol{n}_2|}{|\boldsymbol{n}_1||\boldsymbol{n}_2|}=\frac{|C|}{\sqrt{1+C^2}},\quad C=\pm1,$$

故所求方程为 $x\pm z=0$.

3.3.4　平面与点的相关位置

空间中平面与点的相关位置只有两种情况,就是点在平面上,或点不在平面上,点在平面上的条件是点的坐标满足平面的方程. 下面我们在直角坐标系下,讨论点不在平面上的情况.

1. 点到平面的距离

定义 3.3.1　一点与平面上的点之间的最短距离,叫做该点到平面的**距离**.

显然,如果过该点引平面的垂线得垂足,那么该点与垂足之间的距离即为该点与平面间的距离.

在求点与平面间的距离计算公式之前,我们先引进平面到点的离差的概念.

定义 3.3.2　如果自平面外一点 P_0 向平面 π 作垂线,垂足为 P_1,$\boldsymbol{n}^\circ$是平面 π 从原点指向平面的单位法向量,则向量$\overrightarrow{P_1P_0}$在平面 π 的单位法向量 $\boldsymbol{n}^\circ$上的射影称

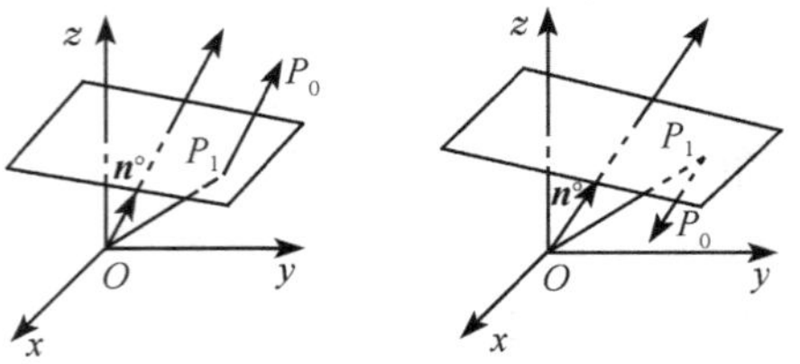

图 3.6

为平面 π 到点 P_0 的**离差**(图 3.6),记为 $\delta(P_0)$.

容易看出,

$$\delta(P_0)\begin{cases}>0, & P_0\text{ 与原点在平面 }\pi\text{ 的异侧};\\ =0, & P_0\text{ 在平面 }\pi\text{ 上};\\ <0, & P_0\text{ 与原点在平面 }\pi\text{ 的同侧}.\end{cases}$$

显然,离差的绝对值 $|\delta(P_0)|$ 就是点 P_0 到平面 π 的距离.

定理 3.3.2 平面 $\pi:Ax+By+Cz+D=0$ 到点 $P_0(x_0,y_0,z_0)$ 的离差是

$$\delta(P_0)=\frac{Ax+By+Cz+D}{\pm\sqrt{A^2+B^2+C^2}},$$

其中±号的选取与平面法化因子的符号取法一致.

证明 从原点指向平面 π 的单位法向量为 $\boldsymbol{n}^\circ=\dfrac{1}{\pm\sqrt{A^2+B^2+C^2}}\{A,B,C\}$,其中±号的选取与平面法化因子的符号取法一致. 因为 P_1 是 P_0 向平面 π 引垂线的垂足点,它在平面 π 上,因此

$$Ax_1+By_1+Cz_1+D=0,$$

所以

$$\delta(P_0)=\boldsymbol{n}^\circ\cdot\overrightarrow{P_1P_0}=\frac{Ax_0+By_0+Cz_0+D}{\pm\sqrt{A^2+B^2+C^2}},$$

由此得到以下推论.

推论 3.3.1 点 $P_0(x_0,y_0,z_0)$ 到平面

$$Ax+By+Cz+D=0$$

的距离为

$$d=|\delta(P_0)|=\frac{|Ax_0+By_0+Cz_0+D|}{\sqrt{A^2+B^2+C^2}}.$$

2. 三元一次不等式的几何意义

给定空间中不在某平面上的两个点,这两点是否在该平面的同侧,利用这两点的离差就能解决这个问题.

现在讨论三元一次不等式的几何意义.

设平面 π 的一般方程为 $Ax+By+Cz+D=0$,$P_1(x_1,y_1,z_1)$ 及 $P_2(x_2,y_2,z_2)$ 是不在该平面上的两点,那么平面 π 到点 P_1 的离差为

$$\delta_1=\frac{Ax_1+By_1+Cz_1+D}{\pm\sqrt{A^2+B^2+C^2}},$$

平面 π 到点 P_2 的离差为

$$\delta_2 = \frac{Ax_2 + By_2 + Cz_2 + D}{\pm\sqrt{A^2 + B^2 + C^2}}.$$

对于平面 π 同侧的点,它们的离差符号一致;对于平面 π 异侧的点,它们的离差符号相反,因此有

$$\delta_1\delta_2\begin{cases} > 0, & P_1 \text{ 及 } P_2 \text{ 在平面 } \pi \text{ 的同侧;} \\ < 0, & P_1 \text{ 及 } P_2 \text{ 在平面 } \pi \text{ 的异侧.} \end{cases}$$

定理 3.3.3　设平面 π 的方程为 $Ax+By+Cz+D=0$, $P_1(x_1,y_1,z_1)$ 及 $P_2(x_2,y_2,z_2)$ 是不在平面 π 上的两点,则 P_1 和 P_2 在平面 π 的同侧的充要条件是

$$(Ax_1 + By_1 + Cz_1 + D)(Ax_2 + By_2 + Cz_2 + D) > 0.$$

例 3.3.5　给定平面 π: $2x+3y-2z-7=0$,试判断点 $M_1(2,-1,1)$, $M_2(3,-2,-4)$ 是否在平面 π 的同侧.

解　因为

$$\begin{aligned}&(Ax_1 + By_1 + Cz_1 + D)(Ax_2 + By_2 + Cz_2 + D) \\ =&[2\cdot 2 + 3\cdot(-1) - 2\cdot 1 - 7][2\cdot 3 + 3\cdot(-2) - 2\cdot(-4) - 7] < 0,\end{aligned}$$

所以 M_1, M_2 在平面 π 的异侧.

例 3.3.6　已知一平面 π: $Ax+By+Cz+D=0\,(D>0)$ 及平面外的两点 $P_1(x_1,y_1,z_1)$, $P_2(x_2,y_2,z_2)$,若 P_1, P_2 在平面 π 的同一侧,则线段 P_1P_2 在这平面的同一侧,试证明之.

证明　由定理 3.3.2 和 $D>0$ 知,平面 π 到点 P_1, P_2 的离差分别为

$$\delta_1 = -\frac{Ax_1 - By_1 + Cz_1 + D}{\sqrt{A^2 + B^2 + C^2}}, \quad \delta_2 = -\frac{Ax_1 + By_1 + Cz_1 + D}{\sqrt{A^2 + B^2 + C^2}}.$$

对于线段 P_1P_2 上的任一点 $P(x,y,z)$,则

$$x = \frac{x_1 + \lambda x_2}{1+\lambda}, \quad y = \frac{y_1 + \lambda y_2}{1+\lambda}, \quad z = \frac{z_1 + \lambda z_2}{1+\lambda} \quad (0 < \lambda < +\infty).$$

由于点 P_1, P_2 在平面的同一侧,所以 $\delta_1\delta_2>0$. 如果 $\delta_1>0$, $\delta_2>0$,平面 π 到点 P 的离差为

$$\delta_3 = \frac{\delta_1 + \lambda\delta_2}{1+\lambda} > 0.$$

如果 $\delta_1<0$, $\delta_2<0$,则 $\delta_3<0$,从而点 P 与点 P_1, P_2 在平面的同一侧,即 P_1P_2 整个在平面的同一侧.

3.4　仿射坐标系下直线的方程

确定空间中的直线可以有多种不同的方式,相应地就有各种形式的直线方程.

本节所采用的坐标系都是仿射坐标系.

3.4.1 直线方程的参数式

在空间中,通过已知点且与一非零向量平行的直线是唯一确定的.取一个仿射标架$\{O;\boldsymbol{e}_1,\boldsymbol{e}_2,\boldsymbol{e}_3\}$,已知一直线过点$M_0(x_0,y_0,z_0)$,与直线平行的非零向量$\boldsymbol{v}=\{X,Y,Z\}$称为直线的方向向量.现在来求过点$M_0$且方向向量为$\boldsymbol{v}$的直线$L$的方程(图3.7).

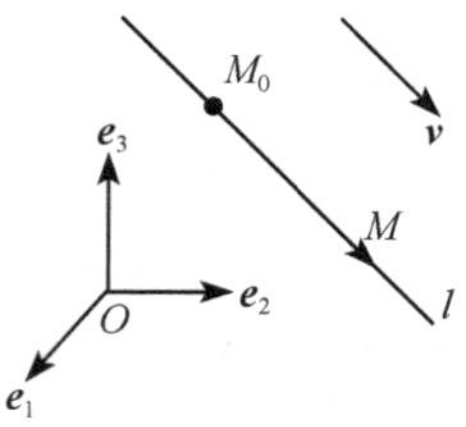

图 3.7

点$M(x,y,z)$在直线L上的充要条件是$\overrightarrow{M_0M}\parallel\boldsymbol{v}$,即$\overrightarrow{M_0M}=t\boldsymbol{v}$,$t$是实数.设$M_0$与$M$的向径分别用$\boldsymbol{r}_0$与$\boldsymbol{r}$表示,则由上式得

$$\boldsymbol{r}=\boldsymbol{r}_0+t\boldsymbol{v},\tag{3.4.1}$$

(3.4.1)式称为直线的**向量式参数方程**,t称为参数,它可以取任意实数.因为$\boldsymbol{r}=\{x,y,z\}$,$\boldsymbol{r}_0=\{x_0,y_0,z_0\}$,由(3.4.1)式得

$$\begin{cases}x=x_0+Xt,\\ y=y_0+Yt,\\ z=z_0+Zt,\end{cases}\tag{3.4.2}$$

(3.4.2)式称为直线的**坐标式参数方程**,参数t可取任意实数.

3.4.2 直线方程的标准式

(3.4.2)式中消去参数t,则得

$$\frac{x-x_0}{X}=\frac{y-y_0}{Y}=\frac{z-z_0}{Z}.\tag{3.4.3}$$

(3.4.3)式称为直线L的**标准方程**或**对称式方程**.若(3.4.3)式中某个分母为零,由(3.4.2)式,可理解为分子也为零.

标准方程中的X,Y,Z称为直线L的**方向数**,它是L的方向向量$\boldsymbol{v}$的坐标.由于对任意非零实数k,$k\boldsymbol{v}$也是L的方向向量,所以kX,kY,kZ也是L的方向数.

3.4.3 直线方程的两点式

如果已知直线L上两个不同的点$M_1(x_1,y_1,z_1)$,$M_2(x_2,y_2,z_2)$,则$\overrightarrow{M_1M_2}$为L的一个方向向量,从而得直线L的方程为

$$\frac{x-x_1}{x_2-x_1}=\frac{y-y_1}{y_2-y_1}=\frac{z-z_1}{z_2-z_1},\tag{3.4.4}$$

(3.4.4)式称为直线L的**两点式方程**.

例 3.4.1 在给定的仿射坐标系中，求下列直线的方程：

(1) 过点$(-2,3,5)$，方向向量为$\boldsymbol{v}=\{-1,3,4\}$；

(2) 过点$(0,3,1)$和$(-1,2,7)$.

解 (1) 由(3.4.2)式知，直线的参数方程为

$$\begin{cases}x=-2-t,\\ y=3+3t, \quad -\infty<t<+\infty.\\ z=5+4t,\end{cases}$$

而它的标准方程为

$$\frac{x-2}{-1}=\frac{y-3}{3}=\frac{z-5}{4}.$$

(2) 由(3.4.4)式知，直线的两点式方程为

$$\frac{x-0}{-1-0}=\frac{y-3}{2-3}=\frac{z-1}{7-1},$$

故所求直线的方程是

$$\frac{x}{-1}=\frac{y-3}{-1}=\frac{z-1}{6}.$$

3.4.4 直线的一般方程

1. 直线的一般方程

任意一条直线可以看成是某两个相交平面的交线. 设直线 L 是相交平面 π_1 和 π_2 的交线，并设 π_i 的方程为

$$A_ix+B_iy+C_iz+D_i=0, \quad i=1,2.$$

它们的一次项系数不成比例，则

$$\begin{cases}A_1x+B_1y+C_1z+D_1=0,\\ A_2x+B_2y+C_2z+D_2=0\end{cases} \tag{3.4.5}$$

称为是直线 L 的**一般方程**.

2. 直线的标准方程和一般方程互相转换

由直线 L 的标准方程(3.4.3)可写出它的一般方程. 若 $XYZ\neq0$，则(3.4.3)式可写成

$$\begin{cases}\dfrac{x-x_0}{X}=\dfrac{y-y_0}{Y},\\[2mm] \dfrac{x-x_0}{X}=\dfrac{z-z_0}{Z}.\end{cases} \tag{3.4.6}$$

(3.4.6)式就是 L 的一般方程,第一个方程表示平行于 z 轴的平面,第二个方程表示平行于 y 轴的平面.

若 $X=0$,而 $YZ\neq 0$,则 L 的一般方程可写为

$$\begin{cases} x = x_0, \\ \dfrac{y-y_0}{Y} = \dfrac{z-z_0}{Z}. \end{cases}$$

若 $X=Y=0$,而 $Z\neq 0$,则 L 的一般方程可写为

$$\begin{cases} x = x_0, \\ y = y_0. \end{cases}$$

其他的情况可类似地讨论.

反过来,由直线 L 的一般方程(3.4.5)可写出 L 的标准方程.先找直线 L 上的一个点 M_0,如果

$$\begin{vmatrix} A_1 & B_1 \\ A_2 & B_2 \end{vmatrix} \neq 0,$$

则令 $z=0$,再去解 x,y 的一次方程组,求得唯一的一个解 $x=x_0,y=y_0$.于是点 $M_0(x_0,y_0,0)$在 L 上.然后再找 L 的一个方向向量 $\boldsymbol{v}=\{X,Y,Z\}$,因为 $\boldsymbol{v}/\!/\pi_i,i=1,2$,所以有

$$\begin{cases} A_1X+B_1Y+C_1Z=0, \\ A_2X+B_2Y+C_2Z=0. \end{cases}$$

则

$$X:Y:Z = \begin{vmatrix} B_1 & C_1 \\ B_2 & C_2 \end{vmatrix} : \left(-\begin{vmatrix} A_1 & C_1 \\ A_2 & C_2 \end{vmatrix}\right) : \begin{vmatrix} A_1 & B_1 \\ A_2 & B_2 \end{vmatrix}. \qquad (3.4.7)$$

由于平面 π_1 与 π_2 方程中的一次项系数不成比例,所以(3.4.7)式中的三个行列式不全为零.这说明 $\boldsymbol{v}\neq\boldsymbol{0}$,由(3.4.7)式确定的向量就是 L 的一个方向向量.有了 L 上的一个点 M_0 和它的一个方向向量 $\boldsymbol{v}$,就可以立即写出它的标准方程.

例 3.4.2 把直线的一般方程

$$\begin{cases} x+6y-4z+2=0, \\ x+y+z-3=0 \end{cases}$$

化成标准方程.

解 设直线方向向量 $\boldsymbol{v}=\{X,Y,Z\}$,则

$$\begin{cases} X+6Y-4Z=0, \\ X+Y+Z=0. \end{cases}$$

可取

$$\boldsymbol{v}=\left\{\begin{vmatrix}6 & -4\\1 & 1\end{vmatrix},-\begin{vmatrix}1 & -4\\1 & 1\end{vmatrix},\begin{vmatrix}1 & 6\\1 & 1\end{vmatrix}\right\}=\{10,-5,-5\}=5\{2,-1,-1\}.$$

令原方程中 $y=0$,得

$$\begin{cases}x-4z+2=0,\\x+z-3=0,\end{cases}\quad 解得\quad \begin{cases}x=2,\\z=1.\end{cases}$$

故直线过点 $M_0(2,0,1)$,且标准方程为

$$\frac{x-2}{2}=\frac{y}{-1}=\frac{z-1}{-1}.$$

评析　求直线上点 M_0 时,注意 M_0 不是唯一的,适当选择某一坐标变量的值,再求另两个坐标,可使所得点的坐标较简单.另外,方向向量的坐标若有公因数,应约简,使方程简化.

如果坐标系是直角坐标系,利用直角坐标系的特殊性,在由直线的普通方程写出它的标准方程时,求 L 的方向向量 $\boldsymbol{v}$ 可以更加直观简便.因为 $\boldsymbol{v}\perp\boldsymbol{n}_i$,其中 $\boldsymbol{n}_i$ 是平面 π_i 的法向量,$i=1,2$,所以可以取 $\boldsymbol{v}=\boldsymbol{n}_1\times\boldsymbol{n}_2$,由于 $\boldsymbol{n}_i$ 的坐标是 $\{A_i,B_i,C_i\}$,所以 $\boldsymbol{v}=\boldsymbol{n}_1\times\boldsymbol{n}_2$ 的坐标比就是(3.4.7)式.

例 3.4.3　在直角坐标系中,将直线 L 的一般方程

$$\begin{cases}x-2y+3z-4=0,\\x-2y-z=0\end{cases}$$

化为标准方程.

解　因为直线 L 平行于向量

$$\boldsymbol{n}_1\times\boldsymbol{n}_2=\{1,-2,3\}\times\{1,-2,-1\}=\{8,4,0\}=4\{2,1,0\},$$

所以向量 $\boldsymbol{v}=\{2,1,0\}$为直线 L 的方向向量.其次由于

$$\begin{vmatrix}1 & 3\\1 & -1\end{vmatrix}\neq 0,$$

因此令 $y=0$,解方程组得 $x=1,z=1$,那么点(1,0,1)为直线 L 上的一点,所以直线 L 的标准方程为

$$\frac{x-1}{2}=\frac{y}{1}=\frac{z-1}{0}.$$

例 3.4.4　把直线的标准方程$\dfrac{x-2}{2}=\dfrac{y}{-1}=\dfrac{z-1}{-1}$化成一般方程.

解　方程即为

$$\begin{cases}\dfrac{x-2}{2}=\dfrac{y}{-1},\\ \dfrac{x-2}{2}=\dfrac{z-1}{-1}.\end{cases}$$

也即

$$\begin{cases}x+2y-2=0,\\ x+2z-4=0.\end{cases}$$

评析　从上面两例可见同一直线的一般方程可以完全不同，它可以看作不同的两个平面的交线，所以有无数多种方程. 而直线的标准方程中，虽然点 M_0 有无数种取法，但方向总是共线的.

3.4.5　直线方程的射影式

设直线 L 的一般方程为

$$\begin{cases}A_1x+B_1y+C_1z+D_1=0,\\ A_2x+B_2y+C_2z+D_2=0.\end{cases}\tag{3.4.8}$$

如果 $\begin{vmatrix}A_1 & B_1\\ A_2 & B_2\end{vmatrix}\neq 0$，可从上述方程消去 y 得方程

$$x=az+b.\tag{3.4.9}$$

同理，消去 x 得

$$y=cz+d.\tag{3.4.10}$$

则方程组(3.4.8)与方程组

$$\begin{cases}x=az+b,\\ y=cz+d\end{cases}\tag{3.4.11}$$

是同解方程组，显然(3.4.11)式是一种特殊的一般平面方程. 因此，(3.4.8)式表示的直线 L 可以看作是(3.4.11)式中两个方程表示两个平面的交线，而这两个平面是通过直线 L 且分别平行于 y 轴与 x 轴的平面. 在直角坐标系下它们又分别垂直于坐标面 xOz 面与 yOz 面(图 3.8)，我们把(3.4.11)式叫做直线 L 的**射影方程**.

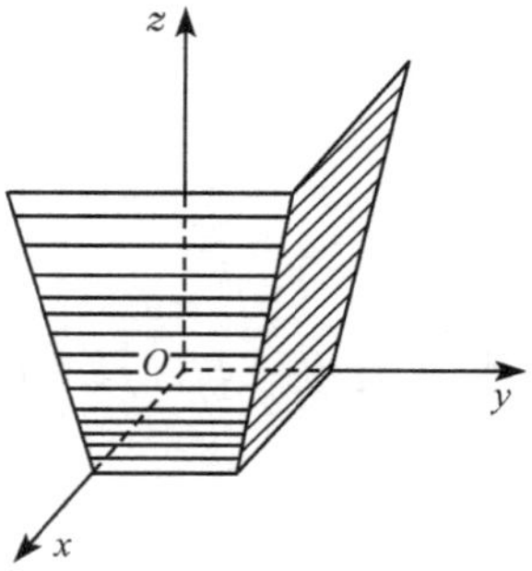

图 3.8

此时，平面(3.4.9)与(3.4.10)分别称为直线 L 关于 xOz 面与 yOz 面的射影平面. 而直线

$$\begin{cases} x = az + b, \\ y = 0 \end{cases} \quad 和 \quad \begin{cases} y = cz + d, \\ x = 0 \end{cases}$$

分别称为直线 L 在 xOz 面与 yOz 面的射影(直线).

对于其他情形可类似得到直线的射影方程以及它在各个坐标面上的射影.

例 3.4.5　给定直线

$$\begin{cases} x + 2y - z + 7 = 0, \\ x + y - 6z + 4 = 0, \end{cases}$$

求它在各个坐标面上的射影,并由此求出直线的射影方程和标准方程.

解　消去 z 得 $5x-11y+38=0$,于是得该直线在 xOy 面上的射影为

$$\begin{cases} 5x + 11y + 38 = 0, \\ z = 0. \end{cases}$$

同理,求出直线在 yOz 面,zOx 面上射影分别是

$$\begin{cases} y + 5z + 3 = 0, \\ x = 0 \end{cases} \quad 和 \quad \begin{cases} x - 11z + 1 = 0, \\ y = 0. \end{cases}$$

直线的射影方程为

$$\begin{cases} y = -5z - 3, \\ x = 11z - 1, \end{cases}$$

即

$$\begin{cases} z = -\dfrac{y+3}{5}, \\ z = \dfrac{x+1}{11}. \end{cases}$$

从而得到直线的标准方程为

$$\frac{x+1}{11} = \frac{y+3}{-5} = z.$$

评析　由直线的一般方程求出直线上的一点和它的方向向量,写出直线的标准方程. 从上述例题可看到,也可以先求出直线的射影方程,由射影方程求出它的标准方程. 两种方法求出的方程一般是不同的,但是它们的方向向量的坐标对应成比例.

3.5　直线与直线、平面的位置关系

本节采用的坐标系是仿射坐标系,所得的结论在直角坐标系中也是成立的.

3.5.1　直线与直线的位置关系

直线与直线的位置关系如下：

$$
\text{两直线的位置关系}\begin{cases}\text{共面(在同一平面上的直线)}\begin{cases}\text{相交,}\\ \text{平行,}\\ \text{重合.}\end{cases}\\ \text{异面(不在同一平面上的直线).}\end{cases}
$$

设由点 $P_1(x_1,y_1,z_1)$ 及方向向量 $\boldsymbol{v}_1=\{X_1,Y_1,Z_1\}$ 所决定的直线为

$$L_1:\quad \frac{x-x_1}{X_1}=\frac{y-y_1}{Y_1}=\frac{z-z_1}{Z_1}. \tag{3.5.1}$$

由点 $P_2(x_2,y_2,z_2)$ 及方向向量 $\boldsymbol{v}_2=\{X_2,Y_2,Z_2\}$ 所决定的直线为

$$L_2:\quad \frac{x-x_2}{X_2}=\frac{y-y_2}{Y_2}=\frac{z-z_2}{Z_2}. \tag{3.5.2}$$

两直线 L_1 与 L_2 的相关位置完全可由向量 $\overrightarrow{P_1P_2}$，$\boldsymbol{v}_1$，$\boldsymbol{v}_2$ 的相互关系确定.

从几何上易见，两直线 L_1，L_2 共面与否，由三向量 $\overrightarrow{P_1P_2}$，$\boldsymbol{v}_1$，$\boldsymbol{v}_2$ 共面与否决定，在 L_1，L_2 共面的情况下，直线 L_1 与 L_2 是否相交与平行由它们的方向向量 $\boldsymbol{v}_1$ 和 $\boldsymbol{v}_2$ 是否相交与平行而决定，从而我们有如下定理.

定理 3.5.1　已知直线 L_1 和 L_2 的标准方程分别为(3.5.1)式和(3.5.2)式，则

(1) L_1 与 L_2 异面的充要条件是 $\overrightarrow{P_1P_2}$，$\boldsymbol{v}_1$，$\boldsymbol{v}_2$ 不共面，即

$$\Delta=\begin{vmatrix} x_2-x_1 & y_2-y_1 & z_2-z_1\\ X_1 & Y_1 & Z_1\\ X_2 & Y_2 & Z_2\end{vmatrix}\neq 0. \tag{3.5.3}$$

(2) L_1 与 L_2 相交而不重合的充要条件是 $\overrightarrow{P_1P_2}$，$\boldsymbol{v}_1$，$\boldsymbol{v}_2$ 共面，且 $\boldsymbol{v}_1$ 不平行于 $\boldsymbol{v}_2$，即

$$\Delta=0,\quad X_1:Y_1:Z_1\neq X_2:Y_2:Z_2. \tag{3.5.4}$$

(3) L_1 与 L_2 平行而不重合的充要条件是 $\boldsymbol{v}_1/\!/\boldsymbol{v}_2$，但不平行于 $\overrightarrow{P_1P_2}$，即

$$X_1:Y_1:Z_1=X_2:Y_2:Z_2\neq x_2-x_1:y_2-y_1:z_2-z_1. \tag{3.5.5}$$

(4) L_1 与 L_2 重合的充要条件是三向量 $\overrightarrow{P_1P_2}$，$\boldsymbol{v}_1$，$\boldsymbol{v}_2$ 互相平行，即

$$X_1:Y_1:Z_1=X_2:Y_2:Z_2=x_2-x_1:y_2-y_1:z_2-z_1. \tag{3.5.6}$$

例 3.5.1　已知空间两直线的方程为

$$L_1:\quad \frac{x-1}{1}=\frac{y-2}{2}=\frac{z-3}{3},$$

和

$$L_2:\quad \frac{x}{2}=\frac{y}{1}=\frac{z}{4}.$$

试判断它们的位置关系,如相交,求出它们的交点.

解 直线 L_1 过点 $P_1(1,2,3)$,方向向量为 $\boldsymbol{v}_1=\{1,2,3\}$;直线 L_2 过点 $P_2(0,0,0)$,方向向量为 $\boldsymbol{v}_2=\{2,1,4\}$,$\overrightarrow{P_1P_2}=\{-1,-2,-3\}$,由于

$$\begin{vmatrix} 1 & 2 & 3 \\ 2 & 1 & 4 \\ -1 & -2 & -3 \end{vmatrix}=0,$$

故直线 L_1 与 L_2 共面.又 $\boldsymbol{v}_1$ 与 $\boldsymbol{v}_2$ 不共线,故 L_1 与 L_2 相交.下面求交点,将直线 L_1 的参数方程

$$\begin{cases} x=1+t, \\ y=2+2t, \\ z=3+3t \end{cases}$$

代入直线 L_2 的方程得 $t=-1$,求得交点为(0,0,0).

3.5.2 直线和平面的位置关系

空间直线与平面的位置关系有相交、平行和直线在平面上三种情形,现在我们来求直线与平面位置关系成立的条件.

在仿射坐标系中,设直线 L 的方程为

$$L:\quad \frac{x-x_0}{X}=\frac{y-y_0}{Y}=\frac{z-z_0}{Z} \tag{3.5.7}$$

及平面 π 的方程为

$$\pi:\quad Ax+By+Cz+D=0. \tag{3.5.8}$$

为了求出直线 L 与平面 π 相互位置关系的条件,我们来求直线 L 与平面 π 的交点,为此将 L 的方程改写为参数式

$$\begin{cases} x=x_0+Xt, \\ y=y_0+Yt, \\ z=z_0+Zt. \end{cases} \tag{3.5.9}$$

(3.5.9)式代入(3.5.8)式,经整理可得

$$(AX+BY+CZ)t=-(Ax_0+By_0+Cz_0+D), \tag{3.5.10}$$

因此,当且仅当 $AX+BY+CZ\neq0$ 时,(3.5.10)式有唯一解

$$t=-\frac{Ax_0+By_0+Cz_0+D}{AX+BY+CZ},$$

这时直线 L 与平面 π 有唯一的公共点；当且仅当 $AX+BY+CZ=0$，$Ax_0+By_0+Cz_0+D\neq 0$ 时，(3.5.10)式无解，这时直线 L 与平面 π 没有公共点；当且仅当 $AX+BY+CZ=0$，$Ax_0+By_0+Cz_0+D=0$ 时，(3.5.10)式有无穷多解，这时直线 L 与平面 π 有无穷多公共点，即直线 L 在平面 π 上，这样我们就得到了下面的定理.

定理 3.5.2 由(3.5.7)式确定的直线 L 与由(3.5.8)式确定的平面 π 的位置关系为

(1) L 与平面 π 相交的充要条件是

$$AX+BY+CZ\neq 0;$$

(2) L 与平面 π 平行的充要条件是 $\boldsymbol{v}/\!/\pi$，且 M_0 不在平面 π 上，即

$$AX+BY+CZ=0 \quad 且 \quad Ax_0+By_0+Cz_0+D\neq 0;$$

(3) L 在平面 π 上的充要条件是 $\boldsymbol{v}/\!/\pi$，且 M_0 在平面 π 上，即

$$AX+BY+CZ=0 \quad 且 \quad Ax_0+By_0+Cz_0+D=0.$$

例 3.5.2 已知直线 L 和平面 π 的方程分别为：

$$L:\quad \frac{x}{1}=\frac{y-1}{-1}=\frac{z-2}{2},\quad \pi:\quad 3x-y+2z+5=0.$$

试判断 L 与 π 的位置关系，若相交，求 L 与 π 的交点.

解 $1\cdot 3+(-1)\cdot(-1)+2\cdot 2\neq 0$，所以 L 与平面 π 相交.

将直线 L 的方程写成参数方程式

$$\begin{cases} x=t, \\ y=1-t, \\ z=2+2t, \end{cases}$$

代入平面 π 的方程，并化简得 $8t+8=0$，即 $t=-1$，所求交点为$(-1,2,0)$.

例 3.5.3 求与直线 $L:\dfrac{x+2}{8}=\dfrac{y+1}{7}=\dfrac{z}{1}$平行，且与直线 $L_1:\dfrac{x+2}{-1}=\dfrac{y+1}{1}=\dfrac{z}{3}$ 和 $L_2:\dfrac{x-3}{3}=\dfrac{y+1}{2}=\dfrac{z-2}{6}$都相交的直线的方程.

解法 1 设所求直线 L'过点 $M_0(x_0,y_0,z_0)$，方向向量为$\{8,7,1\}$，L'与 L_1，L_2 都相交，故

$$\begin{cases} \begin{vmatrix} x_0+2 & y_0+1 & z_0 \\ -1 & 1 & 3 \\ 8 & 7 & 1 \end{vmatrix}=0, \\ \begin{vmatrix} x_0-3 & y_0+1 & z_0-2 \\ 3 & 2 & 6 \\ 8 & 7 & 1 \end{vmatrix}=0. \end{cases}$$

即

$$\begin{cases}4x_0-5y_0+3z_0+3=0,\\8x_0-9y_0-z_0-31=0.\end{cases}$$

令 $y_0=0$，可得 $x_0=\frac{45}{14}$，$z_0=-\frac{37}{7}$，即直线过点 $M_0\left(\frac{45}{14},0,-\frac{37}{7}\right)$，故所求直线方程为

$$\frac{x-\frac{45}{14}}{8}=\frac{y}{7}=\frac{z+\frac{37}{7}}{1}.$$

解法 2　考虑过 L_1 且平行于 L 的平面 π_1，显然所求直线 L' 在平面 π_1 上，同样 L' 也在过 L_2 且平行于 L 的平面 π_2 上，故 L' 是平面 π_1 与 π_2 的交线.

由于 L_1 过点 $(-2,-1,0)$，它的方向向量为 $\{-1,1,3\}$，L 的方向向量为 $\{8,7,1\}$，所以过点 $(-2,-1,0)$，以 $\{-1,1,3\}$ 和 $\{8,7,1\}$ 为方位向量的平面 π_1 的方程为

$$\begin{vmatrix}x+2 & y+1 & z\\-1 & 1 & 3\\8 & 7 & 1\end{vmatrix}=0,$$

即

$$4x-5y+3z+3=0.$$

同样过点 $(3,-1,2)$，以 $\{3,2,6\}$ 和 $\{8,7,1\}$ 为方位向量的平面 π_2 的方程为

$$\begin{vmatrix}x-3 & y+1 & z-2\\3 & 2 & 6\\8 & 7 & 1\end{vmatrix}=0,$$

即

$$8x-9y-z-31=0.$$

故所求直线的一般方程为

$$\begin{cases}4x-5y+3z+3=0,\\8x-9y-z-31=0.\end{cases}$$

评析　从解法 2 可见，求直线方程不必拘泥于求标准方程，放开思路，有时求直线的一般方程，看看所求直线同时在哪两个平面上，解法更简单（这个思路其实是平面几何中轨迹法作图的一个推广）. 另外在解法 1 中，由于点 M_0 是所求直线上的任意点，故关于 x_0,y_0,z_0 的方程组其实就是所求直线 L' 的方程，所以它与解法 2 的结果相同.

例 3.5.4 在仿射坐标系中,求过点 $M_0(0,0,-2)$,与平面

$$\pi_1:\quad 3x-y+2z-1=0$$

平行,且与直线

$$L_1:\quad \frac{x-1}{4}=\frac{y-3}{-2}=\frac{z}{1}$$

相交的直线 L 的方程.

解法 1 先求 L 的一个方向向量 $\boldsymbol{v}=\{X,Y,Z\}$. 因为 L 过点 M_0,且 L 与 L_1 相交,所以有

$$\begin{vmatrix} 1-0 & 3-0 & 0-(-2) \\ 4 & -2 & 1 \\ X & Y & Z \end{vmatrix}=0,$$

即

$$X+Y-2Z=0.$$

又因为 L 与平面 π_1 平行,所以有

$$3X-Y+2Z=0.$$

联立上述两个方程解得

$$X=0,\quad Y=2Z.$$

令 $Z=1$,得 $Y=2$,所以直线 L 的方程为

$$\frac{x}{0}=\frac{y}{2}=\frac{z+2}{1}.$$

解法 2 L 在过点 M_0,且与平面 π_1 平行的平面 π_2 上,因此可设平面 π_2 的方程为

$$3x-y+2z+D=0.$$

将点 M_0 的坐标代入上述方程,求得 $D=4$. 所以平面 π_2 的方程为

$$3x-y+2z+4=0.$$

又 L 在过点 M_0 和直线 L_1 的平面 π_3 上,则平面 π_3 的方程为

$$\begin{vmatrix} x-0 & y-0 & z-(-2) \\ 4 & -2 & 1 \\ 1-0 & 3-0 & 0-(-2) \end{vmatrix}=0,$$

即

$$x+y-2z-4=0.$$

因为 L 是 π_2 与 π_3 的交线,所以 L 的方程为

$$\begin{cases}3x-y+2z+4=0,\\ x+y-2z-4=0.\end{cases}$$

解法 3　设 L 与 L_1 的交点为 $M_2(x_2,y_2,z_2)$，则点 M_2 在 L_1 上，又 $\overrightarrow{M_0M_2}/\!/\pi$，所以有

$$\begin{cases}\dfrac{x_2-1}{4}=\dfrac{y_2-3}{-2}=\dfrac{z_2}{1},\\ 3(x_2-0)-(y_2-0)+2(z_2+2)=0,\end{cases}$$

解之，得点 M_2 的坐标为 $\left(0,\dfrac{7}{2},-\dfrac{1}{4}\right)$，因此 L 的方程为

$$\frac{x}{0}=\frac{y}{\frac{7}{2}}=\frac{z+2}{-\frac{1}{4}+2},$$

即

$$\frac{x}{0}=\frac{y}{2}=\frac{z+2}{1}.$$

3.6　直角坐标系中点、直线和平面间的度量关系

本节讨论的问题与距离和夹角有关. 为简单起见，我们采用直角坐标系，当然这些问题在仿射坐标系下，也会有相应的结果，但是所得到的一些计算公式会要复杂得多.

3.6.1　两直线的夹角

定义 3.6.1　两条直线的夹角规定为这两条直线的方向向量间的夹角.

在直角坐标系中，设直线 L_1 和 L_2 的方程分别为

$$L_1:\quad \frac{x-x_1}{X_1}=\frac{y-y_1}{Y_1}=\frac{z-z_1}{Z_1}, \tag{3.6.1}$$

$$L_2:\quad \frac{x-x_2}{X_2}=\frac{y-y_2}{Y_2}=\frac{z-z_2}{Z_2}, \tag{3.6.2}$$

此时 L_1 与 L_2 的方向向量分别为 $\boldsymbol{v}_1=\{X_1,Y_1,Z_1\}$ 与 $\boldsymbol{v}_2=\{X_2,Y_2,Z_2\}$，它们间的夹角为 θ，则

$$\theta=\angle(\boldsymbol{v}_1,\boldsymbol{v}_2)\quad 或\quad \theta=\pi-\angle(\boldsymbol{v}_1,\boldsymbol{v}_2). \tag{3.6.3}$$

定理 3.6.1　在直角坐标系中，直线 L_1(3.6.1)与 L_2(3.6.2)夹角的余弦为

$$\cos\theta = \pm\frac{\boldsymbol{v}_1 \cdot \boldsymbol{v}_2}{|\boldsymbol{v}_1||\boldsymbol{v}_2|} = \pm\frac{X_1X_2+Y_1Y_2+Z_1Z_2}{\sqrt{X_1^2+Y_1^2+Z_1^2}\sqrt{X_2^2+Y_2^2+Z_2^2}}. \tag{3.6.4}$$

推论 3.6.1　直线 L_1(3.6.1)和 L_2(3.6.2)垂直的充要条件是

$$X_1X_2+Y_1Y_2+Z_1Z_2=0. \tag{3.6.5}$$

3.6.2　直线与平面的交角

定义 3.6.2　直线 L 与平面 π(L 不垂直于 π)的夹角规定为 L 与它在平面 π 上的射影所夹的锐角 θ,也可记为$\angle(L,\pi)$. 当 $L\perp\pi$ 时,L 与平面 π 的夹角规定为 $\frac{\pi}{2}$.

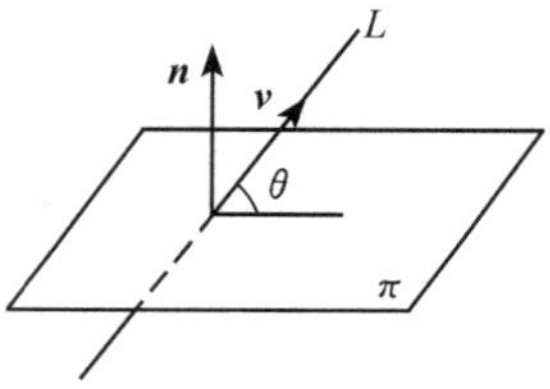

图 3.9

在直角坐标系中,设直线 L 的方向向量为 $\boldsymbol{v}=\{X,Y,Z\}$,设平面 π 的法向量为 $\boldsymbol{n}=\{A,B,C\}$,从图 3.9 可以看出

$$\theta=\frac{\pi}{2}-\angle(\boldsymbol{v},\boldsymbol{n}) \quad 或 \quad \theta=\angle(\boldsymbol{v},\boldsymbol{n})-\frac{\pi}{2}. \tag{3.6.6}$$

所以有如下定理.

定理 3.6.2　在直角坐标系中,直线 L 和平面 π 的夹角的正弦为

$$\sin\theta=|\cos\angle(\boldsymbol{v},\boldsymbol{n})|=\frac{|AX+BY+CZ|}{\sqrt{A^2+B^2+C^2}\sqrt{X^2+Y^2+Z^2}}.$$

推论 3.6.2　直线 L 和平面 π 垂直的充要条件是

$$A:B:C=X:Y:Z.$$

推论 3.6.3　直线 L 和平面 π 平行的充要条件是

$$AX+BY+CZ=0.$$

例 3.6.1　在直角坐标系中,求平面 π: $2x+3y+z+1=0$ 与直线 L: $\begin{cases}x+y-z=0,\\2x-2y+3z-1=0\end{cases}$ 的交角.

解　平面 π 的一个法向量为 $\boldsymbol{n}=\{2,3,1\}$,L 的一个方向向量为

$$\boldsymbol{v}=\left\{\begin{vmatrix}1 & -1\\-2 & 3\end{vmatrix},-\begin{vmatrix}1 & -1\\2 & 3\end{vmatrix},\begin{vmatrix}1 & 1\\2 & -2\end{vmatrix}\right\}=\{1,-5,-4\},$$

$$\sin\angle(L,\pi)=\frac{|\boldsymbol{n}\cdot\boldsymbol{v}|}{|\boldsymbol{n}||\boldsymbol{v}|}=\frac{17}{14\sqrt{3}}=\frac{17\sqrt{3}}{42},$$

所以

$$\angle(L,\pi) = \arcsin \frac{17\sqrt{3}}{42}.$$

3.6.3　点到直线的距离

空间直线与点的位置关系有两种情况，即点在直线上和不在直线上，点在直线上的条件是点的坐标满足直线方程. 当点不在直线上时，我们来求点到直线的距离.

定义 3.6.3　一点与空间直线上的点之间的最短距离叫做该点与空间直线间的距离.

设直线 L 过点 M_1，方向向量为 $\boldsymbol{v}$，由图 3.10 看出，点 M_0 到直线 L 的距离 d 是以 $\overrightarrow{M_1M_0}$，$\boldsymbol{v}$ 为邻边的平行四边形的底边上的高，因此有

$$d = \frac{|\overrightarrow{M_1M_0} \times \boldsymbol{v}|}{|\boldsymbol{v}|}. \tag{3.6.7}$$

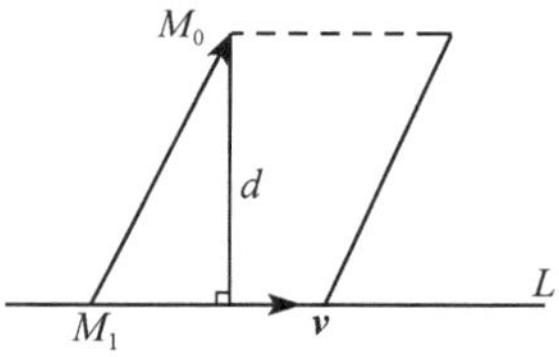

图 3.10

例 3.6.2　在直角坐标系中，求点 $M_0(1,-1,1)$ 到直线 L：$\frac{x}{1}=\frac{y-2}{1}=\frac{z}{2}$ 的距离.

解　L 过点 $M_1(0,2,0)$，方向向量为 $\boldsymbol{v}=\{1,1,2\}$，$\overrightarrow{M_1M_0}=\{1,-3,1\}$，而

$$\overrightarrow{M_1M_0} \times \boldsymbol{v} = \left\{ \begin{vmatrix} -3 & 1 \\ 1 & 2 \end{vmatrix}, -\begin{vmatrix} 1 & 1 \\ 1 & 2 \end{vmatrix}, \begin{vmatrix} 1 & -3 \\ 1 & 1 \end{vmatrix} \right\} = \{-7,-1,4\},$$

所以

$$d = \frac{\sqrt{66}}{\sqrt{6}} = \sqrt{11}.$$

3.6.4　两直线间的距离

定义 3.6.4　空间两直线上的点之间的最短距离称为这两条直线间的距离.

显然，两相交直线或两重合直线间的距离为零；两平行直线间的距离等于其中一直线上的任意点到另一直线的距离. 下面考虑两异面直线间的距离.

定义 3.6.5　与两条异面直线都垂直相交的直线称为两异面直线的**公垂线**，两垂足间的线段长称为公垂线的长.

定理 3.6.3　两条异面直线 L_1 与 L_2 的公垂线存在且唯一.

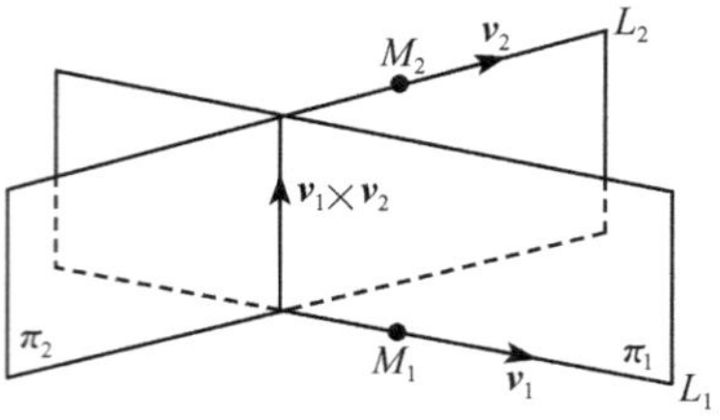

图 3.11

证明　存在性. 因为 $v_1 \nparallel v_2$，所以 v_1 与 $v_1\times v_2$ 不共线，于是点 M_1，v_1 和 $v_1\times v_2$ 决定一个平面 π_1. 同理，点 M_2，向量 v_2 和 $v_1\times v_2$ 决定一个平面 π_2，如图 3.11.

因为 $v_1 \nparallel v_2$，根据第 1 章提高题 4 知，$v_1\times(v_1\times v_2)$ 和 $v_2\times(v_1\times v_2)$ 不共线，而它们分别是平面 π_1 和 π_2 的法向量，于是平面 π_1 与 π_2 必相交，设交线为 L，L 的方向向量为

$$[v_1\times(v_1\times v_2)]\times[v_2\times(v_1\times v_2)].$$

据第 1 章提高题 3 知，这个向量等于 $|v_1\times v_2|^2(v_1\times v_2)$，因此，$v_1\times v_2$ 就是 L 的一个方向向量. 由于

$$v_1\times v_2\perp v_i,\quad i=1,2.$$

所以

$$L\perp L_i,\quad i=1,2.$$

因为 L 与 L_i 都在平面 π_i 内，且 $v_1\times v_2 \nparallel v_i$，所以 L 与 L_i 相交，$i=1,2$，这表明平面 π_1 与 π_2 的交线 L 就是 L_1 与 L_2 的公垂线.

唯一性. 假如 L' 也是 L_1 与 L_2 的公垂线，则 L' 的方向向量垂直于 v_i，$i=1,2$，从而 $v_1\times v_2$ 就是 L' 的一个方向向量. 因为 L' 在由 L_i 和 $v_1\times v_2$ 决定的平面 π_i 内，$i=1,2$，所以 L' 是平面 π_1 与 π_2 的交线，于是 L' 与 L 重合.

定理 3.6.4　两异面直线间的距离等于它们公垂线的长.

证明　由定理 3.6.3 知，两异面直线 L_1 和 L_2 与它们的公垂线 L 相交，如图 3.12 所示，设交点分别为 P_1，P_2. 在 L_i 上任取一点 Q_i，$i=1,2$. 作出由点 M_1 和向量 v_1，v_2 决定的平面 π，于是公垂线 $P_1P_2\perp\pi$. 过 Q_2 作平面 π 的垂线，设垂足为点 N，因为 $L_2/\!/\pi$，所以 $|P_1P_2|=|Q_2N|$. 于是

$$|Q_2Q_1|\geqslant|Q_2N|=|P_1P_2|,$$

所以 $|P_1P_2|$ 是 L_1 与 L_2 的点之间的最短距离.

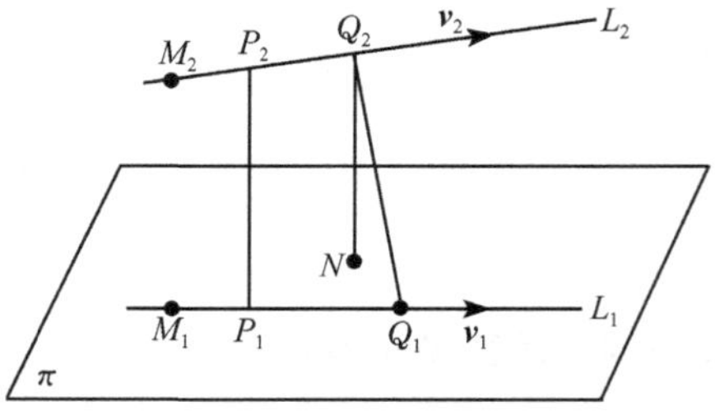

图 3.12

定理 3.6.5　设两条异面直线 L_1 与 L_2 分别过点 M_1，M_2，方向向量分别为 v_1，v_2，则 L_1 与 L_2 间的距离为

$$d=\frac{|\overrightarrow{M_1M_2}\cdot v_1\times v_2|}{|v_1\times v_2|}.\qquad(3.6.8)$$

证明 设 L_1 与 L_2 的公垂线段为 P_1P_2，因为公垂线的方向向量为 $\boldsymbol{v}_1\times\boldsymbol{v}_2$，所以 $\overrightarrow{P_1P_2}\parallel\boldsymbol{v}_1\times\boldsymbol{v}_2$，记 $\boldsymbol{e}=(\boldsymbol{v}_1\times\boldsymbol{v}_2)^\circ$，则

$$d=|\overrightarrow{P_1P_2}|=|\overrightarrow{P_1P_2}\cdot\boldsymbol{e}|=|(\overrightarrow{P_1M_1}+\overrightarrow{M_1M_2}+\overrightarrow{M_2P_2})\cdot\boldsymbol{e}|=|\overrightarrow{M_1M_2}\cdot\boldsymbol{e}|$$
$$=\left|\overrightarrow{M_1M_2}\cdot\frac{\boldsymbol{v}_1\times\boldsymbol{v}_2}{|\boldsymbol{v}_1\times\boldsymbol{v}_2|}\right|=\frac{|\overrightarrow{M_1M_2}\cdot\boldsymbol{v}_1\times\boldsymbol{v}_2|}{|\boldsymbol{v}_1\times\boldsymbol{v}_2|}.$$

现在求公垂线的方程.

公垂线 L 的方程可看作是过点 M_1，以 $\boldsymbol{v}_1,\boldsymbol{v}_1\times\boldsymbol{v}_2$ 为方位向量的平面 π_1 与过点 M_2，以 $\boldsymbol{v}_2,\boldsymbol{v}_1\times\boldsymbol{v}_2$ 为方位向量的平面 π_2 的交线，即公垂线方程为

$$L:\begin{cases}(\overrightarrow{M_1P},\boldsymbol{v}_1,\boldsymbol{v})=0,\\(\overrightarrow{M_2P},\boldsymbol{v}_2,\boldsymbol{v})=0,\end{cases}$$

其中 P 是公垂线 L 上的任一点.

公式(3.6.8)的几何意义是：两条异面直线 L_1 与 L_2 之间的距离 d 等于以 $\overrightarrow{M_1M_2}$，$\boldsymbol{v}_1$ 和 $\boldsymbol{v}_2$ 为棱的平行六面体的体积除以以 $\boldsymbol{v}_1,\boldsymbol{v}_2$ 为邻边的平行四边形的面积.

例 3.6.3 给定两直线

$$L_1:\frac{x-3}{1}=\frac{y-7}{-2}=z-5,\quad L_2:\frac{x+1}{1}=\frac{y+1}{-6}=\frac{z+1}{7}.$$

证明 L_1 与 L_2 异面，并求它们之间的距离和公垂线方程.

解 L_1 过点 $M_1(3,7,5)$，方向向量为 $\boldsymbol{v}_1=\{1,-2,1\}$；$L_2$ 过点 $M_2(-1,-1,-1)$，方向向量为 $\boldsymbol{v}_2=\{1,-6,7\}$，$\overrightarrow{M_1M_2}=\{-4,-8,-6\}$，$|(\overrightarrow{M_1M_2},\boldsymbol{v}_1,\boldsymbol{v}_2)|=104$，所以 L_1 与 L_2 异面.

公垂线的方向向量为

$$\boldsymbol{v}_1\times\boldsymbol{v}_2=\left\{\begin{vmatrix}-2&1\\-6&7\end{vmatrix},-\begin{vmatrix}1&1\\1&7\end{vmatrix},\begin{vmatrix}1&-2\\1&-6\end{vmatrix}\right\}=\{-8,-6,-4\},$$

因此，它们的距离为

$$d=\frac{|\overrightarrow{M_1M_2}\cdot\boldsymbol{v}_1\times\boldsymbol{v}_2|}{|\boldsymbol{v}_1\times\boldsymbol{v}_2|}=\frac{104}{\sqrt{116}}=\frac{52\sqrt{29}}{29}.$$

公垂线方程为

$$\begin{cases}\begin{vmatrix}x-3&y-7&z-5\\1&-2&1\\-8&-6&-4\end{vmatrix}=0,\\\begin{vmatrix}x+1&y+1&z+1\\1&-6&7\\-8&-6&-4\end{vmatrix}=0.\end{cases}$$

即

$$\begin{cases}7x-2y-11z+48=0,\\33x-26y-27z-20=0.\end{cases}$$

例 3.6.4 求过点 $M_0(4,0,-1)$ 且与两直线 $L_1:\frac{x-1}{2}=\frac{y+3}{4}=\frac{z-5}{5}$，$L_2:\frac{x}{5}=\frac{y-2}{-1}=\frac{z+1}{2}$ 都相交的直线方程.

解 设过点 M_0 及 L_1 的平面为 π_1，过点 M_0 及 L_2 的平面为 π_2，则所求直线是平面 π_1 与 π_2 的交线. 因为 L_1 过点 $M_1(1,-3,5)$，方向向量为 $\boldsymbol{v}_1=\{2,4,5\}$，所以过点 M_0，方位向量为 $\overrightarrow{M_0M_1}=\{-3,-3,6\}$ 和 $\boldsymbol{v}_1$ 的平面 π_1 的方程为

$$\begin{vmatrix}x-4 & y & z+1\\ 2 & 4 & 5\\ -3 & -3 & 6\end{vmatrix}=0.$$

同样，L_2 过点 $M_2(0,2,-1)$，方向向量为 $\boldsymbol{v}_2=\{5,-1,2\}$，所以过点 M_0，方位向量为 $\overrightarrow{M_0M_2}=\{-4,2,0\}$ 和 $\boldsymbol{v}_2$ 的平面 π_2 的方程为

$$\begin{vmatrix}x-4 & y & z+1\\ 5 & -1 & 2\\ -4 & 2 & 0\end{vmatrix}=0.$$

故所求直线方程为

$$\begin{cases}13x-9y+2z-50=0,\\2x+4y-3z-11=0.\end{cases}$$

评析 L_1 和 L_2 是异面直线，因为不是求公垂线，因此不需求 $\boldsymbol{v}_1\times\boldsymbol{v}_2$，平面 π_1 的方位向量不是 $\boldsymbol{v}_1$ 和 $\boldsymbol{v}_1\times\boldsymbol{v}_2$，而是 $\boldsymbol{v}_1$ 和 $\overrightarrow{M_0M_1}$，平面 π_2 的方位向量也不是 $\boldsymbol{v}_2$ 和 $\boldsymbol{v}_1\times\boldsymbol{v}_2$. 本题也可求直线的标准方程，方法是设所求直线方向为 $\boldsymbol{v}=\{X,Y,Z\}$，再用相交的条件列出关于 X,Y,Z 的方程组，解得 $X:Y:Z$.

3.7 平 面 束

定义 3.7.1 空间中通过定直线 L 的所有平面的全体叫做**有轴平面束**，直线 L 叫做平面束的轴.

定义 3.7.2 空间中平行于同一平面的所有平面的全体叫做**平行平面束**.

定理 3.7.1 在仿射坐标系 $O\text{-}xyz$ 中，如果两平面

$$\pi_1:\quad A_1x+B_1y+C_1z+D_1=0, \tag{3.7.1}$$

$$\pi_2:\quad A_2x+B_2y+C_2z+D_2=0 \tag{3.7.2}$$

相交于一条直线 L，那么以直线 L 为轴的有轴平面束的方程是

$$\lambda_1(A_1x+B_1y+C_1z-D_1)+\lambda_2(A_2x+B_2y+C_2z+D_2)=0, \tag{3.7.3}$$

其中 λ_1,λ_2 是不全为零的任意实数.

证明　首先证明，对于任意不全为零的一组数 λ_1,λ_2，方程(3.7.3)化为

$$(\lambda_1A_1+\lambda_2A_2)x+(\lambda_1B_1+\lambda_2B_2)y+(\lambda_1C_1+\lambda_2C_2)z+(\lambda_1D_1+\lambda_2D_2)=0, \tag{3.7.4}$$

这里的系数 $\lambda_1A_1+\lambda_2A_2,\lambda_1B_1-\lambda_2B_2,\lambda_1C_1+\lambda_2C_2$ 一定不全为零，否则

$$\frac{A_1}{A_2}=\frac{B_1}{B_2}=\frac{C_1}{C_2},$$

这和平面 π_1 与 π_2 是相交的假设矛盾，因此(3.7.4)式是一个关于 x,y,z 的一次方程，所以(3.7.4)式或(3.7.3)式表示同一平面. 又直线 L 上的点的坐标同时满足(3.7.1)式和(3.7.2)式，从而必满足(3.7.3)式，所以(3.7.3)式总代表通过直线 L 的平面.

其次，过平面 π_1 及 π_2 的交线 L 的任一平面 π 的方程一定能表示为(3.7.3)式的形式. 事实上，若 $\pi\equiv\pi_1$，可取 $\lambda_1=1,\lambda_2=0$；若 $\pi\equiv\pi_2$，可取 $\lambda_1=0,\lambda_2=1$. 当 π 既不是 π_1，又不是 π_2 时，则取 π 上一点 $P_0(x_0,y_0,z_0)\notin\pi_1,\pi_2$，即

$$A_1x_0+B_1y_0+C_1z_0+D_1\neq 0,\quad A_2x_0+B_2y_0+C_2z_0+D_2\neq 0.$$

取 $\lambda_1:\lambda_2=(A_2x_0+B_2y_0+C_2z_0+D_2):-(A_1x_0+B_1y_0+C_1z_0+D_1)$，则有平面

$$\begin{aligned}&(A_2x_0+B_2y_0+C_2z_0+D_2)(A_1x+B_1y+C_1z+D_1)\\&-(A_1x_0+B_1y_0+C_1z_0+D_1)(A_2x+B_2y+C_2z+D_2)=0,\end{aligned}$$

该平面通过点 $P_0(x_0,y_0,z_0)$ 及 π_1 与 π_2 的交线，故必与所在平面 π 重合，因此平面 π 可写为(3.7.3)式的形式.

定理 3.7.2　在仿射坐标系 $O\text{-}xyz$ 中，如果两平面

$$\pi_1:A_1x+B_1y+C_1z+D_1=0,\quad \pi_2:A_2x+B_2y+C_2z+D_2=0 \tag{3.7.5}$$

为平行平面，即 $A_1:A_2=B_1:B_2=C_1:C_2\neq D_1:D_2$，那么方程

$$\lambda_1(A_1x+B_1y+C_1z+D_1)+\lambda_2(A_2x+B_2y+C_2z+D_2)=0$$

表示平行平面束，平行平面束里任何一个平面都和平面 π_1 或 π_2 平行，其中 λ_1,λ_2 是不全为零的任意实数，且 $A_1:A_2=B_1:B_2=C_1:C_2\neq-\lambda_2:\lambda_1$.

这个定理的证明类似于定理 3.7.1，留给读者.

平面束在处理有关平面和直线问题时是非常有用的.

例 3.7.1　在直角坐标系中，求直线 $\begin{cases}x+y-z-1=0,\\x-y+z+1=0\end{cases}$ 在平面 $x+y+z=0$ 上

的射影直线的方程.

解 设过直线$\begin{cases}x+y-z-1=0,\\x-y+z+1=0\end{cases}$的平面束的方程为

$$\lambda(x+y-z-1)+\mu(x-y+z+1)=0,$$

即

$$(\lambda+\mu)x+(\lambda-\mu)y-(\lambda-\mu)z+\mu-\lambda=0,$$

其中 λ,μ 为待定常数,由该平面与平面 $x+y+z=0$ 垂直得

$$(\lambda+\mu)\cdot 1+(\lambda-\mu)\cdot 1-(\lambda-\mu)\cdot 1=0,$$

即

$$\lambda:\mu=-1,$$

得射影平面的方程为

$$2y-2z-2=0,\quad 即\quad y-z-1=0.$$

故所求射影直线的方程为

$$\begin{cases}y-z-1=0,\\x+y+z=0.\end{cases}$$

例 3.7.2 已知两直线的一般方程为

$$L_1:\begin{cases}A_1x+B_1y+C_1z+D_1=0,\\A_2x+B_2y+C_2z+D_2=0;\end{cases}\quad 与\quad L_2:\begin{cases}A_3x+B_3y+C_3z+D_3=0,\\A_4x+B_4y+C_4z+D_4=0.\end{cases}$$

求证直线 L_1 与 L_2 共面的充要条件是

$$\begin{vmatrix}A_1&B_1&C_1&D_1\\A_2&B_2&C_2&D_2\\A_3&B_3&C_3&D_3\\A_4&B_4&C_4&D_4\end{vmatrix}=0.$$

证明 过 L_1 的平面方程为

$$\pi_1:\lambda_1(A_1x+B_1y+C_1z+D_1)+\lambda_2(A_2x+B_2y+C_2z+D_2)=0,$$

其中 λ_1,λ_2 是不全为零的任意实数;而通过 L_2 的平面为

$$\pi_2:\lambda_3(A_3x+B_3y+C_3z+D_3)+\lambda_4(A_4x+B_4y+C_4z+D_4)=0,$$

其中 λ_3,λ_4 是不全为零的任意实数.从而 L_1 与 L_2 共面的充要条件是 $\pi_1\equiv\pi_2$,即

$$\frac{A_1\lambda_1+A_2\lambda_2}{A_3\lambda_3+A_4\lambda_4}=\frac{B_1\lambda_1+B_2\lambda_2}{B_3\lambda_3+B_4\lambda_4}=\frac{C_1\lambda_1+C_2\lambda_2}{C_3\lambda_3+C_4\lambda_4}=\frac{D_1\lambda_1+D_2\lambda_2}{D_3\lambda_3+D_4\lambda_4}\triangleq m\neq 0.$$

从而

$$\begin{cases} A_1\lambda_1 + A_2\lambda_2 - mA_3\lambda_3 - mA_4\lambda_4 = 0, \\ B_1\lambda_1 + B_2\lambda_2 - mB_3\lambda_3 - mB_4\lambda_4 = 0, \\ C_1\lambda_1 + C_2\lambda_2 - mC_3\lambda_3 - mC_4\lambda_4 = 0, \\ D_1\lambda_1 + D_2\lambda_2 - mD_3\lambda_3 - mD_4\lambda_4 = 0. \end{cases}$$

由于 $\lambda_1, \lambda_2, m\lambda_3, m\lambda_4$ 不全为零，由齐次线性方程组的理论，所以有

$$\begin{vmatrix} A_1 & A_2 & A_3 & A_4 \\ B_1 & B_2 & B_3 & B_4 \\ C_1 & C_2 & C_3 & C_4 \\ D_1 & D_2 & D_3 & D_4 \end{vmatrix} = 0.$$

3.8 例题分析

例 3.8.1 在直角坐标系中，设平面 π_1 和 π_2 的方程分别是

$$2x - y + 2z - 3 = 0 \quad 和 \quad 3x + 2y - 6z - 1 = 0,$$

求由平面 π_1 和 π_2 构成的二面角的角平分面的方程，在此二面角内有点 $P_0(1,2,-3)$.

解 点 $M(x,y,z)$ 在所求的角平分面上的充要条件是：点 M 到平面 π_1 的距离 d_1 等于点 M 到平面 π_2 的距离 d_2，并且点 M 与 P_0 都在平面 π_i 的同侧($i=1,2$)，或者都在平面 π_i 的异侧 $i=1,2$，或者点 M 在平面 π_1 与 π_2 的交线上. 因为点 P_0 的坐标适合

$$2\cdot 1 - 2 + 2\cdot(-3) - 3 = -9 < 0,$$
$$3\cdot 1 + 2\cdot 2 - 6\cdot(-3) - 1 = 24 > 0,$$

所以点 M 的坐标适合

$$\frac{|2x - y + 2z - 3|}{\sqrt{2^2 + (-1)^2 + 2^2}} = \frac{|3x + 2y - 6z - 1|}{\sqrt{3^2 + 2^2 + (-6)^2}},$$

且

$$\begin{cases} 2x - y + 2z - 3 \leqslant 0, \\ 3x + 2y - 6z - 1 \geqslant 0, \end{cases}$$

或者

$$\begin{cases} 2x - y + 2z - 3 \geqslant 0, \\ 3x + 2y - 6z - 1 \leqslant 0. \end{cases}$$

此时

$$-\frac{2x - y + 2z - 3}{\sqrt{2^2 + (-1)^2 + 2^2}} = \frac{3x + 2y - 6z - 1}{\sqrt{3^2 + 2^2 + (-6)^2}},$$

整理得

$$23x - y - 4z - 24 = 0,$$

即为所求二面角的角平分面的方程.

例 3.8.2 在直角坐标系中,判断下列直线与平面的相关位置,若相交,求它们的夹角;若平行,求它们之间的距离.

(1) $L_1: \dfrac{x}{-1}=\dfrac{y-1}{1}=\dfrac{z-1}{2}$, $\pi_1: 2x+y-z-3=0$;

(2) $L_2: \begin{cases} x=-2t+4, \\ y=-7t-4, \\ z=6t, \end{cases}$ $\pi_2: 4x-2y-z-3=0$.

解 (1) 直线 L_1 的方向向量为$\{-1,1,2\}$,因为 $2\cdot(-1)+1\cdot 1+(-1)\cdot 2\neq 0$,所以直线 L_1 与平面 π_1 相交,其夹角为

$$\theta = \arcsin \frac{|\boldsymbol{v}\cdot\boldsymbol{n}|}{|\boldsymbol{v}|\cdot|\boldsymbol{n}|} = \arcsin \frac{1}{2} = 30^\circ.$$

(2) 直线 L_2 的方向向量为$\{-2,-7,6\}$,因为 $4\cdot(-2)-2\cdot(-7)-1\cdot 6=0$,所以直线 L_2 与平面 π_2 平行,线面距离即直线 L_2 上的点$(4,-4,0)$到平面 π_2 的距离为

$$d = \frac{|4\cdot 4-2\cdot(-4)-0-3|}{\sqrt{16+4+1}} = \sqrt{21}.$$

例 3.8.3 在直角坐标系中,求经过直线$\begin{cases} x+5y+z=0, \\ x-z+4=0 \end{cases}$且与平面 $\pi_1: x-4y-8z+12=0$ 交成$\dfrac{\pi}{4}$的平面方程.

解 经过已知直线的平面束为

$$\lambda(x+5y+z)+\mu(x-z+4)=0,$$

即

$$(\lambda+\mu)x+5\lambda y+(\lambda-\mu)z+4\mu=0.$$

现在要求 $\lambda:\mu$ 的值,使这个平面与平面 π_1 交成$\dfrac{\pi}{4}$角. 因为两个平面的法向量分别为

$$\boldsymbol{n}_1=\{1,-4,-8\},\quad \boldsymbol{n}_2=\{\lambda+\mu,5\lambda,\lambda-\mu\},$$

所以

$$\cos\frac{\pi}{4} = \frac{|\boldsymbol{n}_1\cdot\boldsymbol{n}_2|}{|\boldsymbol{n}_1||\boldsymbol{n}_2|} = \frac{|-9(3\lambda-\mu)|}{9\sqrt{27\lambda^2+2\mu^2}} = \frac{|3\lambda-\mu|}{\sqrt{27\lambda^2+2\mu^2}},$$

由此解得 $\lambda=0$ 及 $\lambda:\mu=(-4):3$. 于是得所求平面的方程为

$$x-z+4=0 \quad 及 \quad x+20y+7z-12=0.$$

例 3.8.4 在直角坐标系中,已知三平面 $\pi_1:2x+y+z-3=0$, $\pi_2:x-y+2z-3=0$, $\pi_3:x+z-3=0$.

(1) 证明这三平面围成三棱柱形;

(2) 求直截面(即垂直于棱的平面与这三平面的交线)中三角形的面积.

解 (1) 在平面 π_1,π_2,π_3 的方程中,任意两个方程的一次项系数对应都不成比例,所以这三个平面两两相交.其次这三个方程构成的方程组无解,因而这三个平面没有公共的交点,从而这三个平面构成三棱柱.

(2) 平面 π_1 与 π_2 的交线记为 L_3,它过点 $M_3(1,0,1)$,方向向量 $\boldsymbol{v}_3=\{2,1,1\}\times\{1,-1,2\}=3\{1,-1,-1\}$,因此 L_3 的方程为

$$\frac{x-1}{1}=\frac{y}{-1}=\frac{z-1}{-1};$$

平面 π_2 与 π_3 的交线记为 L_1,它过点 $M_1(3,0,0)$,因为这三个平面构成三棱柱,因此 L_1 的方程为

$$\frac{x-3}{1}=\frac{y}{-1}=\frac{z}{-1};$$

平面 π_3 与 π_1 的交线记为 L_2,它过点 $M_2(0,0,3)$,因此 L_2 的方程为

$$\frac{x}{1}=\frac{y}{-1}=\frac{z-3}{-1}.$$

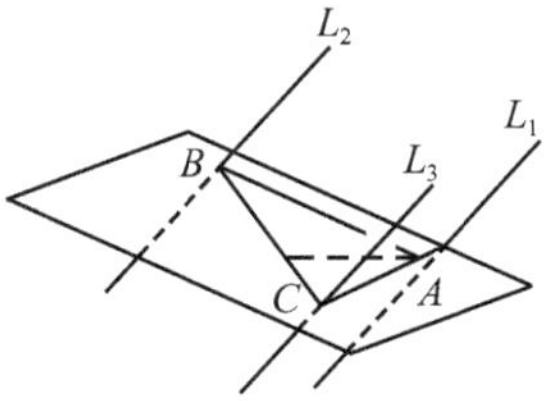

图 3.13

如图 3.13,直截面$\triangle ABC$中,边长$|BC|$就是 L_2 到 L_3 的距离,即 L_2 上的点 $M_2(0,0,3)$ 到 L_3 的距离,故

$$|BC|=\left|\frac{\overrightarrow{M_3M_2}\times\boldsymbol{v}_3}{\boldsymbol{v}_3}\right|=\frac{|\{-1,0,2\}\times\{3,-3,-3\}|}{|\{3,-3,-3\}|}=\sqrt{2},$$

BC 边上的高 h 就是直线 L_1 到 L_2,L_3 所在平面 π_1 的距离,即 L_1 上点$(3,0,0)$到平面 π_1 的距离,故

$$h=\frac{|6+0+0-3|}{\sqrt{4+1+1}}=\frac{\sqrt{6}}{2},$$

因此,三角形面积是

$$S=\frac{1}{2}|BC|\cdot h=\frac{\sqrt{3}}{2}.$$

例 3.8.5　已知两直线为

$$L_1:\begin{cases}x=a_1+a_2t_1,\\ y=b_1+b_2t_1,\\ z=c_1+c_2t_1\end{cases}\quad 与\quad L_2:\begin{cases}x=a_2+a_1t_2,\\ y=b_2+b_1t_2,\\ z=c_2+c_1t_2.\end{cases}$$

其中 $a_1:b_1:c_1\neq a_2:b_2:c_2$. 试证明 L_1 与 L_2 相交,并求出交点及由两相交直线 L_1 与 L_2 决定的平面方程.

证明　因为点 $M_1(a_1,b_1,c_1)$在 L_1 上,$\boldsymbol{v}_1=\{a_2,b_2,c_2\}$为直线 L_1 的方向向量,而点 $M_2(a_2,b_2,c_2)$在 L_2 上且 $\boldsymbol{v}_2=\{a_1,b_1,c_1\}$为直线 L_1 的方向向量,从而有

$$(\overrightarrow{M_1M_2},v_1,v_2)=\begin{vmatrix}a_2-a_1 & b_2-b_1 & c_2-c_1\\ a_2 & b_2 & c_2\\ a_1 & b_1 & c_1\end{vmatrix}=0,$$

因 $a_1:b_1:c_1\neq a_2:b_2:c_2$,所以 L_1 与 L_2 共面但不平行,即 L_1 与 L_2 相交.

为求 L_1 与 L_2 的交点,令

$$\begin{cases}a_1+a_2t_1=a_2+a_1t_2,\\ b_1+b_2t_1=b_2+b_1t_2,\\ c_1+c_2t_1=c_2+c_1t_2.\end{cases}$$

解得 $t_1=t_2=1$,代入 L_1 或 L_2 的参数方程得直线 L_1 与 L_2 的交点为$(a_1+a_2,b_1+b_2,c_1+c_2)$.

下面来求两相交直线 L_1 与 L_2 决定的平面方程. 显然 $\boldsymbol{v}_1=\{a_2,b_2,c_2\}$,$\boldsymbol{v}_2=\{a_1,b_1,c_1\}$为所求平面的方位向量,而平面又通过 L_1 上的点 $M_1(a_1,b_1,c_1)$,所以所求平面方程为

$$\begin{vmatrix}x-a_1 & y-b_1 & z-c_1\\ a_2 & b_2 & c_2\\ a_1 & b_1 & c_1\end{vmatrix}=0.$$

例 3.8.6　在直角坐标系中,已知平面 $\pi:2x+y-3z+1=0$ 和直线 $L':\dfrac{x}{1}=\dfrac{y+5}{5}=\dfrac{z+2}{3}$,求平面 π 内直线 L 的方程,使 L 过 π 与 L'的交点且与 L'垂直.

解法 1　先求平面 π 与直线 L'的交点,把 L'的参数方程$\begin{cases}x=t,\\ y=5t-5,\\ z=3t-2\end{cases}$代入平面 π 的方程,解得 $t=1$,即得交点 $M_0(1,0,1)$.

设直线 L 的方向向量 $\boldsymbol{v}=\{X,Y,Z\}$,由于直线 L 在平面 π 上,及 L 与 L'垂直,可得方程组

$$\begin{cases}2X+Y-3Z=0,\\X+5Y+3Z=0.\end{cases}$$

解得 $X:Y:Z=2:(-1):1$，故直线 L 的方程为$\frac{x-1}{2}=\frac{y}{-1}=\frac{z-1}{1}$.

解法 2　同解法 1，先求直线 L' 与平面 π 的交点 $M_0(1,0,1)$，直线 L 在平面 π 上，又在过点 M_0 且垂直于 L' 的平面 π' 上，平面 π' 的法向量即 L' 的方向向量为 $\{1,5,3\}$，故平面 π' 的方程为 $(x-1)+5y+3(z-1)=0$，直线 L 是平面 π 与平面 π' 的交线，故

$$L:\begin{cases}2x+y-3z+1=0,\\x+5y+3z-4=0.\end{cases}$$

评析　本例解法 2 也可作图以帮助理解，解法 1 还有一种变化：由于直线 L 在平面 π 上，可知 L 垂直于平面法向量 $\boldsymbol{n}$，又 L 与 L' 垂直，故方向向量可取 $\boldsymbol{v}=\boldsymbol{n}\times\boldsymbol{v}'=\{18,-9,9\}$，再求出交点坐标，即可得直线 L 的方程.

例 3.8.7　在直角坐标系中，求点 $M_0(-6,7,0)$ 关于平面 $\pi:4x-2y-z-4=0$ 的对称点 M_1 的坐标.

解法 1　过点 M_0 作平面 π 的垂线 L，则 L 的方向向量就是平面 π 的法向量 $\{4,-2,-1\}$，故直线 L 的方程为

$$\begin{cases}x=-6+4t,\\y=7-2t,\\z=-t.\end{cases}$$

代入 π 的方程，解得 $t=2$，故垂足 $M_2(2,3,-2)$.

点 $M_1(x_1,y_1,z_1)$ 在直线 L 上，且 $|M_1M_2|=|M_0M_2|$，可得方程组

$$\begin{cases}\dfrac{x_1+6}{4}=\dfrac{y_1-7}{-2}=\dfrac{z_1}{-1},\\(x_1-2)^2+(y_1-3)^2+(z_1+2)^2=8^2+(-4)^2+(-2)^2,\end{cases}$$

解得 $x=10,y=-1,z=-4$，故 $M_1(10,-1,-4)$.

解法 2　同解法 1，先求得点 M_0 在平面 π 上的射影 $M_2(2,3,-2)$. 由于点 M_2 是 M_0M_1 的中点，故

$$\frac{-6+x_1}{2}=2,\quad \frac{7+y_1}{2}=3,\quad \frac{0+z_1}{2}=-2.$$

所以 $M_1(10,-1,-4)$.

解法 3　同解法 1，先求得过点 M_0 且垂直于 π 的直线 L 的参数方程，及垂足对应的参数 $t=2$. 由于 $|M_0M_1|=2|M_0M_2|$，可见点 M_1 对应参数 $t=4$，代入 L 的方程，立刻得 $M_1(10,-1,-4)$.

评析 本例解法很多,解法1的思路完全遵循几何作图的步骤,方程组中第二个方程也可用“M_0,M_1 到 π 距离相等”来代替,但计算总很繁琐.解法2和解法3则充分发挥了解析几何的技巧,利用线段中点公式及直线参数方程的运动学意义,使解法简洁明了.

例 3.8.8 在直角坐标系中,已知点 $A(1,-1,1)$,直线 $L_1:\begin{cases}x=0,\\y-z+1=0,\end{cases}$求

(1) 过点 A 且与直线 L_1 垂直相交的直线 L 的方程;

(2) 过直线 L 且与 xOy 面垂直的平面 π 的方程.

解 (1) 易知直线 L_1 过点 $C(0,0,1)$,方向向量可取为 $\boldsymbol{v}_1=\{1,0,0\}\times\{0,1,-1\}=\{0,1,1\}$,故直线 L_1 的参数方程为

$$\begin{cases}x=0,\\y=t,\\z=t+1.\end{cases}$$

设直线 L 与 L_1 的交点为 B,点 B 对应的参数为 t_1,则 $B(0,t_1,t_1+1)$.因为 AB 与 L_1 垂直,故

$$\overrightarrow{AB}\cdot\boldsymbol{v}_1=\{-1,t_1+1,t_1\}\cdot\{0,1,1\}=2t_1+1=0,$$

得 $t_1=-\dfrac{1}{2}$,故 $B\left(0,-\dfrac{1}{2},\dfrac{1}{2}\right)$.因此直线 L 的方向向量可取为$\overrightarrow{AB}=\left\{-1,\dfrac{1}{2},-\dfrac{1}{2}\right\}$,从而直线 L 的方程为

$$\frac{x-1}{2}=\frac{y+1}{-1}=\frac{z-1}{1}.$$

(2) 平面 π 的法向量垂直于 xOy 的法向量 $\boldsymbol{k}$,又垂直于直线 L 的方向向量 $\boldsymbol{v}=\{2,-1,1\}$,故平面 π 的法向量可取为

$$\boldsymbol{n}=\boldsymbol{k}\times\boldsymbol{v}=\{0,0,1\}\times\{2,-1,1\}=\{1,2,0\}.$$

又直线 L 上的点 $(1,-1,1)$ 在平面 π 上,故平面 π 的方程为 $(x-1)+2(y+1)=0$,即 $x+2y+1=0$.

评析 在(1)中也可求直线 L 的一般方程,即把直线 L 看成过点 A 和直线 L_1 的平面,以及过点 A 且垂直于直线 L_1 的平面的交线,这样比较简单,但是考虑到在(2)中要用到 L 的方向向量,所以以求出 L_1 的标准方程为好,当然直线 L 的方向有多种求法.

例 3.8.9 在直角坐标系中,直线 L 的方程为

$$\frac{x+1}{-2}=\frac{y-1}{1}=\frac{z+2}{-3}.$$

求过 L 并且平行于 z 轴的平面 π 的方程以及 L 在 xOy 平面上的射影方程,并且画出直线 L 和平面 π 的图形.

解　因为直线 L 的一般方程为

$$\begin{cases}\dfrac{x+1}{-2}=\dfrac{y-1}{1},\\[2mm] \dfrac{x+1}{-2}=\dfrac{z+2}{-3}.\end{cases}$$

第一个方程表示的平面就是经过直线 L 且平行于 z 轴的平面，因此所求平面 π 的方程为

$$\frac{x+1}{-2}=\frac{y-1}{1},$$

即

$$x+2y-1=0.$$

直线 L 在 xOy 平面上的射影 L_1 是平面 π 与 xOy 平面的交线，所以 L_1 的方程是

$$\begin{cases}x+2y-1=0,\\ z=0.\end{cases}$$

为了画平面 π，先求出它与 x 轴的交点(1,0,0)，它与 y 轴的交点 $\left(0,\dfrac{1}{2},0\right)$，连接这两点的直线沿 z 轴平行移动，即为平面 π 的图形. 为了画直线 L，先求出 L 与 xOy 平面的交点 $\left(\dfrac{1}{3},\dfrac{1}{3},0\right)$，直线 L 与 xOz 平面的交点(1,0,1)，连接这两点的直线即为 L 的图形(图 3.14).

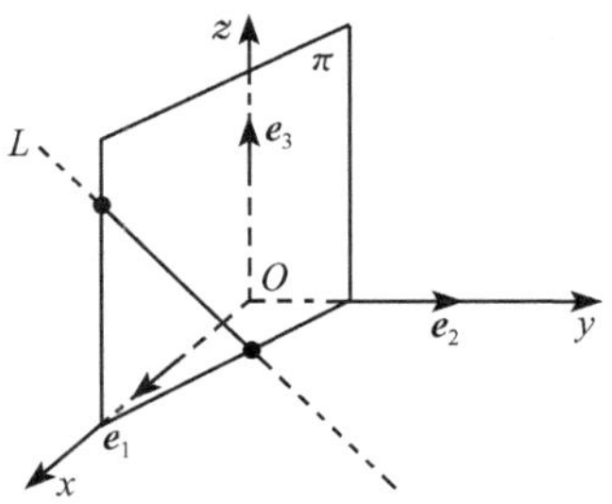

图 3.14

结　束　语

本章是本课程的主要内容之一，在这一章中，我们用代数的方法定量地研究了空间最简单而又最基本的图形——空间平面与直线，建立了它们的各种形式的方程，导出了它们之间位置关系的解析表达式以及距离、交角等计算公式.

我们在建立平面与空间直线的方程与讨论它们的性质时，充分运用了向量这一工具，通过向量来处理这类问题的好处是与坐标系的选取无关. 也就是说在直角坐标系下与一般仿射坐标系下都是相同的，在用坐标表示的时候，对于那些有关直线、平面等的结合问题以及相交、共线、共面等仿射性质，采取一般仿射坐标系与直角坐标系，它的结论都是一样的，这时我们可以采用仿射坐标系. 而对于那些涉及距离、角度、面积和体积等度量问题时，为了方便，我们总是采用直角坐标系. 如果读者对于使用仿射坐标系还不习惯，也可以把本章所采用的坐标系都理解为直角坐标系.

1. 关于平面的方程

空间平面有各式各样的方程，根据问题的需要，选取不同形式的平面方程，对解决问题是有帮助的. 还需要注意以下几个概念：

(1) 在任何仿射坐标系下，平面方程仍然是关于 x,y,z 的一次方程，不过此时 x,y,z 的系数没有多少几何意义，但在直角坐标系下，情况就不同了，其系数所构成的向量恰是该平面的法向量.

(2) 在平面的一般方程中，不要把缺项方程所表示的图形认为是一条直线，如 $x+y+1=0$，它表示平行于 z 轴的平面. 明确地说，务必要注意空间解析几何与平面解析几何的区别.

2. 关于直线的方程

直线方程有如下几种形式：

(1) 向量式参数方程：　$\boldsymbol{r}=\boldsymbol{r}_0+t\boldsymbol{v}$；

(2) 坐标式参数方程：　$\begin{cases}x=x_0+Xt,\\ y=y_0+Yt,\\ z=z_0+Zt;\end{cases}$

(3) 标准方程：　$\dfrac{x-x_0}{X}=\dfrac{y-y_0}{Y}=\dfrac{z-z_0}{Z}$；

(4) 两点式方程：　$\dfrac{x-x_0}{x_1-x_0}=\dfrac{y-y_0}{y_1-y_0}=\dfrac{z-z_0}{z_1-z_0}$；

(5) 一般方程：　$\begin{cases}A_1x+B_1y+C_1z+D_1=0,\\ A_2x+B_2y+C_2z+D_2=0;\end{cases}$

(6) 射影式方程：　$\begin{cases}x=az+b,\\ y=cz+d.\end{cases}$

这里所用的坐标系都可以是仿射坐标系. 要能根据不同的问题灵活地使用直线的不同形式的方程，而且能熟练地进行直线方程不同形式的互化.

3. 直线、平面的相对位置

利用平面和直线在仿射坐标系中的方程，我们可以用代数的形式来表达直线和平面的各种位置关系. 两个平面的位置关系有相交、平行和重合；两直线的位置关系有异面和共面，共面时还有相交、平行和重合；直线与平面的位置关系有相交、平行和直线在平面上.

4. 点、直线、平面之间的各种度量关系

在讨论这些度量关系时，为了简化计算，采用的坐标系一般都是直角坐标系，这些度量问题有：

(1) 点到平面的距离；　(2) 两直线间的距离；　(3) 两平面间的夹角；

(4) 直线与平面的夹角；　(5) 点到直线的距离；　(6) 两异面直线的距离.

练　习　题

一、基　础　题

在仿射坐标系下讨论1～11题.

1. 在给定的仿射坐标系中，求下列平面的参数方程：

(1) 过三点$(-1,2,0)$，$(-2,-1,4)$，$(3,1,-5)$的平面；

(2) 过点$(3,1,2)$和$(1,0,-2)$，平行于向量$\boldsymbol{v}=\{1,-2,-3\}$的平面.

2. 求一平面过点$M_1(3,2,19)$且在x轴和y轴上截距分别为-2和-3的平面.

3. 在给定的仿射坐标系中，求下列平面的一般方程：

(1) 经过点$A(1,3,5)$，$B(-1,-2,3)$，$C(2,0,-3)$；

(2) 过点$(1,2,-4)$和x轴的平面；

(3) 过点$(-2,-1,3)$和$(0,1,2)$且平行于z轴的平面.

4. 化平面的一般方程$x+2y-z+4=0$为截距式与参数式.

5. 方程$Ax+By+C=0$表示什么图形？从空间与从平面xOy来看有没有差别？为什么？

6. 给定平面π：$3y-z+1=0$.

(1) 求π上的一点和与π平行的两个不共线向量；

(2) 判别向量$\boldsymbol{a}=\{2,1,3\}$，$\boldsymbol{b}=\{0,2,-1\}$是否与$\pi$平行.

7. 证明向量$\boldsymbol{v}=\{X,Y,Z\}$平行于平面$Ax+By+Cz+D=0$的充要条件为：$AX+BY+CZ=0$.

8. 求经过点$(3,2,-1)$且与平面$7x-y+z-14=0$平行的平面方程.

9. 判别下列各对平面的相关位置：

(1) $x+2y-4z+1=0$与$\dfrac{x}{4}+\dfrac{y}{2}-z-3=0$；

(2) $2x-y-2z-5=0$与$x+3y-z-1=0$；

(3) $6x+2y-4z-5=0$与$9x-3y-6z-\dfrac{15}{2}=0$.

10. 已知两个平面π_1：$x-2y+pz-1=0$，π_2：$2x-4y+5z+q=0$. 问当p,q取何值时：(1) π_1与π_2相交；　(2) π_1与π_2平行；　(3) π_1与π_2重合.

11. 讨论平面组$3x+4y+6z-5=0$，$6x+5y+9z-10=0$，$3x+3y+5z-5=0$的相关位置.

在直角坐标系下讨论12～27题.

12. 将下列平面方程化为点法式方程：(1) $x-y+z-1=0$；　(2) $z+3=0$.

13. 求过原点且与直线$\dfrac{x+2}{4}=\dfrac{y-3}{5}=\dfrac{z-1}{-2}$垂直的平面方程.

14. 求下列平面的方程：

(1) 通过点$A(1,1,1)$与$B(1,0,2)$且垂直于平面$x+2y-z-6=0$的平面方程；

(2) 经过点(2,0,−3),且与平面 $x-2y+4z-7=0$ 和 $3x+5y-2z+1=0$ 垂直.

15. 平面 π 过三个点 $M_1(3,-1,5)$,$M_2(4,-1,1)$和 $M_3(2,0,2)$. 求平面 π 的一个法向量,并求出 π 的方程.

16. 将下列平面方程化为法线式方程:

(1) $2x-y+5z-1=0$;　(2) $y-z=0$;　(3) $z+2=0$.

17. 已知平面平行于向量$\{2,1,-1\}$,且在 x 轴和 y 轴上的截距依次是 3 和 −2,求其法线式方程.

18. 求下列两平行平面间的距离:

(1) $19x-4y+8z+21=0$,$19x-4y+8z+42=0$;

(2) $3x+6y-2z-7=0$,$3x+6y-2z+14=0$.

19. 求与平面 $x+y-2z-1=0$ 和 $x+y-2z+3=0$ 等距离的平面.

20. 计算下列点到平面的距离以及平面到点的离差:

(1) $M(-2,4,3)$,　$\pi: 2x-y+2z+3=0$;

(2) $M(1,2,-3)$,　$\pi: 5x-3y+z+4=0$.

21. 已知四面体的四个顶点为 $S(0,6,4)$,$A(3,5,3)$,$B(-2,11,-5)$,$C(1,-1,4)$,计算从顶点 S 向底面 ABC 所引的高.

22. 一平面通过 x 轴,且点(5,4,4)到这个平面的距离等于 $4\sqrt{2}$,求这个平面的方程.

23. 试求平行于平面 $2x-2y-z-3=0$ 且与它距离为 5 的平面.

24. 求下列每对相交平面的交角:

(1) $x+y-11=0$,$3x+8=0$;

(2) $2x-3y+6z-12=0$,$x+2y+2z-7=0$.

25. 求经过 z 轴,且与平面 $2x+y-\sqrt{5}z-7=0$ 交成 60°角的平面方程.

26. 求下列各组平面所成二面角的平分平面方程:

(1) $2x-y+z-7=0$,$x+y+2z-11=0$;

(2) $x-2y+2z+21=0$, $7x+24z-50=0$.

27. 给定平面 $\pi: 3x-2y+z-4=0$,试判断点 $M_1(1,-2,1)$,$M_2(2,-3,1)$是否在 π 的同侧.

在仿射坐标系下讨论 28～43 题.

28. 已给直线 $\begin{cases} x=3-5t, \\ y=1+2t, \\ z=3t, \end{cases}$ 指出下列各点哪些在这直线上,并求出在直线上的点所对应的参数 t: (1)$A(-2,3,3)$; (2)$B(3,1,2)$.

29. 在给定的仿射坐标系中,求下列直线的方程:

(1) 过点 $P(3,1,-1)$且平行于向量 $\boldsymbol{v}=\{4,7,-8\}$;

(2) 过点 $P_0(-3,0,1)$和 $P_1(2,5,1)$;

(3) 过点(−2,3,−4),与直线 $x=-2+t, y=1-t, z=1+3t$ 平行.

30. 求过点 $A(0,-2,1)$且平行于直线 $\begin{cases} x+6y-4z+2=0, \\ x+y+z-3=0 \end{cases}$ 的直线方程.

31. 将下列直线的一般方程化为标准方程：

(1) $\begin{cases}2x-3y+4z-12=0,\\ x+4y-2z-10=0;\end{cases}$　(2) $\begin{cases}3x+2y-4z-5=0,\\ 6x-y-2z-4=0.\end{cases}$

32. 将直线的标准方程 $\dfrac{x}{1}=\dfrac{y-2}{3}=\dfrac{z+3}{-4}$ 化为一般方程.

33. 化下列直线的一般方程为射影方程：

(1) $\begin{cases}2x+y-z+1=0,\\ 3x-y-2z-3=0;\end{cases}$　(2) $\begin{cases}x+z-6=0,\\ 2x-4y-z+6=0.\end{cases}$

34. 给定直线

(1) $\begin{cases}2x-3y+4z-12=0,\\ x+4y-2z-10=0;\end{cases}$　(2) $\begin{cases}3x+2y-4z-5=0,\\ 6x-y-2z+4=0,\end{cases}$

求它们在各坐标面上的射影方程.

35. 验证直线 $L_1:\begin{cases}x=2t-3,\\ y=3t-2,\\ z=-4t+6\end{cases}$ 和 $L_2:\dfrac{x-5}{1}=\dfrac{y+1}{-4}=\dfrac{z+4}{1}$ 相交并求交点.

36. 给定直线 $L_1:\begin{cases}x=2+t,\\ y=-t,\\ z=-1-3t\end{cases}$ 和 $L_2:\begin{cases}x=4+3s,\\ y=-3-4s,\\ z=-2s,\end{cases}$ 试判定它们的相关位置；如相交，求出它们的交点，并找出 L_1 和 L_2 所在的平面.

37. 求直线与平面的交点：

(1) $L_1:\dfrac{x+1}{-2}=\dfrac{y+1}{3}=\dfrac{z-3}{4}$ 与 $\pi_1:3x+2y+z=0$；

(2) $L_2:\begin{cases}2x+3y+z-1=0,\\ x+2y-z+2=0\end{cases}$ 与 xOy 平面.

38. 判断下列直线和平面的位置关系，若相交，求出它们的交点.

(1) 直线 $\dfrac{x-1}{2}=\dfrac{y+3}{-1}=\dfrac{z+2}{5}$ 与平面 $4x+3y-z+3=0$；

(2) 直线 $\begin{cases}x=1-2t,\\ y=2-4t,\\ z=-1+5t\end{cases}$ 与平面 $x+2y+2z-7=0$；

(3) 直线 $\begin{cases}x-y+z=5,\\ x+y-z=-1\end{cases}$ 与平面 $2x+y+z-5=0$.

39. 求下列平面方程：

(1) 通过点 $(-1,-2,3)$ 且和两直线 $\dfrac{x-2}{3}=\dfrac{y}{-4}=\dfrac{z-5}{6}$，$\dfrac{x}{1}=\dfrac{y+2}{2}=\dfrac{z-3}{-8}$ 平行；

(2) 通过点 $(2,-3,1)$ 和直线 $\boldsymbol{r}=\{1+5t,-3+t,2t\}$；

(3) 通过两平行直线 $\dfrac{x-1}{1}=\dfrac{y+1}{-2}=\dfrac{z-2}{3}$，$\dfrac{x}{1}=\dfrac{y-1}{-2}=\dfrac{z+2}{3}$；

(4) 通过直线 $\dfrac{x}{2}=\dfrac{y}{-1}=\dfrac{z-1}{2}$，而且平行于直线 $\dfrac{x-1}{0}=\dfrac{y}{1}=\dfrac{z}{-1}$.

40. 已知直线 $L:\frac{x-1}{m}=\frac{y-a}{-2}=\frac{z+2}{3}$，平面 $\pi: x-2y-4z+1=0$. 问当 a,m 取什么值时(1) L 与 π 相交；(2) L 平行于 π；(3) L 在 π 上.

41. 在直角坐标系中，确定 l,m 的值，使

(1) 直线 $\frac{x-1}{4}=\frac{y+2}{3}=\frac{z}{1}$ 与平面 $lx+3y-5z+1=0$ 平行；

(2) 直线 $\begin{cases}x=2t+2,\\ y=-4t-5,\\ z=3t-1\end{cases}$ 与平面 $lx+my+6z-7=0$ 垂直.

42. 求通过点(2,2,2)且与两直线 $\frac{x}{1}=\frac{y}{2}=\frac{z}{3}$ 和 $\frac{x-1}{2}=\frac{y-2}{1}=\frac{z-3}{4}$ 都相交的直线的方程.

43. 在直线方程 $\frac{x-4}{2-D}=\frac{y}{2}=\frac{z-5}{B+6}$ 中，B,D 为何值时，才能使直线同时平行于平面 $3x-2y+2z=0$ 和 $x+2y-3z+1=0$.

在直角坐标系下讨论 44～52 题.

44. 直线过点(2,−3,5)且与三条坐标轴的正向交成等角，求点 $P(1,-2,3)$ 到此直线的距离.

45. 验证直线 $\begin{cases}x-y+z=4,\\ x+y-z=2\end{cases}$ 和平面 $2x+y+z+2=0$ 相交，求出它们的交角.

46. 求过点 $P(2,-1,3)$ 且与直线 $\frac{x-1}{-1}=\frac{y}{0}=\frac{z-2}{2}$ 垂直相交的直线方程.

47. 已知空间两条直线的方程 $L_1:\frac{x}{1}=\frac{y}{2}=\frac{z}{3}$；$L_2:\frac{x-1}{2}=\frac{y-2}{1}=\frac{z-3}{4}$.

(1) 判断两直线 L_1 与 L_2 的位置；

(2) 求两直线的夹角 $\angle(L_1,L_2)$；

(3) 求两直线的交点.

48. 在直角坐标系下，求过点 $M(1,1,-1)$ 且与两直线

$$L_1:\frac{x}{2}=\frac{y}{1}=\frac{z}{4},\quad L_2:\frac{x-1}{1}=\frac{y-2}{2}=\frac{z-3}{3}$$

都垂直的直线方程.

49. 求(1)点 $A(3,2,-1)$ 到直线 $\begin{cases}x+y+z-4=0,\\ 2x-y-z+1=0\end{cases}$ 的距离. (2)点 $B(3,4,2)$ 到直线 $\frac{x-1}{6}=\frac{y-2}{6}=\frac{z-3}{7}$ 的距离.

50. 求两平行直线 $\frac{x}{2}=\frac{y}{-1}=\frac{z}{1}$ 和 $\frac{x-3}{4}=\frac{y+1}{-2}=\frac{z}{2}$ 间的距离.

51. 证明下列各对直线是异面直线，求异面直线间的距离，并求它们的公垂线：

(1) $\frac{x-1}{1}=\frac{y-1}{1}=\frac{z-2}{2}$，$\frac{x}{-1}=\frac{y-2}{3}=\frac{z}{3}$；

(2) $\begin{cases}x=3z-1,\\ y=2z-1;\end{cases}$　$\begin{cases}y=2x-5,\\ z=7x+2.\end{cases}$

52. 一动点与原点的距离等于它到平面 $x+y+z+12=0$ 的距离，求它的轨迹方程.

在仿射坐标系下讨论 53～58 题.

53. 用平面束求满足下列条件的平面方程：

(1) 通过直线 $\begin{cases} x+y+z=0, \\ 2x-y+3z=0 \end{cases}$ 且平行于直线 $x=2y=3z$；

(2) 通过原点，且通过直线 $\begin{cases} 2x+5y-6z+4=0, \\ 3y+2z+6=0. \end{cases}$

54. 求通过直线 $\dfrac{x+1}{0}=\dfrac{y+\frac{2}{3}}{2}=\dfrac{z}{-3}$ 且与点 $P(4,1,2)$ 的距离等于 3 的平面.

55. 在直角坐标系中，求直线 $\begin{cases} 2x+y-2z+1=0, \\ x+2y-z-2=0 \end{cases}$ 在平面 $x+y+z-1=0$ 的射影直线方程.

56. 求通过平面 $4x-y+3z-1=0$ 和 $x+5y-z+2=0$ 的交线且满足下列条件之一的平面：(1)通过原点；(2)与 y 轴平行；(3)与平面 $2x-y+5z-3=0$ 垂直.

57. 求平面束 $(x+3y-5)+\lambda(x-y-2z+4)=0$ 中，在 x，y 两轴上截距相等的平面.

58. 在直角坐标系中，求点 $M_0(-2,3,0)$ 关于平面 π：$3x-2y+z-2=0$ 的对称点 M_1 的坐标.

二、提　高　题

1. 在直角坐标系中，已知两平行平面 π_1：$2x-y+3z-5=0$；π_2：$4x-2y+6z+7=0$，求满足下列条件平面的方程：

(1) 与 π_1，π_2 平行，且在它们中间，和 π_1，π_2 的距离之比为 2∶1；

(2) 与 π_1，π_2 平行，且在它们的外间，和 π_1，π_2 的距离之比为 2∶1.

2. 证明三个平面：$-2x+y+z=1$，$x-2y+z=-2$，$x+y-2z=4$ 构成一个三棱柱，并求棱的方向.

3. 直线方程 $\begin{cases} A_1x+B_1y+C_1z+D_1=0, \\ A_2x+B_2y+C_2z+D_2=0 \end{cases}$ 的系数满足什么条件才能使(1)直线与 x 轴相交；(2)直线与 x 轴平行；(3)直线与 x 轴重合.

4. 证明三个平面：

$$a_1x+b_1y+c_1z+d_1=0;$$
$$a_2x+b_2y+c_2z+d_2=0;$$
$$k(a_1x+b_1y+c_1z)+l(a_2x+b_2y+c_2z)+m=0,$$

当 $m\neq kd_1+ld_2$ 时，没有公共点.

5. 设平面 π：$Ax+By+Cz+D=0$ 与连接两点 $M_1(x_1,y_1,z_1)$ 与 $M_2(x_2,y_2,z_2)$ 的直线相交于点 M，而且 $\overrightarrow{M_1M}=k\overrightarrow{MM_2}$. 证明：

$$k=-\frac{Ax_1+By_1+Cz_1+D}{Ax_2+By_2+Cz_2+D}.$$

6. 在直角坐标系中，已知直线 L 的方程是 $\begin{cases} x-y-4z+12=0, \\ 2x+y-2z+3=0 \end{cases}$ 及定点 $P_0(2,0,-1)$，求点

P_0 关于 L 的对称点.

7. 在直角坐标系中,已知两平行平面

$$\pi_1:\quad A_1 x + B_1 y + C_1 z + D_1 = 0,\quad \pi_2:\quad A_2 x + B_2 y + C_2 z + D_2 = 0.$$

(1) 求平面 π_1 和平面 π_2 之间的距离;

(2) 求与平面 π_1 和平面 π_2 等距离的点的轨迹方程.

8. 在直角坐标系中,已知直线 $L_1:\begin{cases}\dfrac{y}{b}+\dfrac{z}{c}=1,\\x=0\end{cases}$ 和 $L_2:\begin{cases}\dfrac{x}{a}-\dfrac{z}{c}=1,\\y=0.\end{cases}$

(1) 求含直线 L_1 且平行于直线 L_2 的平面方程;

(2) 若 L_1 与 L_2 的距离为 $2d$,试证 $\dfrac{1}{d^2}=\dfrac{1}{a^2}+\dfrac{1}{b^2}+\dfrac{1}{c^2}$.

9. 在直角坐标系中,设直线 $L:\dfrac{x-x_0}{\cos\alpha}=\dfrac{y-y_0}{\cos\beta}=\dfrac{z-z_0}{\cos\gamma}$(其中 $\cos\alpha,\cos\beta,\cos\gamma$ 为直线 L 的方向余弦),在坐标面 $x=0$ 上的射影直线为 L_1,在坐标面 $y=0$ 上的射影直线为 L_2,在坐标面 $z=0$ 上的射影直线 L_3,原点到 L,L_1,L_2,L_3 的距离分别是 d,d_1,d_2,d_3,试证

$$d_1^2+d_2^2+d_3^2-d^2 = d_1^2\cos^2\alpha+d_2^2\cos^2\beta+d_3^2\cos^2\gamma.$$

10. 求直线 $\begin{cases}x=\alpha z+p,\\y=\beta z+q,\end{cases}$ 在平面 $Ax+By+Cz+D=0$ 上的充要条件.

*11. 一平面与空间四边形 $ABCD$ 的边 AB,BC,CD,DA 分别交于 P,Q,R,S,则

$$\frac{AP}{PB}\cdot\frac{BQ}{QC}\cdot\frac{CR}{RD}\cdot\frac{DS}{SA}=1,$$

试证之.

12. 在直角坐标系中,证明下列各题:

(1) 设点 $M_0(x_0,y_0,z_0)$ 不在坐标面上,过点 M_0 且垂直于 OM_0 的平面与 x 轴,y 轴,z 轴依次相交于 A,B,C 三点,那么

$$S_{\triangle ABC}=\frac{d^5}{2\mid x_0 y_0 z_0\mid},\quad \text{其中}\ d=\mid\overrightarrow{OM_0}\mid;$$

(2) 设点 (x_0,y_0,z_0) 到平面的距离为 p,且平面的法向量为 $\{a,b,c\}$,那么平面的方程为

$$a(x-x_0)+b(y-y_0)+c(z-z_0)\pm p\sqrt{a^2+b^2+c^2}=0.$$

13. 求出过点 $P_0(x_0,y_0,z_0)$ 并且与相交平面

$$\pi_i:\quad A_i x + B_i y + C_i z + D_i = 0,\quad i=1,2$$

都平行的直线方程.

14. 直线方程

$$\begin{cases}A_1 x + B_1 y + C_1 z + D_1 = 0,\\A_2 x + B_2 y + C_2 z + D_2 = 0\end{cases}$$

的系数应满足什么条件才能使该直线落在 xOz 坐标平面内.

15. 求两相交直线

$$L_1:\frac{x}{0}=\frac{y}{1}=\frac{z}{1},\quad L_2:\frac{x}{1}=\frac{y}{0}=\frac{z}{1}$$

交角的平分线方程.

16. 证明与不共面的直线

$$L_1:\begin{cases}A_1x+B_1y+C_1z+D_1=0,\\A_2x+B_2y+C_2z+D_2=0\end{cases}$$

和直线

$$L_2:\begin{cases}A_3x+B_3y+C_3z+D_3=0,\\A_4x+B_4y+C_4z+D_4=0\end{cases}$$

都相交的直线 L 的方程为

$$\begin{cases}k(A_1x+B_1y+C_1z+D_1)+m(A_2x+B_2y+C_2z+D_2)=0,\\k'(A_3x+B_3y+C_3z+D_3)+m'(A_4x+B_4y+C_4z+D_4)=0,\end{cases}$$

其中,k,m 是不全为零的实数,k',m' 也是不全为零的实数.

三、复习与测试题

1. 填空题

(1) 在直角坐标系中,通过原点与点(6,−3,2),且和平面 $4x-y+2z-8=0$ 垂直的平面方程是________.

(2) 已知两个平面的方程为 $kx+y+z+k=0,x+ky+kz+k=0$,则________时,两平面平行但不重合;________时,两平面重合;________时,两平面相交.

(3) 在直角坐标系中,平面 $x-\sqrt{2}y+z-1=0$ 和 $x+\sqrt{2}y-z+3=0$ 所夹的锐角为________.

(4) 在直角坐标系中,两平行平面 $3x+2y-6z-35=0$ 和 $3x+2y-6z-56=0$ 间的距离为________.

(5) 在直角坐标系中,通过点(1,2,4)且与平面 $2x-y+3x+4=0$ 垂直的直线方程是________.

(6) 直线$\frac{x-2}{3}=\frac{y-11}{4}=\frac{z+1}{1}$与平面 $3x-2y-z+15=0$ 的位置关系是________.

(7) 在直角坐标系中,直线$\frac{x-1}{-1}=\frac{y}{1}=\frac{z-2}{2}$与平面 $2x+y-z-3=0$ 的交点是________,交角是________.

(8) 求过点 $A(3,1,2)$及直线 $L:\frac{x}{1}=\frac{y}{-2}=\frac{z+2}{-3}$的平面的方程为________.

(9) 在直角坐标系中,通过 x 轴且与 $M(13,4,5)$点相距 4 个单位的平面方程是________.

(10) 在直角坐标系中,通过点(5,−2,3)且在三坐标轴上的截距相等的平面方程是________.

(11) 在直角坐标系中,两平行直线$\frac{x-1}{3}=\frac{y+1}{2}=\frac{z+2}{-2}$与$\frac{x+3}{3}=\frac{y+2}{2}=\frac{z-8}{-2}$间的距离是________.

(12) 已知点$A(3,10,-5)$和平面π:$7x-4y-z-1=0$,z轴上有点B使AB平行于π,则B的坐标为________.

(13) 直线$\begin{cases}3x-y+2z-6=0,\\ x+4y+\lambda z-15=0\end{cases}$与$z$轴相交,则$\lambda=$________.

2. 分别在下列条件下确定l,m,n的值:

(1) 使$(l-3)x+(m+1)y+(n-3)z+8=0$和$(m+3)x+(n-9)y+(l-3)z-16=0$表示同一平面;

(2) 使$2x+my+3z-5=0$与$lx-6y-6z+2=0$表示二平行平面.

3. 证明两直线

$$\frac{x-1}{3}=\frac{y+2}{-3}=\frac{z-5}{4} \quad 与 \quad \begin{cases}x=3t+7,\\ y=2t+2,\\ z=-2t+1\end{cases}$$

共面,并求它们确定的平面方程.

4. 求过点$M_0(1,-1,2)$且与两直线L_1:$\frac{x+1}{1}=\frac{y-1}{-1}=\frac{z+1}{2}$, L_2:$\frac{x-4}{2}=\frac{y+3}{-1}=\frac{z-3}{0}$都相交的直线方程.

5. 在直角坐标系中,已知空间两条直线

$$L_1:\frac{x}{1}=\frac{y}{-1}=\frac{z+1}{0};\quad L_2:\frac{x-1}{1}=\frac{y-1}{1}=\frac{z-1}{0}.$$

(1) 证明L_1和L_2是异面直线; (2) 求公垂线L_0的方程; (3) 求L_1和L_2间的距离.

6. 用平面束求通过直线

$$\begin{cases}2x-y-2z+1=0,\\ x+y+4z-2=0,\end{cases}$$

且在y轴与z轴上截距相等的平面方程.

第 4 章　常见曲面和曲线

本章将介绍一些常见曲面，一方面了解如何利用曲面的几何特性建立它的方程，另一方面熟悉如何利用方程研究曲面的几何性质. 本章的讨论均在右手直角坐标系中进行.

4.1　图形与方程

4.1.1　曲面与方程

1. 曲面的一般方程

我们知道当平面上取定坐标系后，如果一个方程与一条曲线有如下关系：(1)满足方程的 x,y 必是曲线上某点的坐标；(2)曲线上任意一点的坐标满足这个方程，那么这个方程叫做这条曲线的方程，包含两个变量 x,y 的方程，比如 $y=f(x)$ 或 $F(x,y)=0$ 的图形是平面上的曲线.

空间曲面方程的意义和平面曲线的方程是一样的，那就是在空间建立坐标系后，如果曲面(作为点的轨迹)上任意一点的坐标 (x,y,z) 满足方程

$$F(x,y,z)=0, \tag{4.1.1}$$

或

$$z=f(x,y), \tag{4.1.2}$$

且满足方程(4.1.1)或(4.1.2)的 (x,y,z) 在该曲面上，那么方程(4.1.1)或(4.1.2)叫做该曲面的方程；而该曲面叫做方程(4.1.1)或(4.1.2)的图形.

关于 x,y,z 的方程 $F(x,y,z)=0$ 表示的图形是一张曲面，见图 4.1.

如果没有任何点的坐标满足方程(4.1.1)或(4.1.2)，这时方程不表示任何实图形，我们称它为虚曲面，例如 $x^2+y^2+z^2+1=0$；有时只有一个点的坐标满足它，此时方程的图形表示一个点，例如方程 $x^2+y^2+z^2=0$，只有点 $(0,0,0)$ 满足它，因此它只表示坐标原点；有时方程的图形表示一条曲线，例如方程 $x^2+y^2=0$，只有 $(0,0,z)$ 满足它，图形是 z 轴.

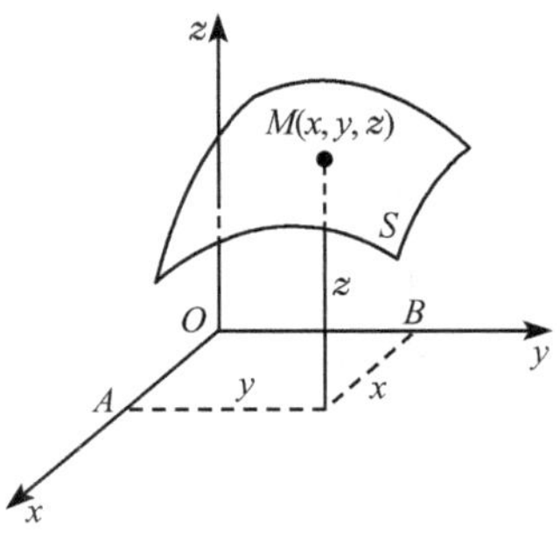

图 4.1

曲面研究的基本问题：

(1) 已知一曲面的几何形状时，建立这曲面的方程；

(2) 已知坐标 x,y 和 z 间的一个方程时，研究这方程所表示的曲面的形状.

例 4.1.1　求球心为 $M_0(x_0,y_0,z_0)$，半径为 R 的球面方程.

解　$M(x,y,z)$在这个球面上的充要条件是$|\overrightarrow{M_0M}|=R$，即

$$(x-x_0)^2+(y-y_0)^2+(z-z_0)^2=R^2, \tag{4.1.3}$$

展开得

$$x^2+y^2+z^2+2b_1x+2b_2y+2b_3z+c=0, \tag{4.1.4}$$

其中

$$b_1=-x_0,b_2=-y_0,b_3=-z_0,c=x_0^2+y_0^2+z_0^2-R^2.$$

(4.1.3)式或(4.1.4)式就是所求球面的方程，它是一个三元二次方程，没有交叉项(指 xy,xz,yz 项)，平方项的系数相同. 反之，任一形如(4.1.4)式的方程经过配方后可写成

$$(x+b_1)^2+(y+b_2)^2+(z+b_3)^2+c-b_1^2-b_2^2-b_3^2=0,$$

当 $b_1^2+b_2^2+b_3^2>c$ 时，它表示一个球心在$(-b_1,-b_2,-b_3)$，半径为 $\sqrt{b_1^2+b_2^2+b_3^2-c}$ 的球面；当 $b_1^2+b_2^2+b_3^2=c$ 时，它表示一个点$(-b_1,-b_2,-b_3)$；当 $b_1^2+b_2^2+b_3^2<c$ 时，它没有轨迹(或者说它表示一个虚球面).

例 4.1.2　求半径为 a 的圆柱面方程.

解　取空间直角坐标系，使 Oz 轴与圆柱面的轴重合. 圆柱面上任一点 $P(x,y,z)$与轴的距离(实际上就是到点$(0,0,z)$的距离)就是圆柱面的半径 a，从而圆柱面方程为

$$x^2+y^2=a^2.$$

方程中不出现 z，表示 z 可以取任意值，几何上，它所表示的曲面沿 z 轴的方向无限延伸.

2. *曲面的参数方程*

我们已熟知的平面方程可由参数方程表示：

$$\begin{cases}x=x_0+X_1u+X_2v,\\ y=y_0+Y_1u+Y_2v,\\ z=z_0+Z_1u+Z_2v\end{cases}\quad (a\leqslant u\leqslant b,c\leqslant v\leqslant d). \tag{4.1.5}$$

同样地，曲面也可用参数方程表示.

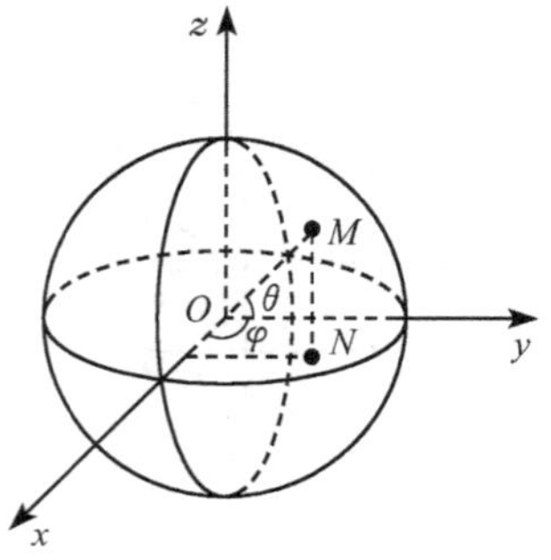

图 4.2

例 4.1.3　(球面的参数方程)如果球心在原点，半径为 R，如图 4.2，在球面上任取一点 $M(x,y,z)$，从 M 引 xOy 面的垂线，垂足为点 N，连接 OM,ON. 设 x 轴到$\overrightarrow{ON}$的角度为 φ，$\overrightarrow{ON}$到$\overrightarrow{OM}$的角度为 θ，则有

$$\begin{cases}x = R\cos\theta\cos\varphi,\\ y = R\cos\theta\sin\varphi, \quad 0\leqslant\varphi<2\pi, -\dfrac{\pi}{2}\leqslant\theta\leqslant\dfrac{\pi}{2}.\\ z = R\sin\theta,\end{cases} \tag{4.1.6}$$

(4.1.6)式称为球心在原点，半径为 R 的球面的参数方程，有两个参数 φ,θ. 球面上的每一个点(除去它与 z 轴的交点)对应唯一的一对实数(θ,φ)，因此(θ,φ)称为球面上点的曲纹坐标.

从球面的方程(4.1.4)和球面的参数方程(4.1.6)看到，一般来说，曲面的普通方程是一个三元方程 $F(x,y,z)=0$. 曲面的参数方程是含两个参数的方程：

$$\begin{cases}x = x(u,v),\\ y = y(u,v), \quad a\leqslant u\leqslant b, c\leqslant v\leqslant d,\\ z = z(u,v),\end{cases} \tag{4.1.7}$$

其中，对于每一对参数值(u,v)，由(4.1.7)式所确定的点 $M(x,y,z)$都在此曲面上；而此曲面上的任一点的坐标都可以由参数(u,v)的某一对值通过(4.1.7)式表示. 数对(u,v)称为曲面上点的曲纹坐标.

注　曲面的参数方程是不唯一的.

3. 曲面的柱面坐标与球面坐标方程

由第 2 章知，空间点的直角坐标(x,y,z)与柱面坐标(r,θ,z)有着下面的关系：

$$\begin{cases}x = r\cos\theta,\\ y = r\sin\theta, \quad 0\leqslant\theta<2\pi, 0\leqslant r<+\infty, -\infty<z<+\infty.\\ z = z,\end{cases}$$

空间中的某些曲面在柱面坐标系中的方程将非常简单，例如在直角坐标系下，例 4.1.2 中的圆柱面方程

$$x^2+y^2=a^2,$$

在柱面坐标系下的方程是

$$r=a.$$

空间点的直角坐标(x,y,z)与球面坐标(r,φ,θ)之间有着如下关系：

$$\begin{cases}x = r\sin\varphi\cos\theta,\\ y = r\sin\varphi\sin\theta, \quad 0\leqslant\theta<2\pi, 0\leqslant\varphi\leqslant\pi, 0\leqslant r<+\infty.\\ z = r\cos\varphi,\end{cases}$$

与柱面坐标系一样，某些曲面的方程在球面坐标系中也是非常简单的. 例如在直角坐标系下的球面方程为 $x^2+y^2+z^2=a^2$，在对应球面坐标系中的方程为

$$r=a.$$

空间中的曲面用不同的坐标系表示它的方程，方程的形式是不一样的，根据具体的实际问题选择合适的坐标系可使问题简化. 例如在数学分析中，利用柱面坐标或球面坐标可使三重积分或曲面积分的计算简化.

4.1.2 曲线与方程

1. 空间曲线的一般方程

我们知道空间中的直线可看成两相交平面的交线,它的一般方程为

$$\begin{cases} A_1x+B_1y+C_1z+D_1=0, \\ A_2x+B_2y+C_2z+D_2=0. \end{cases}$$

同理,空间曲线可以看成两相交曲面的交线.

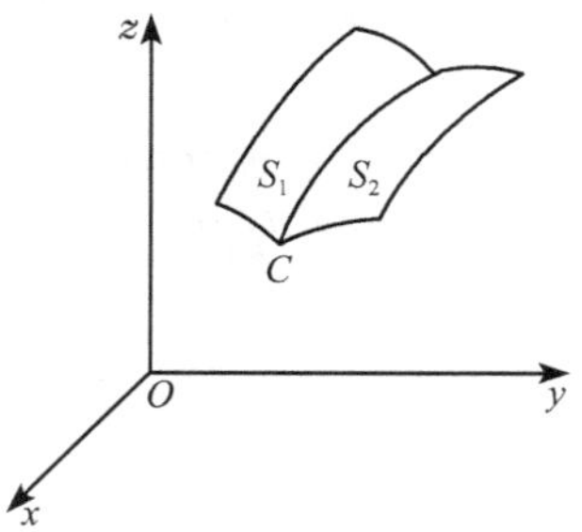

图 4.3

如果曲面 $F(x,y,z)=0$ 和 $G(x,y,z)=0$ 相交于曲线 C(图 4.3),则 C 的方程可写为

$$C:\begin{cases} F(x,y,z)=0, \\ G(x,y,z)=0. \end{cases} \tag{4.1.8}$$

(4.1.8)式称为空间曲线的一般方程.

例 4.1.4 方程组 $\begin{cases} x^2+y^2=1, \\ x+2y+3z=6 \end{cases}$ 表示怎样的曲线?

解 方程组中第一个方程表示圆心在原点 O,半径为 1,母线平行于 z 轴的圆柱面,方程组中第二个方程表示一个平面. 方程组就表示上述平面与圆柱面的交线(图 4.4).

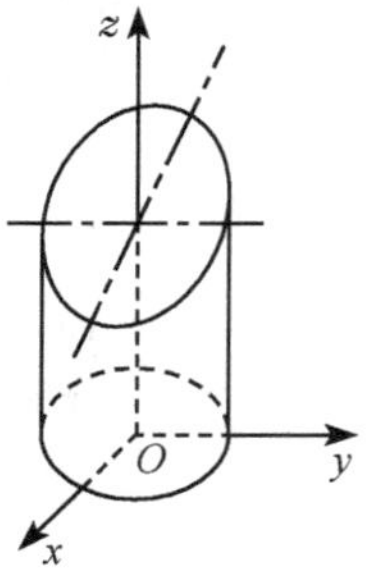

图 4.4

例 4.1.5 (空间圆)空间中的圆可以看成一个球面与一个平面的交线,因此圆的方程为

$$\begin{cases} (x-x_0)^2+(y-y_0)^2+(z-z_0)^2=R^2, \\ Ax+By+Cz+D=0, \end{cases}$$

其中,球心 (x_0,y_0,z_0) 到平面的距离小于球面半径 R,即

$$\frac{|Ax_0+By_0+Cz_0+D|}{\sqrt{A^2+B^2+C^2}}<R.$$

下面求空间圆的圆心和半径,球心 (x_0,y_0,z_0) 到平面的距离为 d,则

$$d=\frac{|Ax_0+By_0+Cz_0+D|}{\sqrt{A^2+B^2+C^2}}.$$

所以,圆的半径为 $r=\sqrt{R^2-d^2}$,显然圆心就是通过球心且垂直于平面的直线与该平面的交点,设圆心为 (x_1,y_1,z_1),则 (x_1,y_1,z_1) 满足

$$\begin{cases} Ax_1+By_1+Cz_1+D=0, \\ \dfrac{x_1-x_0}{A}=\dfrac{y_1-y_0}{B}=\dfrac{z_1-z_0}{C}. \end{cases}$$

2. 空间曲线的参数方程

空间曲线的方程除了一般方程之外，也可以用参数形式表示. 例如，球面 $x^2+y^2+z^2=R^2$ 与 xOy 平面相交所得的圆的一般方程为

$$\begin{cases} x^2+y^2+z^2=R^2, \\ z=0. \end{cases}$$

而这个圆的参数方程是

$$\begin{cases} x=R\cos\varphi, \\ y=R\sin\varphi, \quad 0\leqslant\varphi<2\pi. \\ z=0, \end{cases}$$

一般地，空间曲线的参数方程是含有一个参数的方程：

$$\begin{cases} x=f(t), \\ y=g(t), \quad a\leqslant t\leqslant b. \\ z=h(t), \end{cases} \tag{4.1.9}$$

其中，对于 $t(a\leqslant t\leqslant b)$ 的每一个值，由(4.1.9)式确定的点 (x,y,z) 在此曲线上，而此曲线上任一点的坐标都可由 t 的某个值通过(4.1.9)式表示，方程组(4.1.9)叫做空间曲线的参数方程.

例 4.1.6　把曲线的参数方程

$$\begin{cases} x=3\sin t, \\ y=4\sin t, \\ z=5\cos t \end{cases}$$

化成一般方程，并指出这是什么曲线？

解　由前两个方程消去 t 可得 $4x-3y=0$，把三个方程两边平方相加可得 $x^2+y^2+z^2=25$，故曲线一般方程是

$$\begin{cases} 4x-3y=0, \\ x^2+y^2+z^2=25, \end{cases}$$

这是平面与球面交线，是一个圆.

4.2　柱　　面

定义 4.2.1　在空间中，由动直线 L 平行于定方向 $\boldsymbol{v}$ 沿着一条空间曲线 C 平行移动时所形成的曲面称为**柱面**，$\boldsymbol{v}$ 叫做柱面的**母线方向**，C 叫做柱面的**准线**，每一条动直线 L 叫做柱面的**母线**.

按定义，平面也是柱面.

对于一个柱面，它的准线和母线都不唯一. 但母线方向唯一(除去平面外)，与每一条母线都相交的曲线均可作为准线.

4.2.1　柱面的一般方程

设一个柱面的母线方向为 $\boldsymbol{v}=\{X,Y,Z\}$，准线 C 的方程为

$$\begin{cases}F_1(x,y,z)=0,\\F_2(x,y,z)=0,\end{cases}$$

我们来求这个柱面的方程.

点 $P(x,y,z)$ 在此柱面上的充要条件是点 P 在某一条母线上，即有准线 C 上一点 $P_1(x_1,y_1,z_1)$ 使得点 P 在过点 P_1 且方向向量为 $\boldsymbol{v}$ 的直线上(图 4.5).

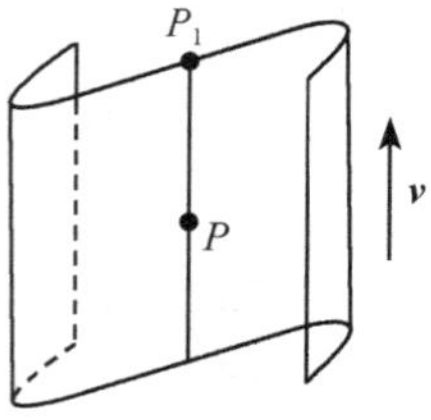

图 4.5

因此有

$$\begin{cases}F_1(x_1,y_1,z_1)=0,\\F_2(x_1,y_1,z_1)=0,\\x=x_1+Xt,\\y=y_1+Yt,\\z=z_1+Zt.\end{cases}$$

消去 x_1,y_1,z_1，得

$$\begin{cases}F_1(x-Xt,y-Yt,z-Zt)=0,\\F_2(x-Xt,y-Yt,z-Zt)=0.\end{cases}$$

再消去参数 t，得到关于 x,y,z 的一个方程 $\Phi(x,y,z)=0$，它就是所求柱面的方程.

显然，以坐标面上的一条曲线

$$\begin{cases}f(x,y)=0,\\z=0\end{cases}$$

为准线，母线平行于 z 轴的柱面方程为

$$f(x,y)=0.$$

例 4.2.1　一柱面的准线 C 的方程为 $\begin{cases}x^2+y^2+z^2=1,\\x+y+z=0,\end{cases}$ 母线垂直于平面 $x+y+z=0$，求它的方程.

解　由题设，所求柱面的母线方向 $\boldsymbol{v}=\{1,1,1\}$，设点 $P(x,y,z)$ 是柱面上的任意一点，则有准线 C 上一点 $P_1(x_1,y_1,z_1)$ 使得点 P 在过点 P_1 且方向为 $\boldsymbol{v}$ 的

直线上，则有

$$\begin{cases} x_1^2 + y_1^2 + z_1^2 = 1, \\ x_1 + y_1 + z_1 = 0, \\ x = x_1 + t, & -\infty < t < +\infty, \\ y = y_1 + t, \\ z = z_1 + t, \end{cases}$$

消去 x_1, y_1, z_1，得

$$\begin{cases} (x-t)^2 + (y-t)^2 + (z-t)^2 = 1, \\ x + y + z - 3t = 0. \end{cases}$$

再消去参数 t，并化简得

$$2(x^2 + y^2 + z^2 - xy - yz - zx) = 3,$$

这就是所求的柱面方程.

例 4.2.2　试说明方程 $(x+y)(y+z)=a^2$ 表示的曲面是柱面.

解　要说明曲面是一柱面，只要说明此曲面是由平行直线族所产生.

作一直线族

$$\begin{cases} x + y = k, \\ y + z = \dfrac{a^2}{k}. \end{cases}$$

这里，$k \neq 0$，它的方向向量为 $\{1,-1,1\}$，当 k 连续变化时，这个平行直线族产生曲面 $(x+y)(y+z)=a^2$，因此此曲面为柱面. 当 $k=0$ 时，$a=0$，曲面 $x+y=0$ 表示一平面，它是特殊的柱面.

4.2.2　柱面的参数方程

如果给定准线 C 的参数方程为

$$\begin{cases} x = f(t), \\ y = g(t), \quad a \leqslant t \leqslant b. \\ z = h(t), \end{cases} \tag{4.2.1}$$

母线方向为 $\{X, Y, Z\}$，则柱面的参数方程为

$$\begin{cases} x = f(t) + Xu, \\ y = g(t) + Yu, \quad a \leqslant t \leqslant b, -\infty < u < +\infty. \\ z = h(t) + Zu, \end{cases} \tag{4.2.2}$$

例 4.2.3　以 xOy 平面上的椭圆

$$\begin{cases}x = a\cos\theta, \\ y = b\sin\theta, \quad 0 \leqslant \theta < 2\pi \\ z = 0,\end{cases}$$

为准线,母线方向为 $\boldsymbol{v}=\{0,0,1\}$ 的柱面参数方程为

$$\begin{cases}x = a\cos\theta, \\ y = b\sin\theta, \quad 0 \leqslant \theta < 2\pi, -\infty < t < +\infty. \\ z = t,\end{cases}$$

4.2.3 圆柱面

现在来看圆柱面的方程.圆柱面有一条对称轴 L,圆柱面上每一个点到轴 L 的距离都相等,这个距离称为圆柱面的半径.圆柱面的准线可取成一个圆 C,它的母线方向与准线圆垂直.如果知道准线圆的方程和母线方向,则可用 4.2.1 中所述方法求出圆柱面的方程.如果知道圆柱面的半径为 r,母线方向为 $\boldsymbol{v}=\{X,Y,Z\}$,以及圆柱面的对称轴 L 经过点 $P_0(x_0,y_0,z_0)$,则点 $P(x,y,z)$ 在此圆柱面上的充要条件是点 P 到轴 L 的距离等于 r,即

$$\frac{|\overrightarrow{P_0P} \times \boldsymbol{v}|}{|\boldsymbol{v}|} = r,$$

由此出发可求得圆柱面的方程.特别地,若圆柱面的半径为 r,对称轴为 z 轴,这时

$$\overrightarrow{P_0P} \times \boldsymbol{v} = \begin{vmatrix} \boldsymbol{i} & \boldsymbol{j} & \boldsymbol{k} \\ x & y & z \\ 0 & 0 & 1 \end{vmatrix} = y\boldsymbol{i} - x\boldsymbol{j},$$

则这个圆柱面的方程为

$$x^2 + y^2 = r^2. \tag{4.2.3}$$

显然这个圆柱面的参数方程为

$$\begin{cases}x = r\cos\theta, \\ y = r\sin\theta, \quad 0 \leqslant \theta < 2\pi, -\infty < u < +\infty. \\ z = u,\end{cases}$$

4.2.4 柱面方程的特点

从(4.2.3)式看到,母线平行于 z 轴的圆柱面的方程中不含 z(即 z 的系数为零),这个结论对于一般的柱面也成立,即我们有如下定理.

定理 4.2.1 若一个柱面的母线平行于 z 轴(或 x 轴或 y 轴),则它的方程中不含 z(或 x 或 y);反之,一个三元方程如果不含 z(或 x 轴或 y 轴),则它一定表示一个母线平行于 z 轴(或 x 轴或 y 轴)的柱面.

证明　设一个柱面的母线平行于 z 轴，则这个柱面的每条母线必与 xOy 面相交(图 4.6)，从而这个柱面与 xOy 面的交线 C 可以作为准线. 设 C 的方程是

$$\begin{cases} f(x,y)=0, \\ z=0. \end{cases}$$

点 P 在此柱面上的充要条件是有准线 C 上一点 $P_1(x_1, y_1, z_1)$，使得点 P 在过点 P_1 且方向为 $\boldsymbol{v}=\{0,0,1\}$ 的直线上，因此，有

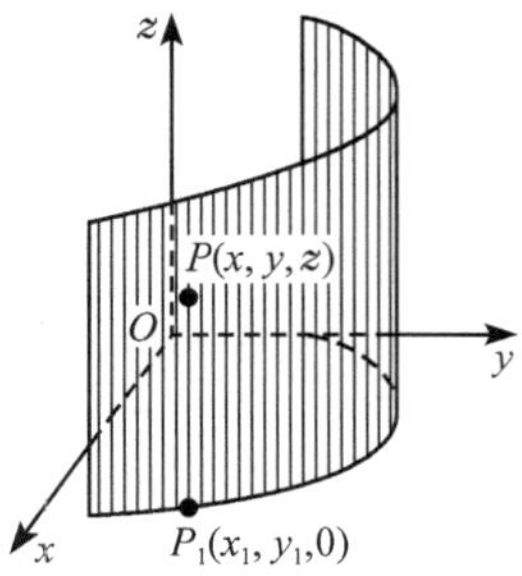

图 4.6

$$\begin{cases} f(x_1,y_1)=0, \\ z_1=0, \\ x=x_1, \\ y=y_1, \\ z=z_1+u. \end{cases}$$

消去 x_1, y_1, z_1，得

$$\begin{cases} f(x,y)=0, \\ z=u. \end{cases}$$

由于参数 u 可以取任意实数值，于是得到这个柱面的方程为

$$f(x,y)=0.$$

反之，任给一个不含 z 的三元方程 $g(x,y)=0$，我们考虑以曲线

$$C':\begin{cases} g(x,y)=0, \\ z=0 \end{cases}$$

为准线，以 z 轴方向为母线方向的柱面. 由上述讨论知，这个柱面的方程为 $g(x,y)=0$. 因此，方程 $g(x,y)=0$ 表示一个母线平行于 z 轴的柱面.

母线平行于 x 轴或 y 轴的情形可类似讨论.

例如，方程 $\frac{x^2}{a^2}+\frac{y^2}{b^2}=1$ 表示母线平行于 z 轴的柱面. 它与 xOy 面的交线为

$$\begin{cases} \frac{x^2}{a^2}+\frac{y^2}{b^2}=1, \\ z=0, \end{cases}$$

这条交线是椭圆，因而这个柱面称为椭圆柱面(图 4.7).

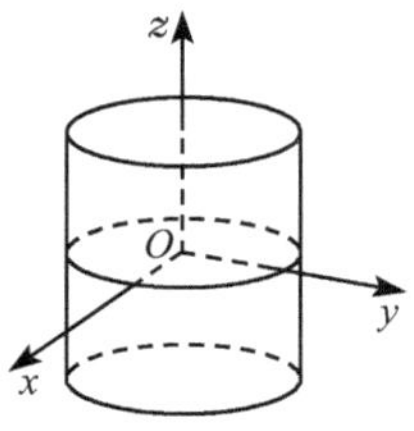

图 4.7

类似地，方程

$$\frac{x^2}{a^2}-\frac{y^2}{b^2}+1=0, \quad x^2+2py=0,$$

分别表示母线平行于 z 轴的双曲柱面和抛物柱面(图 4.8,图 4.9)

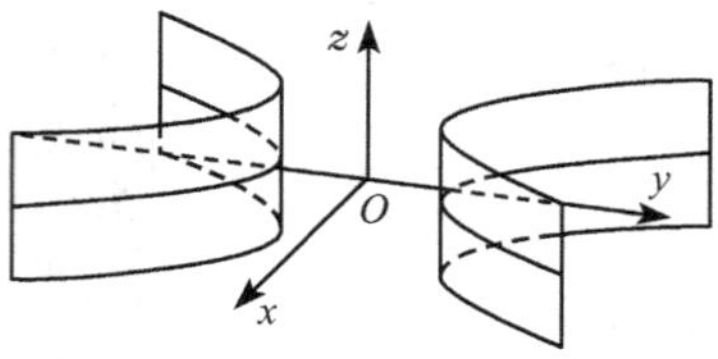

图 4.8

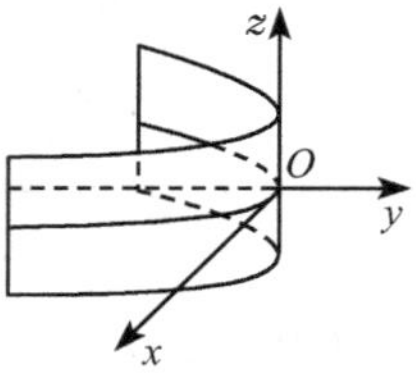

图 4.9

例 4.2.4 试求通过三条平行直线 $L_1:\dfrac{x}{0}=\dfrac{y-1}{1}=\dfrac{z+1}{1}$,$L_2:\dfrac{x}{0}=\dfrac{y}{1}=\dfrac{z-2}{1}$,$L_3:\dfrac{x-\sqrt{2}}{0}=\dfrac{y-1}{1}=\dfrac{z-1}{1}$的圆柱面方程.

解 设点 $P(x,y,z)$是圆柱面的轴 L 上任一点,则点 P 到三条已知直线距离相等,由点到直线的距离公式(3.6.7)可得方程组

$$\frac{|\{x,y-1,z+1\}\times\{0,1,1\}|}{|\{0,1,1\}|}=\frac{|\{x,y,z-2\}\times\{0,1,1\}|}{|\{0,1,1\}|}$$
$$=\frac{|\{x-\sqrt{2},y-1,z-1\}\times\{0,1,1\}|}{|\{0,1,1\}|},$$

整理得$\begin{cases}y-z=0,\\ \sqrt{2}x+y-z=0,\end{cases}$即轴为 $L:\dfrac{x}{0}=\dfrac{y}{1}=\dfrac{z}{1}$.

直线 L_1 上点 $P_1(0,1,-1)$到直线 L 的距离就是圆柱面的半径 r,即

$$r=\frac{|\{0,1,-1\}\times\{0,1,1\}|}{|\{0,1,1\}|}=\sqrt{2}.$$

再设圆柱面上任一点 $P(x,y,z)$,则点 P 到轴 L 的距离等于 r,即

$$\frac{|\{x,y,z\}\times\{0,1,1\}|}{|\{0,1,1\}|}=\sqrt{2},$$

整理即得圆柱面方程为

$$2x^2+y^2+z^2-2yz-4=0.$$

评析 求圆柱面方程时不必拘泥于此方法,可以充分利用圆柱面的几何特征:圆柱面上任意点到轴的距离都等于半径.因此可先求轴的方程和半径,再求圆柱面方程,比如本例,若先求准线,计算将十分繁琐.

例 4.2.5 求以曲线 $C:\begin{cases}x^2+y^2-z+1=0,\\ 2x^2+2y^2+z-4=0\end{cases}$为准线,母线方向为$\{-1,1,1\}$的柱面的参数方程,再化成一般方程.

解　准线方程可化为$\begin{cases}x^2+y^2=1,\\z=2,\end{cases}$这是平面 $z=2$ 上的一个圆,故有参数方程

$$\begin{cases}x = \cos t,\\ y = \sin t, \quad 0 \leqslant t < 2\pi.\\ z = 2,\end{cases}$$

可得柱面参数方程

$$\begin{cases}x = \cos t - s,\\ y = \sin t + s, \quad 0 \leqslant t < 2\pi, s \in \mathbf{R}.\\ z = 2 + s,\end{cases}$$

消去参数 s,t,得一般方程

$$(x+z-2)^2+(y-z+2)^2=0.$$

评析　若柱面准线方程容易化成参数方程,则可先求柱面参数得到一般方程,这样较简便.

4.3 锥　　面

定义 4.3.1　一动直线通过一定点 P_0 且与一条定曲线 C 相交而移动时所产生的曲面称为**锥面**.定点 P_0 叫做锥面的顶点,定曲线 C 称为锥面的**准线**,动直线称为锥面的**母线**(图 4.10).

一个锥面的准线不唯一,与每一条母线都相交的曲线均可作为准线.

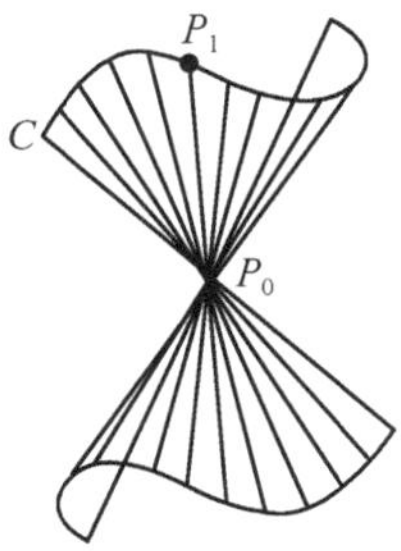

图 4.10

4.3.1 锥面的一般方程

设锥面的准线 C 的方程为

$$\begin{cases}F_1(x,y,z)=0,\\ F_2(x,y,z)=0.\end{cases}$$

顶点 P_0 的坐标为(x_0,y_0,z_0),我们来求这个锥面的方程.

点 $P(x,y,z)$ 在此锥面上的充要条件是它在一条母线上,即准线上有一点 $P_1(x_1,y_1,z_1)$,使得点 P_1 在直线 P_0P 上,因此有

$$\begin{cases}F_1(x_1,y_1,z_1)=0,\\ F_2(x_1,y_1,z_1)=0,\\ \dfrac{x-x_0}{x_1-x_0}=\dfrac{y-y_0}{y_1-y_0}=\dfrac{z-z_0}{z_1-z_0}.\end{cases}$$

消去 x_1, y_1, z_1 得到关于 x, y, z 的一个方程

$$F(x,y,z)=0,$$

就是所求锥面的方程.

例 4.3.1　设一锥面的顶点为坐标原点,准线是椭圆

$$\begin{cases}\dfrac{x^2}{a^2}+\dfrac{y^2}{b^2}=1,\\ z=c.\end{cases}$$

求这锥面的方程.

解　设点 $P(x,y,z)$是锥面上的任意一点,则有准线上的一点 $P_1(x_1,y_1,z_1)$,使得 P_1 在直线 OP 上,则

$$\begin{cases}\dfrac{x_1^2}{a^2}+\dfrac{y_1^2}{b^2}=1,\\ z_1=c,\\ \dfrac{x}{x_1}=\dfrac{y}{y_1}=\dfrac{z}{z_1}.\end{cases}$$

消去 x_1, y_1, z_1,即得所求的锥面方程为

$$\frac{x^2}{a^2}+\frac{y^2}{b^2}-\frac{z^2}{c^2}=0.$$

这个锥面称为二次锥面,当 $a=b$ 时,就是圆锥面方程.

4.3.2　圆锥面

对于圆锥面,它有一条对称轴 L,它的每一条母线与轴 L 夹的锐角都相等,这个锐角称为圆锥面的**半顶角**,与轴 L 垂直的平面截圆锥面所得交线为圆(叫准线圆).如果已知准线圆方程和顶点 P_0 的坐标,则用 4.3.1 所述方法可求得圆锥面方程.如果已知顶点的坐标和轴 L 的方向向量 $\boldsymbol{v}$ 以及半顶角 α,我们可建立圆锥面的方程.因点 $P(x,y,z)$在圆锥面上的充要条件是

$$\angle(\overrightarrow{P_0P},\boldsymbol{v})=\alpha \quad 或 \quad \pi-\alpha,$$

因此,有

$$|\cos\angle(\overrightarrow{P_0P},\boldsymbol{v})|=\cos\alpha, \tag{4.3.1}$$

由(4.3.1)式可求得圆锥面的方程.

例 4.3.2　求轴过第一卦限,以三坐标轴为母线的圆锥面方程.

解法 1　显然这个圆锥面的顶点为坐标原点 O,设轴的方向为 $\boldsymbol{v}=\{a,b,c\}$,因为三条坐标轴为母线,所以由(4.3.1)式得

$$|\cos\angle(\boldsymbol{i},\boldsymbol{v})|=|\cos\angle(\boldsymbol{j},\boldsymbol{v})|=|\cos\angle(\boldsymbol{k},\boldsymbol{v})|\Rightarrow|a|=|b|=|c|,$$

其中，$\boldsymbol{i},\boldsymbol{j},\boldsymbol{k}$ 为直角坐标系的坐标向量，因为轴过第一卦限，于是轴的方向为 $\boldsymbol{v}=\{1,1,1\}$.

因为点 $M(x,y,z)$ 在这个圆锥面上的充要条件是

$$|\cos\angle(\overrightarrow{OM},\boldsymbol{v})|=|\cos\angle(\boldsymbol{i},\boldsymbol{v})|,$$

即

$$\frac{|\overrightarrow{OM}\cdot\boldsymbol{v}|}{|\overrightarrow{OM}||\boldsymbol{v}|}=\frac{|\boldsymbol{i}\cdot\boldsymbol{v}|}{|\boldsymbol{v}|},$$

故

$$\frac{|x+y+z|^2}{x^2+y^2+z^2}=1.$$

于是得

$$xy+yz+xz=0. \tag{4.3.2}$$

这就是所求的圆锥面方程.

解法 2 显然锥面顶点是原点，准线可取过点(1,0,0),(0,1,0),(0,0,1)的圆，圆的方程可写成

$$\begin{cases}x+y+z=1,\\x^2+y^2+z^2=1.\end{cases}$$

点 $M(x,y,z)$ 在这个圆锥面上的充要条件是有准线上的一点 $P_1(x_1,y_1,z_1)$ 使得点 P_1 在直线 OP 上，即有方程组

$$\begin{cases}x_1+y_1+z_1=1,\\x_1^2+y_1^2+z_1^2=1,\\\dfrac{x}{x_1}=\dfrac{y}{y_1}=\dfrac{z}{z_1}.\end{cases}$$

消去 x_1,y_1,z_1 可得所求圆锥面方程为

$$xy+yz+zx=0.$$

评析 与圆柱面相仿，求圆锥面的方程时也应充分利用圆锥面的几何性质. 若能求出圆锥面的顶点、轴的方向和半顶角，就可直接求出锥面方程，而不必求准线.

从这个例子可以看出，以原点为顶点的锥面方程的特点是每一项都是二次的，称为二次齐次方程.

4.3.3　锥面方程的特点

在例 4.3.2 中，$F(x,y,z)=xy+yz+xz$，则有

$$F(tx,ty,tz)=t^2(xy+yz+xz)=t^2F(x,y,z). \tag{4.3.3}$$

定义 4.3.2　如果 $F(x,y,z)$满足

$$F(tx,ty,tz)=t^nF(x,y,z),$$

对于定义域中一切 x,y,z 以及对于任意非零实数 t 都成立，则称 $F(x,y,z)$为 x,y,z 的 n 次齐次函数(n 是整数).此时，方程 $F(x,y,z)=0$ 称为 x,y,z 的 n 次齐次方程.

定理 4.3.1　一个关于 x,y,z 的齐次方程表示的曲面(添上原点)一定是以原点为顶点的锥面，反之，以坐标原点为顶点的锥面方程一定是关于 x,y,z 的齐次方程.

证明　设关于 x,y,z 的齐次方程

$$F(x,y,z)=0, \tag{4.3.4}$$

表示的曲面添上原点后记作 Σ，设非原点 $P_0(x_0,y_0,z_0)$满足(4.3.4)式，即 $F(x_0,y_0,z_0)=0$，于是直线 OP_0 的方程为

$$\begin{cases}x=x_0t,\\ y=y_0t,\quad t\neq 0.\\ z=z_0t,\end{cases} \tag{4.3.5}$$

代入 $F(x,y,z)=0$ 得

$$F(x_0t,y_0t,z_0t)=t^nF(x_0,y_0,z_0)=0. \tag{4.3.6}$$

因此整条直线 OP_0 都在 Σ 上，所以 Σ 是由过原点的一些直线组成的，即 Σ 是以原点为顶点的锥面.

反之，因为我们总可取平面与锥面的交线作为准线，并不妨设 z 轴垂直于准线所在的平面，那么这时的准线方程为

$$\begin{cases}f(x,y)=0,\\ z=h\quad(h\neq 0).\end{cases}$$

因此这个锥面的方程为

$$f\left(\frac{hx}{z},\frac{hy}{z}\right)=0,$$

而对于函数 $f\left(\frac{hx}{z},\frac{hy}{z}\right)$，显然有

$$f\left(\frac{htx}{tz},\frac{hty}{tz}\right)=t^0 f\left(\frac{hx}{z},\frac{hy}{z}\right),$$

因此函数 $f\left(\frac{hx}{z},\frac{hy}{z}\right)$是一个零次齐次函数,从而锥面方程为

$$f\left(\frac{hx}{z},\frac{hy}{z}\right)=0$$

是一个零次齐次方程,也就是说顶点为原点的锥面方程是齐次的.

推论　以(x_0,y_0,z_0)为顶点的锥面方程一定是关于 $x-x_0,y-y_0,z-z_0$ 的齐次方程,反之,关于 $x-x_0,y-y_0,z-z_0$ 的齐次方程一定表示以(x_0,y_0,z_0)为顶点的锥面.

4.3.4　锥面的参数方程

设锥面准线的参数方程为

$$\begin{cases}x=f(t),\\ y=g(t), \quad a\leqslant t\leqslant b,\\ z=h(t),\end{cases} \tag{4.3.7}$$

顶点 P_0 的坐标为(x_0,y_0,z_0),同理可得锥面的参数方程为

$$\begin{cases}x=x_0+[f(t)-x_0]s,\\ y=y_0+[g(t)-y_0]s, \quad a\leqslant t\leqslant b,-\infty<s<+\infty.\\ z=z_0+[h(t)-z_0]s,\end{cases}$$

4.4　旋转曲面

球面可以看成是一个半圆绕它的直径旋转一周所形成的曲面.现在来研究更一般的情形.

定义 4.4.1　一条曲线 C 绕定直线 L 旋转所得的曲面称为**旋转面**.L 称为**旋转轴**,C 称为**母线**.

母线 C 上每个点 M_0 绕直线 L 旋转一周得到一个圆,称为**纬圆**,纬圆与轴垂直.过直线 L 的半平面与旋转面的交线称为**经线**,经线可以作为母线,但母线不一定是经线(不一定在半平面上).

4.4.1　旋转曲面的一般方程

设旋转曲面的母线方程

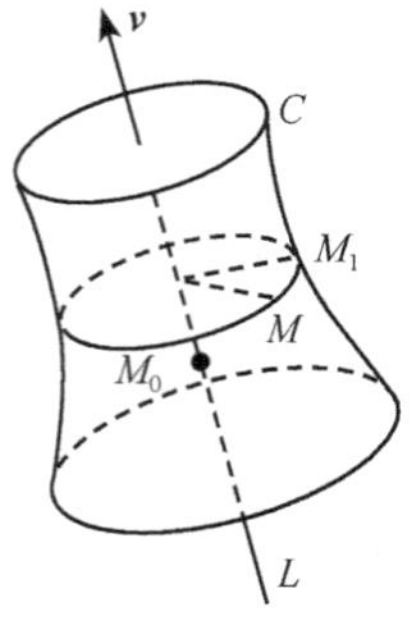

图 4.11

$$C:\begin{cases}F_1(x,y,z)=0,\\F_2(x,y,z)=0.\end{cases}$$

已知旋转轴 L 过点 $M_0(x_0,y_0,z_0)$，方向向量为 $\boldsymbol{v}=\{X,Y,Z\}$，我们来求旋转面的方程.

点 $M(x,y,z)$ 在旋转面上的充要条件是 M 在经过母线 C 上某一点 $M_1(x_1,y_1,z_1)$ 的圆上(图 4.11)，即有母线 C 上的一点 M_1 使得点 M 和 M_1 到轴 L 的距离相等(或到轴上一点 M_0 的距离相等)，并且 $\overrightarrow{M_1M}\perp L$. 因此，有

$$\begin{cases}F_1(x_1,y_1,z_1)=0,\\F_2(x_1,y_1,z_1)=0,\\(x-x_0)^2+(y-y_0)^2+(z-z_0)^2=(x_1-x_0)^2+(y_1-y_0)^2+(z_1-z_0)^2,\\X(x-x_1)+Y(y-y_1)+Z(z-z_1)=0.\end{cases}\tag{4.4.1}$$

从这个方程组中消去参数 x_1,y_1,z_1，就得到关于 x,y,z 的方程，它就是所求旋转面的一般方程.

特别地，设旋转轴为 z 轴，母线 C 在 yOz 面上，其方程为

$$\begin{cases}f(y,z)=0,\\x=0.\end{cases}$$

则点 $M(x,y,z)$ 在旋转面上的充要条件是

$$\begin{cases}f(y_1,z_1)=0,\\x_1=0,\\x^2+y^2=x_1^2+y_1^2,\\1\cdot(z-z_1)=0.\end{cases}$$

消去参数 x_1,y_1,z_1，得

$$f(\pm\sqrt{x^2+y^2},z)=0,\tag{4.4.2}$$

(4.4.2)式就是所求旋转面的方程，由此看出，为了得到 yOz 面上的曲线 C 绕 z 轴旋转所得的旋转面方程，只要将母线 C 在 yOz 面上的方程中 y 改成 $\pm\sqrt{x^2+y^2}$，z 不动. 其他坐标面上的曲线绕坐标轴旋转所得旋转面方程都有类似的规律.

例 4.4.1 (1) 将抛物线 $\begin{cases}y^2=2pz,\\x=0\end{cases}$ 绕 z 轴旋转所得旋转面方程为

$$x^2+y^2=2pz.$$

这个曲面称为旋转抛物面(图 4.12).

(2) 双曲线$\begin{cases}\dfrac{x^2}{a^2}-\dfrac{y^2}{b^2}=1,\\ z=0\end{cases}$绕 x 轴旋转所得曲面方程为$\dfrac{x^2}{a^2}-\dfrac{y^2+z^2}{b^2}=1$,这个曲面称为旋转双叶双曲面(图 4.13).

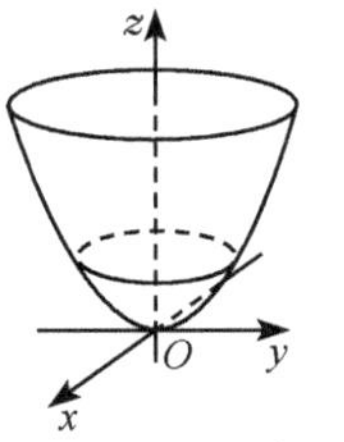

图 4.12

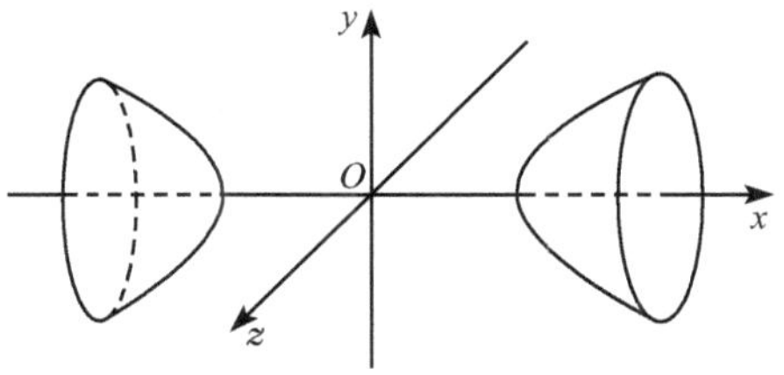

图 4.13

例 4.4.2　求曲线$\begin{cases}x^2=y,\\ x+z=0\end{cases}$绕直线$\dfrac{x}{1}=\dfrac{y}{2}=\dfrac{z}{1}$旋转生成的旋转面方程.

解　轴过原点(0,0,0),方向向量为{1,2,1},若点 $M(x,y,z)$是旋转面上的任意一点,则有母线上的一点 $M_1(x_1,y_1,z_1)$满足

$$\begin{cases}(x-x_1)+2(y-y_1)+(z-z_1)=0, & (4.4.3)\\ x^2+y^2+z^2=x_1^2+y_1^2+z_1^2, & (4.4.4)\\ x_1^2=y_1, & (4.4.5)\\ x_1+z_1=0, & (4.4.6)\end{cases}$$

消去参数 x_1,y_1,z_1,整理得旋转面方程

$$3x^2+3z^2-4xy-2xz-4yz-4x-8y-4z=0.$$

例 4.4.3　求曲线

$$\begin{cases}4(x-1)^2+y^2+z^2=1,\\ z=0\end{cases}$$

绕 x 轴旋转生成的曲面方程.

解　母线方程可化成$\begin{cases}4(x-1)^2+y^2=1,\\ z=0,\end{cases}$这是 xOy 面上的曲线,所求旋转面方程为

$$4(x-1)^2+y^2+z^2=1.$$

例 4.4.4　说明下列方程表示旋转曲面,并指出它们是怎样产生的.

(1) $2x^2+y^2+z^2=R^2$;

(2) $(y^2+z^2)(1+x^2)^2=1$.

解 (1) 方程可写成 $2x^2+(\pm\sqrt{y^2+z^2})^2=R^2$,故这是一个旋转曲面,它是由 xOy 面上曲线

$$\begin{cases}2x^2+y^2=R^2,\\ z=0\end{cases}$$

绕 x 轴旋转而生成的;也可看作 xOz 面上曲线

$$\begin{cases}2x^2+z^2=R^2,\\ y=0\end{cases}$$

绕 x 轴旋转而生成的.

(2) 表示以 $\begin{cases}y^2(1+x^2)^2=1,\\ z=0\end{cases}$ 为母线,x 轴为旋转轴的旋转面.

例 4.4.5 圆

$$\begin{cases}(x-a)^2+z^2=r^2,\\ y=0,\end{cases}\quad 0<r<a$$

绕 z 轴旋转所得曲面为

$$(\pm\sqrt{x^2+y^2}-a)^2+z^2=r^2,$$

即

$$(x^2+y^2+z^2+a^2-r^2)^2=4a^2(x^2+y^2).$$

这个曲面称为环面(图 4.14).

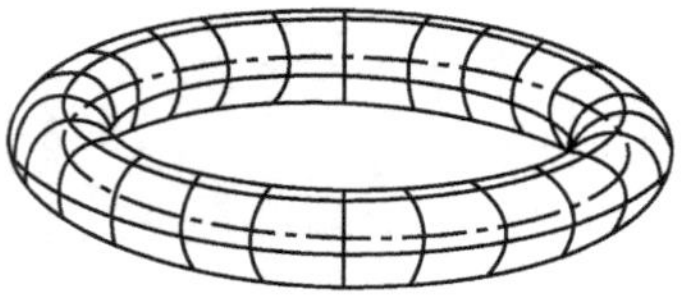

图 4.14

4.4.2 旋转曲面的参数方程

设旋转曲面是由一条空间曲线绕坐标轴旋转而产生的,已知母线的参数方程为

$$C:\begin{cases}x=f(u),\\ y=g(u),\\ z=h(u),\end{cases}\quad a\leqslant u\leqslant b,$$

旋转轴为 z,则旋转曲面的参数方程为

$$\begin{cases}x=\sqrt{f^2(u)+g^2(u)}\cos v,\\ y=\sqrt{f^2(u)+g^2(u)}\sin v,\\ z=h(u),\end{cases}\quad a\leqslant u\leqslant b,0\leqslant v<2\pi. \tag{4.4.7}$$

***例 4.4.6** 设 L_1 和 L_2 是两条异面直线,它们不垂直,求直线 L_2 绕直线 L_1 旋转所得曲面的方程.

解　设直线 L_1 和 L_2 的距离为 a，以 L_1 为 z 轴，以 L_1 和 L_2 的公垂线为 x 轴，设直线 L_2 与 x 轴的交点为 $(a,0,0)$，建立一个右手直角坐标系 $\{O;\boldsymbol{i},\boldsymbol{j},\boldsymbol{k}\}$，设直线 L_2 的方向向量为 $\boldsymbol{v}=\{X,Y,Z\}$，因为 L_2 与 x 轴垂直，所以 $\boldsymbol{v}\cdot\boldsymbol{i}=0$，得 $X=0$，因为直线 L_1 与 L_2 异面，所以 $\boldsymbol{v}\not\parallel\boldsymbol{k}$，于是 $Y\neq 0$，因此可设 $\boldsymbol{v}$ 的坐标为 $\{0,1,b\}$，因为直线 L_1 与 L_2 不垂直，所以 $\boldsymbol{v}\cdot\boldsymbol{k}\neq 0$，于是 $b\neq 0$，因此，直线 L_2 的参数方程为

$$\begin{cases} x = a, \\ y = t, \\ z = bt, \end{cases} \quad -\infty < t < +\infty.$$

故直线 L_2 绕直线 L_1 旋转所得曲面的参数方程为

$$\begin{cases} x = \sqrt{a^2+t^2}\cos\theta, \\ y = \sqrt{a^2+t^2}\sin\theta, \\ z = bt, \end{cases} \quad -\infty < t < +\infty, 0 \leqslant \theta < 2\pi.$$

消去参数 t 得一般方程为

$$\frac{x^2}{a^2}+\frac{y^2}{a^2}-\frac{z^2}{a^2b^2}=1,$$

这是一个旋转单叶双曲面.

4.5　二 次 曲 面

前面几节，我们抓住几何特征很明显的球面、柱面、锥面和旋转面，建立它们的方程. 本节则针对比较简单的二次方程，我们从方程出发去研究图形的性质.

已经知道二次方程

$$\frac{x^2}{a^2}+\frac{y^2}{b^2}-1=0,\quad \frac{x^2}{a^2}-\frac{y^2}{b^2}+1=0,\quad x^2+2py=0$$

分别表示椭圆柱面、双曲柱面和抛物柱面，而二次方程

$$\frac{x^2}{a^2}+\frac{y^2}{b^2}-\frac{z^2}{c^2}=0$$

表示二次锥面.

怎样了解三元方程 $F(x,y,z)=0$ 所表示的曲面的形状呢？方法之一是用坐标面和平行于坐标面的平面与曲面相截，考察其交线的形状，然后加以综合，从而了解曲面的立体形状，这种方法叫做**截痕法**. 下面用截痕法研究几个二次方程表示的图形.

4.5.1 椭球面

定义 4.5.1 由方程

$$\frac{x^2}{a^2}+\frac{y^2}{b^2}+\frac{z^2}{c^2}=1 \tag{4.5.1}$$

所确定的曲面称为**椭球面**,(4.5.1)式称为椭球面的标准方程.

它有以下性质:

(1) 对称性.因为方程(4.5.1)中用$-x$代x,方程不变,于是若点$P(x,y,z)$在椭球面(4.5.1)式上,则P点关于yOz面的对称点$(-x,y,z)$也在此椭球面上,所以此椭球面关于yOz面对称.同理,由于(4.5.1)式中用$-y$代y($-z$代z)方程不变.所以此椭球面关于xOz面(xOy面)对称.因为方程(4.5.1)中同时用$-x$代x,$-y$代y,方程不变,所以图形关于z轴对称.类似的理由知,图形关于y轴,x轴也对称,因为(4.5.1)式中同时用$-x$代x,$-y$代y,$-z$代z方程不变,所以图形关于原点对称.总而言之,三个坐标面都是椭球面(4.5.1)的对称平面,三条坐标轴都是它的对称轴,原点是它的对称中心.椭球面(4.5.1)与三坐标轴的交点分别为$(\pm a,0,0)$,$(0,\pm b,0)$,$(0,0,\pm c)$,这六个点叫做椭球面(4.5.1)的顶点.同一条对称轴上的两顶点间的线段以及它们的长度$2a$,$2b$与$2c$叫做椭球面(4.5.1)的轴,轴的一半,即中心与各顶点间的线段及它们的长度a,b与c叫做椭球面(4.5.1)的半轴,当$a>b>c$时,$2a$,$2b$与$2c$分别叫做椭球面(4.5.1)的长轴、中轴和短轴,而a,b与c分别叫做(4.5.1)的长半轴、中半轴与短半轴.显然任何两轴相等的椭球面一定是旋转椭球面,而三轴相等的椭球面就是球面.

(2) 范围.由方程(4.5.1)立即看出:

$$|x|\leqslant a,\quad |y|\leqslant b,\quad |z|\leqslant c.$$

(3) 形状.曲面(4.5.1)与xOy面的交线为

$$\begin{cases}\dfrac{x^2}{a^2}+\dfrac{y^2}{b^2}=1,\\ z=0,\end{cases}$$

这是在xOy面上的一个椭圆.同理可知,曲面(4.5.1)与yOz面(xOz面)的交线也是椭圆.

用平行于xOy面的平面$z=h$截曲面(4.5.1)得到的交线(称为截痕)为

$$\begin{cases}\dfrac{x^2}{a^2}+\dfrac{y^2}{b^2}=1-\dfrac{h^2}{c^2},\\ z=h.\end{cases}$$

当$|h|<c$时,截痕是椭圆;当$|h|=c$时,截痕是一个点;当$|h|>c$时,无轨迹.它的形状见图 4.15.

(4) 等高线.把平行于 xOy 面的截痕射影到 xOy 面上得到的射影线称为等高线(图 4.16).

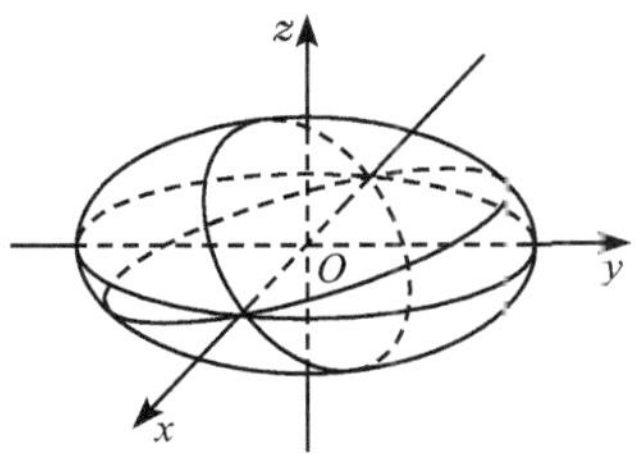

图 4.15

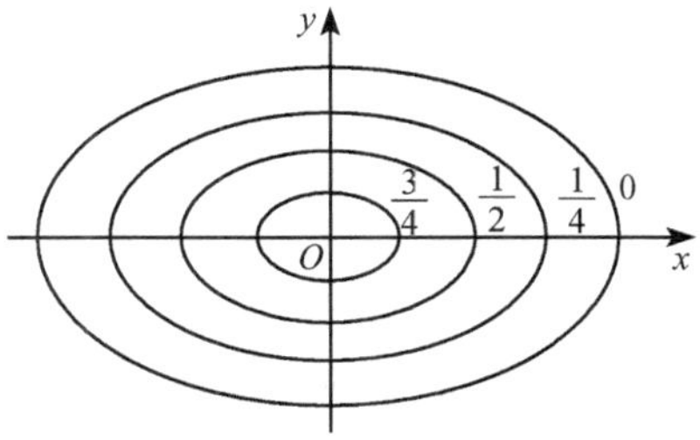

图 4.16

例 4.5.1 已知椭球面的轴与坐标轴重合,且通过椭圆$\begin{cases}\dfrac{x^2}{9}+\dfrac{y^2}{16}=1,\\ z=0\end{cases}$与点 $M(1,2,\sqrt{23})$,求这个椭球面的方程.

解 因为所求椭球面的轴与坐标面轴重合,所以设所求椭球面的方程为

$$\frac{x^2}{a^2}+\frac{y^2}{b^2}+\frac{z^2}{c^2}=1,$$

它与 xOy 面的交线为椭圆

$$\begin{cases}\dfrac{x^2}{a^2}+\dfrac{y^2}{b^2}=1,\\ z=0,\end{cases}$$

与已知椭圆

$$\begin{cases}\dfrac{x^2}{9}+\dfrac{y^2}{16}=1,\\ z=0\end{cases}$$

比较知

$$a^2=9,\quad b^2=16.$$

又因为椭球面通过点 $M(1,2,\sqrt{23})$,所以又有

$$\frac{1}{9}+\frac{4}{16}+\frac{23}{c^2}=1,$$

求得

$$c^2 = 36,$$

因此所求椭球面的方程为

$$\frac{x^2}{9} + \frac{y^2}{16} + \frac{z^2}{36} = 1.$$

4.5.2 单叶双曲面和双叶双曲面

定义 4.5.2 由方程

$$\frac{x^2}{a^2} + \frac{y^2}{b^2} - \frac{z^2}{c^2} = 1, \quad a,b,c > 0 \tag{4.5.2}$$

所确定的曲面称为**单叶双曲面**,(4.5.2)式叫做单叶双曲面的标准方程,其中 a,b,c 是任意的正常数.

它有下述性质:

(1) 对称性.三个坐标面都是此曲面的对称平面,三条坐标轴都是它的对称轴,原点是它的对称点.它与 z 轴不相交,与 x 轴,y 轴分别交于$(\pm a,0,0)$与$(0,\pm b,0)$,这四点叫做单叶双曲面的顶点.

(2) 范围.由方程(4.5.2)得

$$\frac{x^2}{a^2} + \frac{y^2}{b^2} = 1 + \frac{z^2}{c^2} \geqslant 1,$$

所以此曲面的点全部在柱面

$$\frac{x^2}{a^2} + \frac{y^2}{b^2} = 1$$

的外部或柱面上.

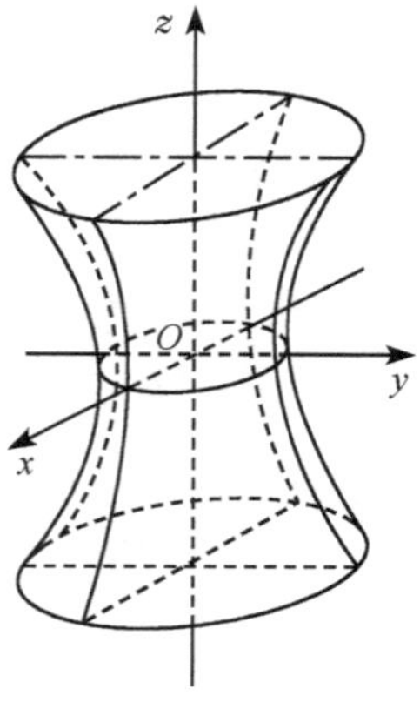

图 4.17

(3) 形状(图 4.17).此曲面与 xOy 面的交线为

$$\begin{cases} \dfrac{x^2}{a^2} + \dfrac{y^2}{b^2} = 1, \\ z = 0. \end{cases}$$

这是一个椭圆,称为此曲面的腰椭圆.

此曲面与 xOz 面,yOz 面的交线分别为

$$\begin{cases} \dfrac{x^2}{a^2} - \dfrac{z^2}{c^2} = 1, \\ y = 0, \end{cases} \quad 和 \quad \begin{cases} \dfrac{y^2}{b^2} - \dfrac{z^2}{c^2} = 1, \\ x = 0, \end{cases}$$

它们都是双曲线.

此曲面的平行于 xOy 面的截痕为

$$\begin{cases}\dfrac{x^2}{a^2}+\dfrac{y^2}{b^2}=1+\dfrac{h^2}{c^2},\\ z=h,\end{cases}$$

这是椭圆,并且当$|h|$增大时,截痕椭圆的长、短半轴

$$a'=a\sqrt{1+\frac{h^2}{c^2}},\quad b'=b\sqrt{1+\frac{h^2}{c^2}}$$

均增大.

(4) 渐近锥面. 锥面

$$\frac{x^2}{a^2}+\frac{y^2}{b^2}-\frac{z^2}{c^2}=0 \tag{4.5.3}$$

称为单叶双曲面(4.5.2)的渐近锥面.

用平面 $z=h$ 截此锥面,截痕为

$$\begin{cases}\dfrac{x^2}{a^2}+\dfrac{y^2}{b^2}=\dfrac{h^2}{c^2},\\ z=h.\end{cases}$$

这个椭圆的长、短半轴分别为

$$a''=a\frac{|h|}{c},\quad b''=b\frac{|h|}{c}.$$

因为

$$a'-a''=a\sqrt{1+\frac{h^2}{c^2}}-a\frac{|h|}{c}=\frac{a}{\sqrt{1+\dfrac{h^2}{c^2}}+\dfrac{|h|}{c}},$$

所以 $\lim\limits_{|h|\to\infty}(a'-a'')=0$,同理 $\lim\limits_{|h|\to\infty}(b'-b'')=0$,这说明,当$|h|$无限增大时,单叶双曲面的截痕椭圆与它的渐近锥面的截痕椭圆任意地接近,即单叶双曲面与它的渐近锥面无限地任意接近.

定义 4.5.3　由方程

$$\frac{x^2}{a^2}+\frac{y^2}{b^2}-\frac{z^2}{c^2}=-1,\quad a,b,c>0 \tag{4.5.4}$$

所确定的曲面称为**双叶双曲面**.(4.5.4)式叫做双叶双曲面的标准方程,其中 a,b,c 是任意的正常数.

它有下述性质:

(1) 对称性. 关于坐标面、坐标轴、原点均对称. 而且曲面与 x 轴,y 轴都不相交,只与 z 轴相交于两点$(0,0,\pm c)$,这两点叫做双叶双曲面(4.5.4)的顶点.

(2) 范围. 由(4.5.4)式得$|z|\geqslant c$.

(3) 形状(图 4.18). 此曲面与 xOy 面无交点;与 xOz 面,yOz 面的交线分别为

$$\begin{cases}\dfrac{z^2}{c^2}-\dfrac{x^2}{a^2}=1,\\ y=0\end{cases} \quad \text{和} \quad \begin{cases}\dfrac{z^2}{c^2}-\dfrac{y^2}{b^2}=1,\\ x=0.\end{cases}$$

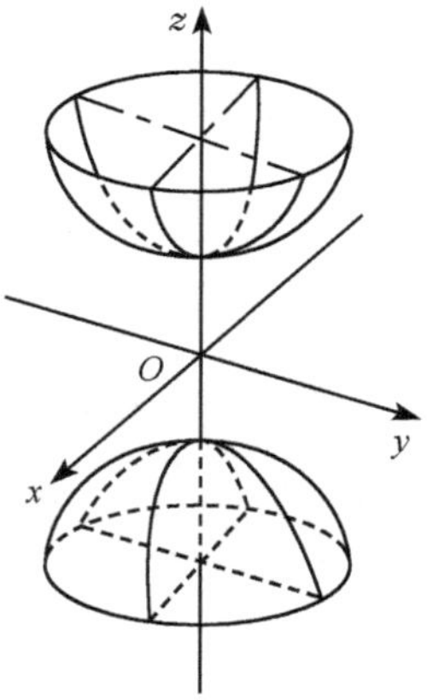

图 4.18

它们都是双曲面. 用平面 $z=h(|h|\geqslant c)$ 去截曲面得到的截痕为

$$\begin{cases}\dfrac{x^2}{a^2}+\dfrac{y^2}{b^2}=\dfrac{h^2}{c^2}-1,\\ z=h,\end{cases}$$

这是椭圆或一个点.

(4) 渐近锥面. 锥面

$$\frac{x^2}{a^2}+\frac{y^2}{b^2}-\frac{z^2}{c^2}=0$$

也是双叶双曲面(4.5.4)的渐近锥面. 双叶双曲面的图形见图 4.18.

例 4.5.2 已知单叶双曲面过点(−3,4,−2),且它的一个平面截线为

$$\begin{cases}\dfrac{x^2}{45}+\dfrac{y^2}{80}=1,\\ z=4,\end{cases}$$

求它的标准方程.

解 由题义可设所求单叶双曲面方程为 $\dfrac{x^2}{a^2}+\dfrac{y^2}{b^2}-\dfrac{z^2}{c^2}=1$,它与平面 $z=4$ 的交线为

$$\begin{cases}\dfrac{x^2}{a^2}+\dfrac{y^2}{b^2}-\dfrac{16}{c^2}=1,\\ z=4,\end{cases}$$

即

$$\begin{cases}\dfrac{x^2}{a^2\left(1+\dfrac{16}{c^2}\right)}+\dfrac{y^2}{b^2\left(1+\dfrac{16}{c^2}\right)}=1,\\ z=4\end{cases}$$

与已知截线相同,又曲面过点(−3,4,−2),就有

$$\begin{cases}a^2\left(1+\dfrac{16}{c^2}\right)=45,\\ b^2\left(1+\dfrac{16}{c^2}\right)=80,\\ \dfrac{9}{a^2}+\dfrac{16}{b^2}-\dfrac{4}{c^2}=1.\end{cases}$$

可解得 $a^2=9, b^2=16, c^2=4$，故方程为

$$\frac{x^2}{9}+\frac{y^2}{16}-\frac{z^2}{4}=1.$$

4.5.3 椭圆抛物面和双曲抛物面

定义 4.5.4 由方程

$$\frac{x^2}{p}+\frac{y^2}{q}=2z \tag{4.5.5}$$

所确定的曲面称为**椭圆抛物面**，(4.5.5)式叫做椭圆抛物面的标准方程，其中 p,q 同号.

我们讨论 $p,q>0$ 的情形，$p,q<0$ 的情形类似.

它有下述性质：

(1) 对称性. xOz 面，yOz 面是它的对称平面；z 轴是对称轴，但是它没有对称中心，它与对称轴交于点(0,0,0)，这点叫做椭圆抛物面(4.5.5)的顶点.

(2) 范围. $z\geqslant 0$，图形在 xOy 面的上方.

(3) 形状. 它与 xOz 面，yOz 面的交线分别为

$$\begin{cases}x^2=2pz,\\ y=0,\end{cases}\quad \begin{cases}y^2=2qz,\\ x=0.\end{cases}$$

这些都是抛物线，用平面 $z=h(h\geqslant 0)$ 去截此曲面得到的截痕为

$$\begin{cases}\dfrac{x^2}{p}+\dfrac{y^2}{q}=2h,\\ z=h,\end{cases}$$

它们是椭圆或一个点(图 4.19).

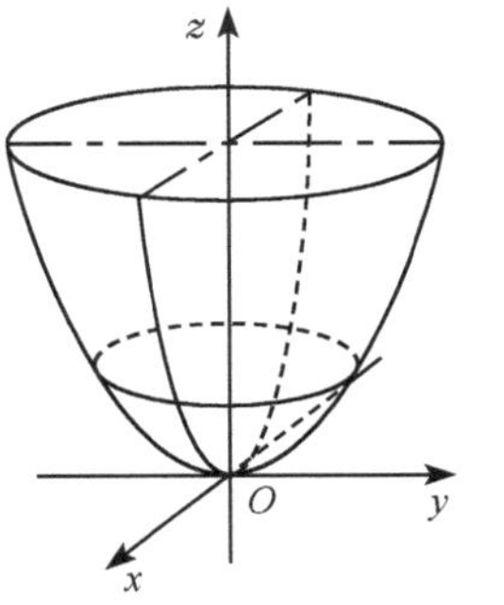

图 4.19

定义 4.5.5 由方程

$$\frac{x^2}{p}-\frac{y^2}{q}=2z \tag{4.5.6}$$

所确定的曲面称为**双曲抛物面**(或马鞍面)，(4.5.6)式叫做双曲抛物面的标准方程，其中 p,q 同号.

我们考虑 $p,q>0$ 的情形，$p,q<0$ 的情形类似.

它有下述性质：

(1) 对称性. xOz 面，yOz 面是它的对称平面；z 轴是它的对称轴，它也没有对称中心.

(2) 范围. 没有顶点，无界.

(3) 形状. 它与 xOy 面的交线为

$$\begin{cases}\dfrac{x^2}{p}-\dfrac{y^2}{q}=0,\\ z=0,\end{cases}$$

这是一对相交于原点的直线. 双曲抛物面(4.5.6)与 xOz 面, yOz 面的交线分别为

$$\begin{cases} x^2 = 2pz, \\ y = 0 \end{cases} \quad 和 \quad \begin{cases} y^2 = -2qz, \\ x = 0. \end{cases}$$

这些都是抛物线,它们叫做双曲抛物面(4.5.6)的主抛物线,它们所在的平面互相垂直,有相同的顶点与对称轴.

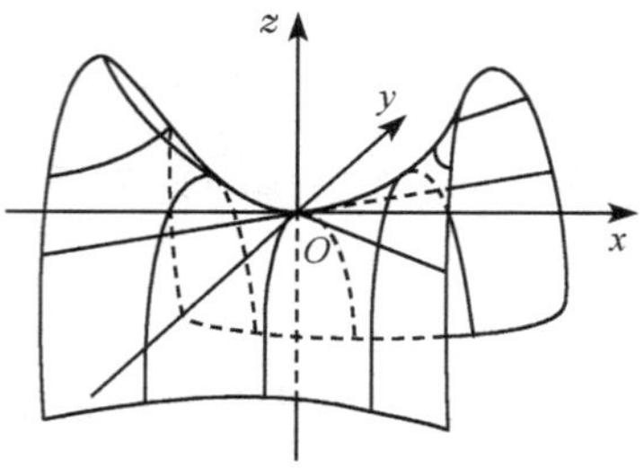

图 4.20

如果用平面 $z=h(h\neq0)$ 去截此曲面,得到的截痕为

$$\begin{cases} \dfrac{x^2}{p} - \dfrac{y^2}{q} = 2h, \\ z = h, \end{cases}$$

这是双曲线,当 $h>0$ 时,实轴平行于 x 轴;当 $h<0$ 时,实轴平行于 y 轴(图 4.20).

曲面与 $y=h$ 和 $x=h$ 的交线分别是抛物线

$$\begin{cases} x^2 = 2p\left(z + \dfrac{h^2}{2q}\right), \\ y = h \end{cases} \quad 和 \quad \begin{cases} y^2 = -2q\left(z - \dfrac{h^2}{2p}\right), \\ x = h. \end{cases}$$

双曲抛物面可以看作由抛物线 $y^2=-2qz, x=0$ 平行移动,且使它的顶点沿抛物线 $x^2=2pz, y=0$ 移动而产生的.

椭圆抛物面与双曲抛物面统称为抛物面,它们都没有对称中心,所以又叫**无心二次曲面**.

例 4.5.3 已知椭圆抛物面 $\dfrac{x^2}{a^2}+\dfrac{y^2}{b^2}=2z(a>b)$,用一族平行平面 $z=h(h>0)$ 与曲面相截交得一族椭圆,求这些椭圆焦点的轨迹方程.

解 这族椭圆方程为

$$\begin{cases} \dfrac{x^2}{2a^2h} + \dfrac{y^2}{2b^2h} = 1, \\ z = h. \end{cases}$$

由于 $a>b$,椭圆半焦距为 $\sqrt{2h(a^2-b^2)}$,故焦点坐标为

$$\begin{cases} x = \pm\sqrt{2h(a^2-b^2)}, \\ y = 0, \\ z = h. \end{cases}$$

这便是焦点轨迹的参数方程,消去 h,得

$$\begin{cases} x^2 = 2(a^2-b^2)z, \\ y = 0, \end{cases}$$

故焦点轨迹是 xOz 面上抛物线.

4.5.4　二次曲面的种类

在第 5 章中，我们将看到二次曲面只有以下十七种标准方程.

1. 椭球面

(1) 椭球面(图 4.21)：　$\dfrac{x^2}{a^2}+\dfrac{y^2}{b^2}+\dfrac{z^2}{c^2}=1$.

(2) 虚椭球面：　$\dfrac{x^2}{a^2}+\dfrac{y^2}{b^2}+\dfrac{z^2}{c^2}=-1$.

(3) 点：　$\dfrac{x^2}{a^2}+\dfrac{y^2}{b^2}-\dfrac{z^2}{c^2}=0$.

(4) 单叶双曲面(图 4.22)：　$\dfrac{x^2}{a^2}+\dfrac{y^2}{b^2}-\dfrac{z^2}{c^2}=1$.

(5) 双叶双曲面(图 4.23)：　$\dfrac{x^2}{a^2}+\dfrac{y^2}{b^2}-\dfrac{z^2}{c^2}=-1$.

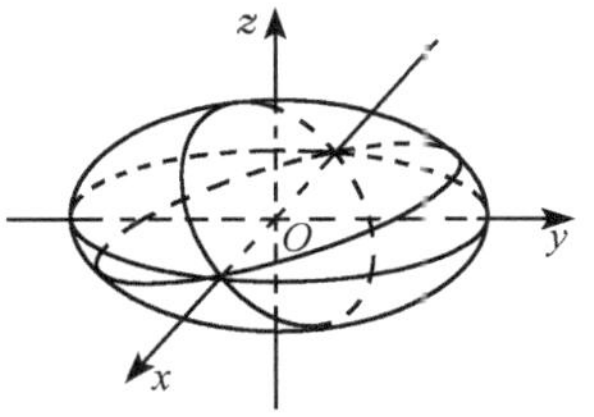

图 4.21

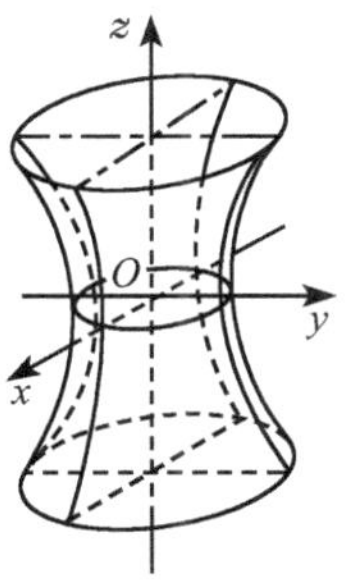

图 4.22

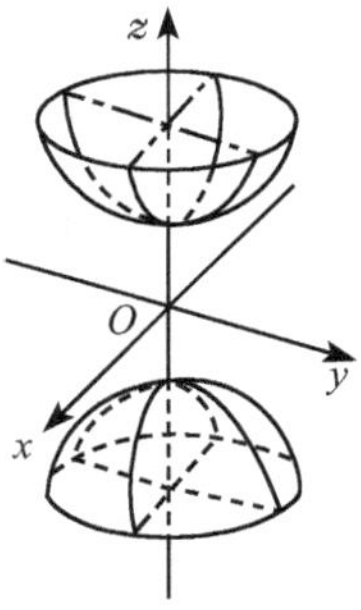

图 4.23

2. 抛物面

(6) 椭圆抛物面(图 4.24)：　$\dfrac{x^2}{p}+\dfrac{y^2}{q}=2z$.

(7) 双曲抛物面(图 4.25)　$\dfrac{x^2}{p}-\dfrac{y^2}{q}=2z$.

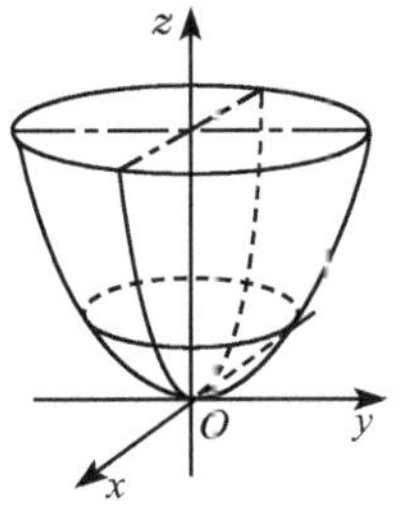

图 4.24

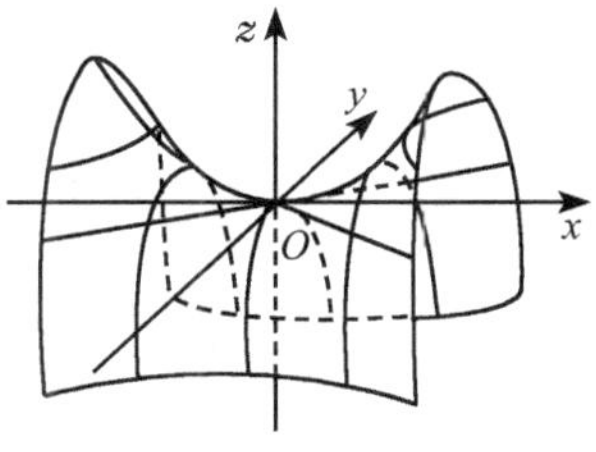

图 4.25

3. 二次锥面

(8) 二次锥面(图 4.26)： $\frac{x^2}{a^2}+\frac{y^2}{b^2}-\frac{z^2}{c^2}=0.$

4. 二次柱面

(9) 椭圆柱面(图 4.27)： $\frac{x^2}{a^2}+\frac{y^2}{b^2}=1.$

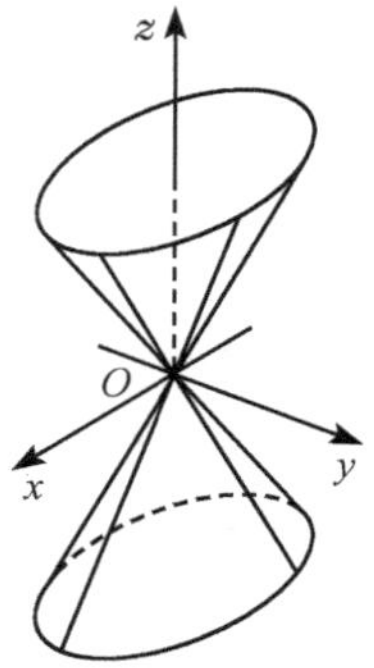

图 4.26

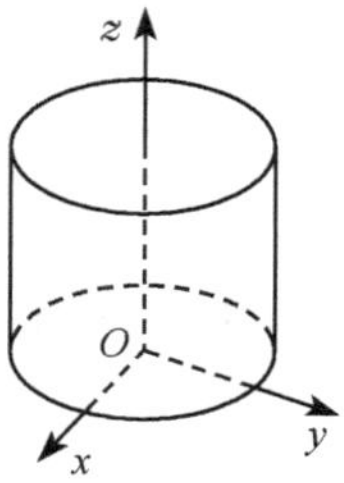

图 4.27

(10) 虚椭圆柱面： $\frac{x^2}{a^2}+\frac{y^2}{b^2}=-1$,无图形.

(11) 直线(图 4.28)： $\frac{x^2}{a^2}+\frac{y^2}{b^2}=0.$

(12) 双曲柱面(图 4.29)： $\frac{x^2}{a^2}-\frac{y^2}{b^2}=1.$

(13) 一对相交平面(图 4.30)： $\frac{x^2}{a^2}-\frac{y^2}{b^2}=0.$

(14) 抛物柱面(图 4.31)： $y^2=2px.$

(15) 一对平行平面(图 4.32)： $x^2=a^2.$

(16) 一对虚平行平面： $x^2=-a^2$,无图形.

(17) 一对重合平面(图 4.33)： $x^2=0.$

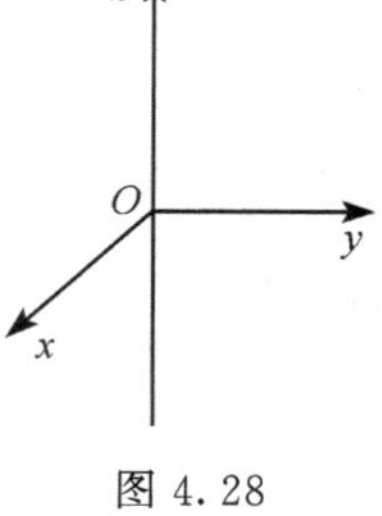

图 4.28

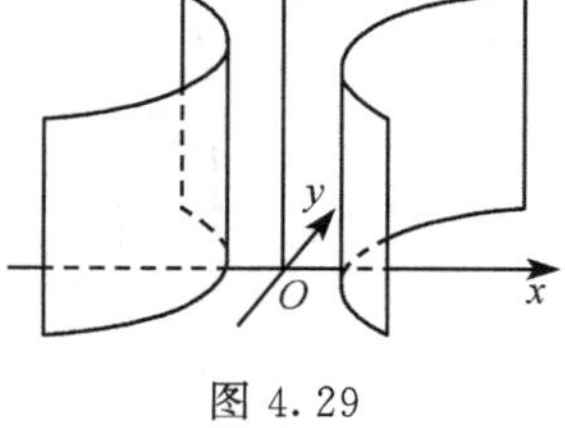

图 4.29

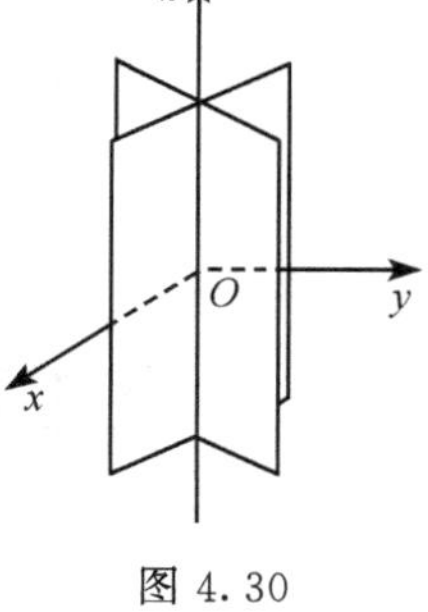

图 4.30

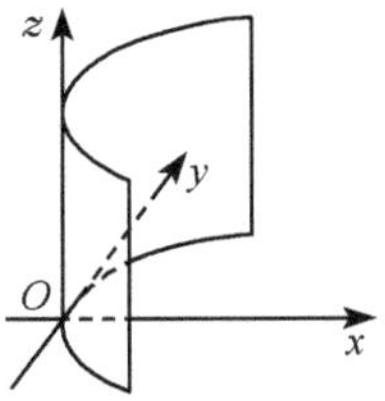

图 4.31

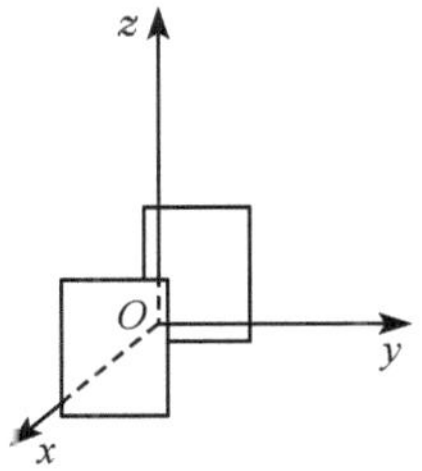

图 4.32

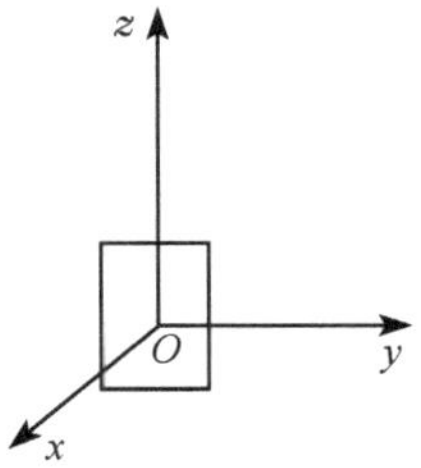

图 4.33

例 4.5.4　设方程$(k+1)x^2-y^2=(k-1)z$,当参数 k 取各种实数时,方程表示什么曲面?

解　按 $k+1$,$k-1$ 在各区间中符号的变化,可列出下表:

k 的值	$k+1$	$k-1$	方程表示的曲面
$k<-1$	$-$	$-$	椭圆抛物面
$k=-1$	0	$-$	抛物柱面
$-1<k<1$	$+$	$-$	双曲抛物面
$k=1$	$+$	0	一对相交平面
$k>1$	$+$	$+$	双曲抛物面

4.6　直　纹　面

我们看到,柱面和锥面都是由直线组成的,这种由一族直线所生成的曲面称为直纹面,确切地说:

定义 4.6.1　一曲面 Σ 称为直纹面,如果存在一族直线使得这一族中的每一条直线全在 Σ 上;并且 Σ 上的每个点都在这一族的某一条直线上,这样一族直线称为 Σ 的一族直母线.

二次曲面中哪些是直纹面?二次柱面(九种)和二次锥面(一种)都是直纹面;椭球面(三种)不是直纹面,因为它有界;双叶双曲面不是直纹面,因为当它由方程(4.5.4)给出时,平行于 xOy 面的直线不可能全在 Σ 上,与 xOy 面相交的直线也不会全在 Σ 上;类似地可知,椭圆抛物面不是直纹面;剩下两种二次曲面:单叶双曲面和双曲抛物面,我们现在来说明它们都是直纹面.

4.6.1　单叶双曲面和双曲抛物面的直母线

定理 4.6.1　单叶双曲面和双曲抛物面都是直纹面.

证明　设单叶双曲面的方程是

$$\frac{x^2}{a^2}+\frac{y^2}{b^2}-\frac{z^2}{c^2}=1. \tag{4.6.1}$$

把它改成

$$\frac{x^2}{a^2}-\frac{z^2}{c^2}=1-\frac{y^2}{b^2},$$

即

$$\left(\frac{x}{a}+\frac{z}{c}\right)\left(\frac{x}{a}-\frac{z}{c}\right)=\left(1+\frac{y}{b}\right)\left(1-\frac{y}{b}\right). \tag{4.6.2}$$

作方程组

$$\begin{cases}\lambda\left(\dfrac{x}{a}+\dfrac{z}{c}\right)=\mu\left(1+\dfrac{y}{b}\right),\\ \mu\left(\dfrac{x}{a}-\dfrac{z}{c}\right)=\lambda\left(1-\dfrac{y}{b}\right),\end{cases} \tag{4.6.3}$$

其中 λ,μ 是不同时为零的任意实数,对于确定的 λ 和 μ,(4.6.3)式表示一条直线.下面证明单叶双曲面(4.6.2)就是由直线族(4.6.3)构成的.为此,必须证明两点:

(1) 直线族(4.6.3)在单叶双曲面上.

事实上,当 λ,μ 都不等于零时,从(4.6.3)式消去参数 λ,μ,即得(4.6.1)式;当 λ,μ 有一个为零时,例如 $\lambda=0,\mu\neq 0$ 方程组(4.6.3)成为

$$1+\frac{y}{b}=0,\quad \frac{x}{a}-\frac{z}{c}=0,$$

代入(4.6.2)式也满足,因此,直线族(4.6.3)在曲面(4.6.1)上.

(2) 对于单叶双曲面上的每一点,必有直线族(4.6.3)中的一条直线通过.

事实上,设 $M_0(x_0,y_0,z_0)$ 是单叶双曲面上的任意取定的一点,由于 $1-\frac{y_0}{b}$ 与 $1+\frac{y_0}{b}$ 不可能同时为零,从

$$\begin{cases}\lambda\left(\dfrac{x_0}{a}+\dfrac{z_0}{c}\right)=\mu\left(1+\dfrac{y_0}{b}\right),\\ \mu\left(\dfrac{x_0}{a}-\dfrac{z_0}{c}\right)=\lambda\left(1-\dfrac{y_0}{b}\right)\end{cases}$$

可以求出 λ,μ 的唯一比值:

$$\frac{\lambda}{\mu}=\frac{\dfrac{x_0}{a}-\dfrac{z_0}{c}}{1-\dfrac{y_0}{b}}\quad\left(\text{如 }1-\frac{y_0}{b}\neq 0\right),\quad\text{或}\quad\frac{\mu}{\lambda}=\frac{\dfrac{x_0}{a}+\dfrac{z_0}{c}}{1+\dfrac{y_0}{b}}\quad\left(\text{如 }1+\frac{y_0}{b}\neq 0\right).$$

把上述 λ/μ 或 μ/λ 代入(4.6.3)式,即得其中的过 M_0 的一条直母线.

同样可以证明直线族：

$$\begin{cases}\lambda'\left(\dfrac{x}{a}+\dfrac{z}{c}\right)=\mu'\left(1-\dfrac{y}{b}\right),\\ \mu'\left(\dfrac{x}{a}-\dfrac{z}{c}\right)=\lambda'\left(1+\dfrac{y}{b}\right),\end{cases}\tag{4.6.4}$$

其中 λ'，μ' 取所有不全为零的实数也是单叶双曲面(4.6.1)的另一族直母线.

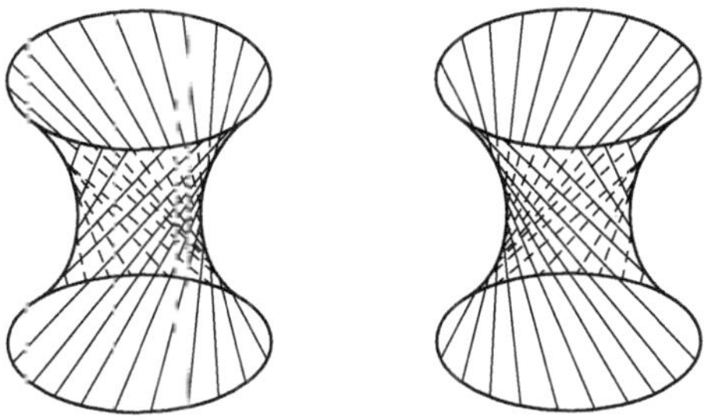

图 4.34

总之，单叶双曲面是直纹面，它有两族不同的直母线(4.6.3)和(4.6.4)式(图 4.34).

注　单叶双曲面的直母线族中的双参数可以改成单参数，比如直母线族(4.6.3)可写成

$$\begin{cases}\dfrac{x}{a}+\dfrac{z}{c}=u\left(1+\dfrac{y}{b}\right),\\ u\left(\dfrac{x}{a}-\dfrac{z}{c}\right)=1-\dfrac{y}{b}.\end{cases}$$

可简化解题中的计算，但应补上直线

$$\begin{cases}1+\dfrac{y}{b}=0,\\ \dfrac{x}{a}-\dfrac{z}{c}=0.\end{cases}$$

定理 4.6.2　在单叶双曲面上，两族直母线(4.6.3)和(4.6.4)，没有公共的直母线.

证明请读者自己补充.

例 4.6.1　求过单叶双曲面 $\dfrac{x^2}{9}+\dfrac{y^2}{4}-\dfrac{z^2}{16}=1$ 上的点(6,2,8)的直母线方程.

解　单叶双曲面 $\dfrac{x^2}{9}+\dfrac{y^2}{4}-\dfrac{z^2}{16}=1$ 的两族直母线方程为：

$$\begin{cases}\lambda\left(\dfrac{x}{3}+\dfrac{z}{4}\right)=\mu\left(1+\dfrac{y}{2}\right),\\ \mu\left(\dfrac{x}{3}-\dfrac{z}{4}\right)=\lambda\left(1-\dfrac{y}{2}\right)\end{cases}\quad 与 \quad \begin{cases}\lambda'\left(\dfrac{x}{3}+\dfrac{z}{4}\right)=\mu'\left(1-\dfrac{y}{2}\right),\\ \mu'\left(\dfrac{x}{3}-\dfrac{z}{4}\right)=\lambda'\left(1+\dfrac{y}{2}\right).\end{cases}$$

把点(6,2,8)分别代入上面两组方程,求得

$$\lambda:\mu=1:2 \quad 与 \quad \lambda'=0,$$

代入直母线族方程,求得过(6,2,8)的两组直母线分别为

$$\begin{cases}\dfrac{x}{3}+\dfrac{z}{4}=2\left(1+\dfrac{y}{2}\right),\\ 2\left(\dfrac{x}{3}-\dfrac{z}{4}\right)=1-\dfrac{y}{2}\end{cases}\quad 与 \quad \begin{cases}1-\dfrac{y}{2}=0,\\ \dfrac{x}{3}-\dfrac{z}{4}=0.\end{cases}$$

即

$$\begin{cases}4x-12y+3z-24=0,\\ 4x+3y-3z-6=0\end{cases}\quad 与 \quad \begin{cases}y-2=0,\\ 4x-3z=0.\end{cases}$$

类似的方法可以证明双曲抛物面也是直纹面.

设双曲抛物面的标准方程为

$$\frac{x^2}{a^2}-\frac{y^2}{b^2}=2z,$$

改写成

$$\left(\frac{x}{a}+\frac{y}{b}\right)\left(\frac{x}{a}-\frac{y}{b}\right)=2z.$$

作方程组

$$\begin{cases}\lambda\left(\dfrac{x}{a}+\dfrac{y}{b}\right)=2\mu,\\ \mu\left(\dfrac{x}{a}-\dfrac{y}{b}\right)=\lambda z\end{cases}\tag{4.6.5}$$

和

$$\begin{cases}\lambda'\left(\dfrac{x}{a}+\dfrac{y}{b}\right)=\mu' z,\\ \mu'\left(\dfrac{x}{a}-\dfrac{y}{b}\right)=2\lambda',\end{cases}\tag{4.6.6}$$

其中 λ,μ 和 λ',μ' 各是不全为零的实数. 当 λ,μ 和 λ',μ' 分别取确定的值时,方程组(4.6.5)和(4.6.6)各表示一条直线,当 λ,μ 和 λ',μ' 的值变化时,就得到两族直线(图 4.35).

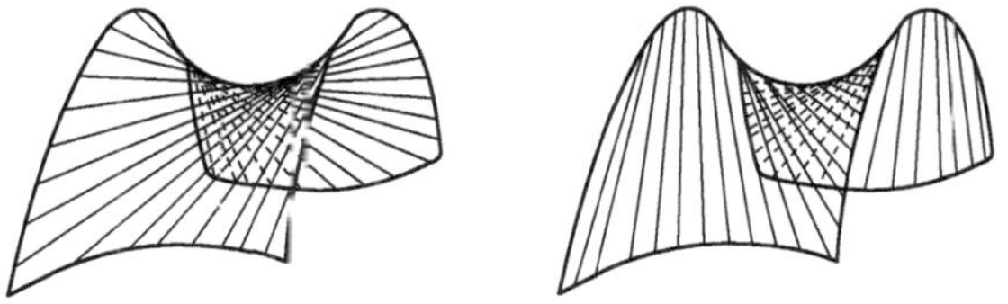

图 4.35

例 4.6.2　在双曲抛物面$\frac{x^2}{16}-\frac{y^2}{4}=2z$上求平行于平面$3x+2y-z+1=0$的直母线方程.

解　因为$\left(\frac{x}{4}-\frac{y}{2}\right)\left(\frac{x}{4}+\frac{y}{2}\right)=2z$,可设直母线方程为

$$\begin{cases}\frac{x}{4}+\frac{y}{2}=2u,\\ u\left(\frac{x}{4}-\frac{y}{2}\right)=z\end{cases}\quad 和 \quad \begin{cases}\frac{x}{4}-\frac{y}{2}=2v,\\ v\left(\frac{x}{4}+\frac{y}{2}\right)=z.\end{cases}$$

即

$$\begin{cases}x+2y-8u=0,\\ ux-2uy-4z=0\end{cases}\quad 和 \quad \begin{cases}x-2y-8v=0,\\ vx+2vy-4z=0.\end{cases}$$

它们的方向向量分别为

$$\{1,2,0\}\times\{u,-2u,-4\}=\{-8,4,-4u\}$$

和

$$\{1,-2,0\}\times\{v,2v,-4\}=\{8,4,4v\},$$

直母线与已知平面平行,故有

$$\{3,2,-1\}\cdot\{-8,4,-4u\}=0 \quad 和 \quad \{3,2,-1\}\cdot\{8,4,4v\}=0,$$

得$u=4,v=8$,所求直母线为

$$\begin{cases}x+2y-32=0,\\ x-2y-z=0\end{cases}\quad 和 \quad \begin{cases}x-2y-64=0,\\ 2x+4y-z=0.\end{cases}$$

4.6.2　直母线的性质

单叶双曲面与双曲抛物面的直母线还有下面的一些性质.

定理 4.6.3　单叶双曲面上异族的任意两直母线必共面,而双曲抛物面上异族的任意两直母线必相交.

证明　我们只证前一部分,后面部分留给读者完成.

在单叶双曲面的两直母线族中各取一条：

$$\begin{cases}\lambda\left(\dfrac{x}{a}+\dfrac{z}{c}\right)=\mu\left(1+\dfrac{y}{b}\right),\\ \mu\left(\dfrac{x}{a}-\dfrac{z}{c}\right)=\lambda\left(1-\dfrac{y}{b}\right)\end{cases}\quad 与\quad \begin{cases}\lambda'\left(\dfrac{x}{a}+\dfrac{z}{c}\right)=\mu'\left(1-\dfrac{y}{b}\right),\\ \mu'\left(\dfrac{x}{a}-\dfrac{z}{c}\right)=\lambda'\left(1+\dfrac{y}{b}\right).\end{cases}$$

由这四个方程的系数和常数项所组成的行列式

$$\begin{vmatrix}\dfrac{\lambda}{a} & -\dfrac{\mu}{b} & \dfrac{\lambda}{c} & -\mu\\ \dfrac{\mu}{a} & \dfrac{\lambda}{b} & -\dfrac{\mu}{c} & -\lambda\\ \dfrac{\lambda'}{a} & \dfrac{\mu'}{b} & \dfrac{\lambda'}{c} & -\mu'\\ \dfrac{\mu'}{a} & -\dfrac{\lambda'}{b} & -\dfrac{\mu'}{c} & -\lambda'\end{vmatrix}=-\frac{1}{abc}\begin{vmatrix}\lambda & -\mu & \lambda & \mu\\ \mu & \lambda & -\mu & \lambda\\ \lambda' & \mu' & \lambda' & \mu'\\ \mu' & -\lambda' & -\mu' & \lambda'\end{vmatrix}$$

$$=-\frac{4}{abc}(\lambda\lambda'\mu\mu'-\lambda\lambda'\mu\mu')=0.$$

根据例 3.7.2 知道这两直线一定是共面的. 所以单叶双曲面上异族的两直母线必共面.

定理 4.6.4 单叶双曲面或双曲抛物面上同族的任意两直母线总是异面直线.

证明方法与定理 4.6.3 相同.

定理 4.6.5 双曲抛物面同族的所有直母线都平行于一个定平面.

证明 在双曲面抛物面的直母线族(4.6.5)中对于任意 $\lambda:\mu$，方程组(4.6.5)中第一式 $\lambda\left(\dfrac{x}{a}+\dfrac{y}{b}\right)=2\mu$，表示与平面 $\dfrac{x}{a}+\dfrac{y}{b}=0$ 平行的平面. 因而族中的所有直母线都平行于这个平面.

同理，另一组直母线都平行于平面 $\dfrac{x}{a}-\dfrac{y}{b}=0$.

仿单叶双曲面或双曲抛物面建立直母线组的方法，也可以求其他直纹面的直母线族. 例如，对于一般二次直纹面(指非标准方程)的直母线的一种求法是：设二次方程可写成 $f(x,y,z)g(x,y,z)=h(x,y,z)k(x,y,z)$，其中 f,g,h,k 是 x,y,z 的一次式或常数，则这曲面有直母线族

$$\begin{cases}u_1f(x,y,z)=u_2h(x,y,z),\\ u_2g(x,y,z)=u_1k(x,y,z)\end{cases}\quad 和\quad \begin{cases}v_1f(x,y,z)=v_2k(x,y,z),\\ v_2g(x,y,z)=v_1h(x,y,z).\end{cases}$$

例 4.6.3 说明方程 $(x+y)(y+z)=x+2y+z$ 表示一个柱面，并求过(1,1,1)

的直母线方程.

解　曲面有直母线族

$$\begin{cases}x+y=u,\\u(y+z)=x+2y+z\end{cases} \quad 和 \quad \begin{cases}y+z=v,\\v(x+y)=x+2y+z.\end{cases}$$

即

$$\begin{cases}x+y-u=0,\\x+(2-u)y+(1-u)z=0\end{cases} \quad 和 \quad \begin{cases}y+z-v=0,\\(1-v)x+(2-v)y+z=0.\end{cases}$$

它们的方向向量分别为

$$\{1,1,0\}\times\{1,2-u,1-u\}=\{-u+1,u-1,-u+1\},$$

和

$$\{0,1,1\}\times\{1-v,2-v,1\}=\{v-1,-v+1,v-1\},$$

因此它们方向都平行于$\{1,-1,1\}$,也即过曲面上任一点,有固定方向$\{1,-1,1\}$的一条直母线通过,故曲面是柱面. 过(1,1,1)的直母线方程是

$$\frac{x-1}{1}=\frac{y-1}{-1}=\frac{z-1}{1}.$$

4.7　曲面所围成的区域

4.7.1　画空间图形常用的三种方法

在纸上画空间图形时,常 用的有三种方法.

(1) 斜二测法. 让 z 轴铅直向上,y 轴水平向右,x 轴与 y 轴,x 轴与 z 轴分别成 135°角. 规定 y 轴与 z 轴的单位长度相等;而 x 轴的单位长度为 y 轴单位长度的一半(图 4.36).

(2) 正等测法. 让 z 轴铅直向上,x 轴,y 轴和 z 轴两两成 120°角;规定三条轴的单位长度相等(图 4.37).

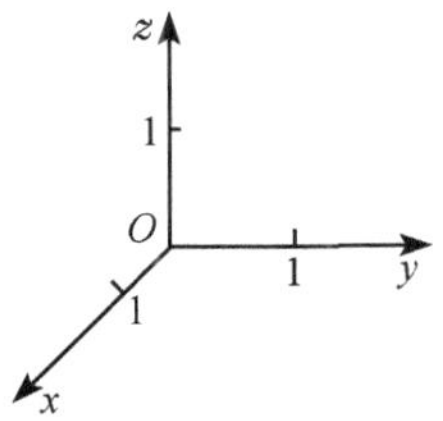

图 4.36

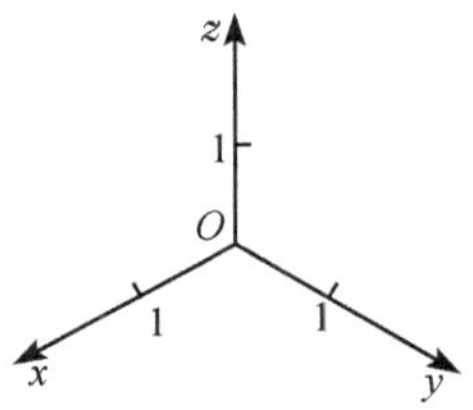

图 4.37

(3) 正二测法. 让 z 轴铅直向上, x 轴与 z 轴的夹角为 $90°+\alpha$, 其中 α 是锐角, 且 $\tan\alpha\approx\dfrac{7}{8}(41°)$; y 轴与 z 轴的夹角为 $90°+\beta$, 其中 β 是锐角, 且 $\tan\beta\approx\dfrac{1}{8}(7°)$. 规定 z 轴和 y 轴的单位长度相等, x 轴的单位长度为 y 轴单位长度的一半(图 4.38). 有时, 也让 x 轴与 z 轴的夹角 $90°+\beta$, 其中 $\tan\beta\approx\dfrac{1}{8}$; 让 y 轴的负向与 z 轴的夹角为 $90°+\alpha$, 其中 $\tan\alpha\approx\dfrac{7}{8}$; 此时 x 轴与 z 轴的单位长度相等, y 轴的单位长度为 z 轴单位长度的一半(图 4.39).

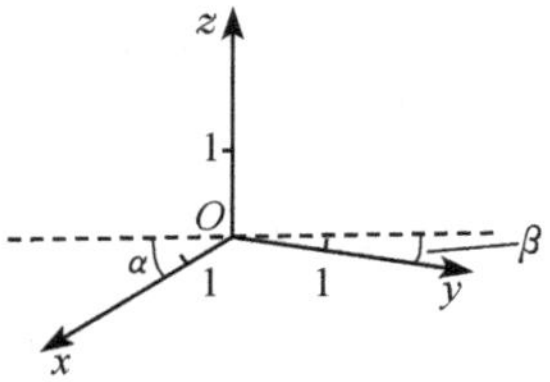

图 4.38

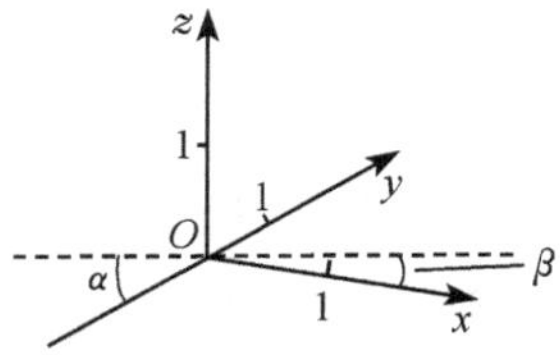

图 4.39

一般来说, 采用正二测法画出的图形较逼真. 我们现在用正二测法画空间中的一个圆, 它的方程是

$$\begin{cases}x^2+z^2=1,\\ y=2.\end{cases}$$

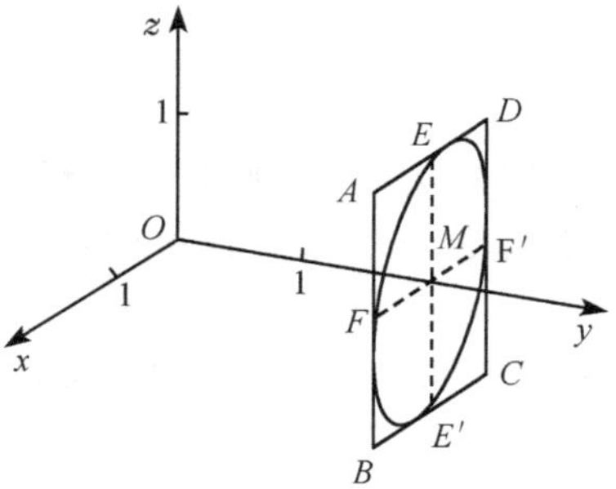

图 4.40

先过点 $M(0,2,0)$ 分别作 z 轴, x 轴的平行线, 并截取 $ME=ME'=1$(z 轴单位长), 截取 $MF=MF'=1$(x 轴单位长). 过 E,E',F,F' 分别作 x 轴, z 轴的平行线, 相交成一个平行四边形 $ABCD$, 再作它的内切椭圆, 使切点为 E,E',F,F'. 则所画的这个内切椭圆就是我们所要画的空间中的圆(图 4.40)(注: 在画出直线 EE', FF' 后, 也可用描点法画出我们所要画的图).

画空间中的椭圆的方法与上述类似. 画空间中的双曲线或抛物线时, 先画出它们所在的平面(若它平行于坐标面, 则类似于上述画直线 EE' 和 FF'), 然后在这个平面内用描点法画出双曲线或抛物线. 我们已经会画空间中的椭圆、双曲线和抛物线, 从而也就容易画出 4.5 中用标准方程给出的二次曲面了. 例如, 画单叶双曲面

$$\frac{x^2}{a^2}+\frac{y^2}{b^2}-\frac{z^2}{c^2}=1,$$

只要先画出用 $z=\pm h$ 截曲面所得的截痕椭圆以及腰椭圆，再画出曲面与 xOz 面，yOz 面相交所得的双曲线，最后画出必要的轮廓线就可以了(图 4.17).

4.7.2　曲线在坐标面上的射影，曲面的交线的画法

空间中任一点 M 以及它在三个坐标面上的射影点 M_1, M_2, M_3，这四个点中，只要知道了其中两个点，就可以画出另外两个点. 譬如，若知道了 M_2, M_3 两个点，则只要分别过 M_2, M_3 画出平行于相应坐标轴的直线，它们的交点就是 M 点，再过 M 画平行于 z 轴的直线，它与 xOy 面的交点就是 M_1(图 4.41).

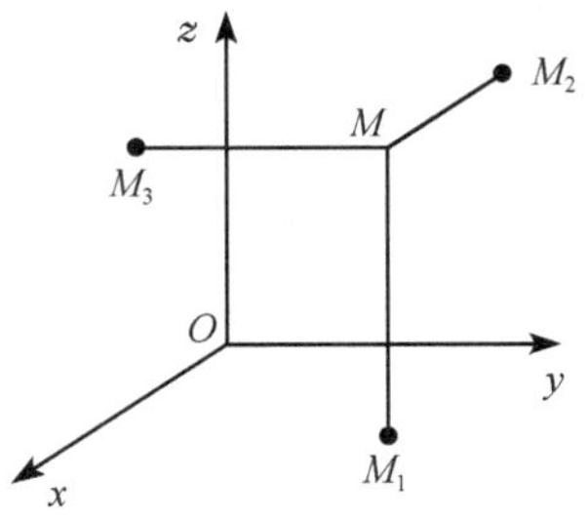

图 4.41

根据上述道理，为了画出两个曲面的交线 C，就只要先画出 C 上每个点在某两个坐标面上的射影点.

曲线 C 上的所有点在 xOy 面上的射影点组成的曲线称为 C 在 xOy 面上的**射影曲线**，或简称**射影**. 显然曲线 C 在 xOy 面上的射影就是以 C 为准线、母线平行于 z 轴的柱面与 xOy 面的交线，这个柱面称为 C 关于 xOy 面(或沿 z 轴)的射影柱面. 类似地可定义 C 关于 xOz 面(或沿 y 轴)，yOz 面(或沿 x 轴)的射影柱面.

设空间曲线 C 的一般方程为

$$\begin{cases} F(x,y,z)=0, \\ G(x,y,z)=0, \end{cases}$$

设方程组消去变量 z 后所得的方程为

$$H(x,y)=0,$$

这就是曲线 C 关于 xOy 面的射影柱面.

这是因为，一方面方程 $H(x,y)=0$ 表示一个母线平行于 z 轴的柱面，另一方面方程 $H(x,y)=0$ 是由方程组消去变量 z 后所得的方程，因此当 x,y,z 满足方程组时，前两个数 x,y 必定满足方程 $H(x,y)=0$，这就说明曲线 C 上的所有点都在方程 $H(x,y)=0$ 所表示的曲面上，即曲线 C 在方程 $H(x,y)=0$ 表示的柱面上. 所以方程 $H(x,y)=0$ 表示的柱面就是曲线 C 关于 xOy 面的射影柱面.

曲线 C 在 xOy 面上的射影曲线方程为

$$\begin{cases} H(x,y)=0, \\ z=0. \end{cases}$$

同理可得曲线 C 在 yOz 面和 zOx 面上的射影曲线方程.

例 4.7.1　已知两球面的方程为

$$x^2+y^2+z^2=1 \quad 和 \quad x^2+(y-1)^2+(z-1)^2=1,$$

求它们的交线 C 在 xOy 面上的射影曲线方程.

解 先将方程 $x^2+(y-1)^2+(z-1)^2=1$ 化为

$$x^2+y^2+z^2-2y-2z=-1,$$

然后与方程 $x^2+y^2+z^2=1$ 相减得

$$y+z=1.$$

将 $z=1-y$ 代入 $x^2+y^2+z^2=1$,得

$$x^2+2y^2-2y=0.$$

这就是交线 C 在 xOy 面上的射影柱面方程. 两球面的交线 C 在 xOy 面上的射影方程为

$$\begin{cases}x^2+2y^2-2y=0,\\ z=0.\end{cases}$$

例 4.7.2 作出两柱面 $x^2+y^2=1$ 与 $y^2+z^2=1$ 在第一卦限里的交线.

解 这是两个轴线分别为 z 轴与 x 轴的圆柱面,而且半径都等于 1,它们在第一卦限里的交线方程为

$$\begin{cases}x^2+y^2=1,\\ y^2+z^2=1,\end{cases}\quad x\geqslant 0,y\geqslant 0,z\geqslant 0,$$

在 xOy 面上的射影为圆的 $\frac{1}{4}$,即弧 $\overset{\frown}{AB}$(图 4.42),其方程为

$$\begin{cases}x^2+y^2=1,\\ z=0,\end{cases}\quad x\geqslant 0,y\geqslant 0.$$

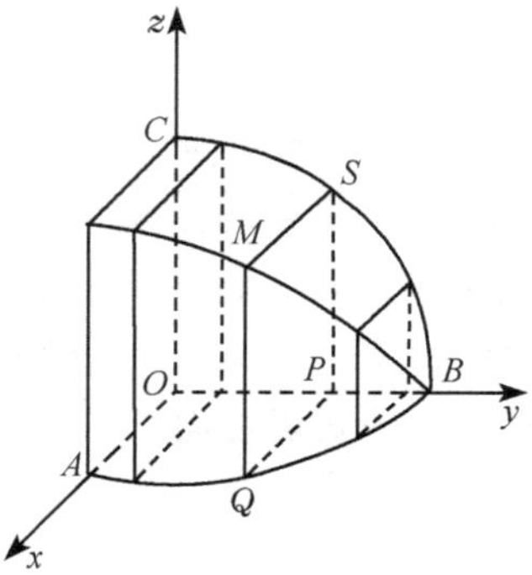

图 4.42

而在 yOz 面上的射影为圆的 $\frac{1}{4}$,即弧 $\overset{\frown}{BC}$(图 4.42),其方程为

$$\begin{cases}y^2+z^2=1,\\ x=0,\end{cases}\quad y\geqslant 0,z\geqslant 0,$$

用斜二测法作图如图 4.42 所示.

例 4.7.3 求曲线 C

$$\begin{cases}x^2+y^2+z^2=4, & (4.7.1)\\ x^2+y^2-2x=0 & (4.7.2)\end{cases}$$

在各坐标面上的射影方程,并且画出曲线 C 及其在各坐标面上的射影(这条曲线 C 称为维维安尼曲线).

解 C 关于 xOy 面(或沿 z 轴)的射影柱面的方程应当不含 z,且 C 上的点应适合这个方程,显然方程(4.7.2)就符合要求. 但是要注意,一般说来,射影柱面可

能只是柱面(4.7.2)的一部分,这要根据曲线 C 上的点的坐标有哪些限制来决定.对于本题来说,由方程(4.7.1)知,C 上的点应满足

$$|x| \leqslant 2,\quad |y| \leqslant 2,\quad |z| \leqslant 2.$$

显然满足方程(4.7.2)的点均满足这些要求,因此整个柱面(4.7.2)都是关于 xOy 面(或沿 z 轴)的射影柱面,从而 C 在 xOy 面上的射影方程是

$$\begin{cases} x^2 + y^2 - 2x = 0, \\ z = 0. \end{cases} \tag{4.7.3}$$

为了求 C 关于 xOz 面(或沿 y 轴)的射影柱面,应当从 C 的方程中设法得到一个不含 y 的方程.用(4.7.1)式减去(4.7.2)式即得

$$z^2 + 2x = 4. \tag{4.7.4}$$

由于 C 上的点应满足 $|z| \leqslant 2$,所以 C 关于 xOz 面(或沿 y 轴)的射影柱面只是柱面(4.7.4)中满足 $|z| \leqslant 2$ 的那一部分,于是 C 在 xOz 面上的射影的方程是

$$\begin{cases} z^2 + 2x = 4, \\ y = 0, \end{cases}$$

其中 $|z| \leqslant 2$.

类似地可求得 C 在 yOz 面上的射影方程为

$$\begin{cases} 4y^2 + (z^2 - 2)^2 = 4, \\ x = 0. \end{cases}$$

C 在 xOy 面上的射影是一个圆,在 xOz 面上的射影是抛物线的一段.这两个射影比较好画,因此先画出 C 的这两个射影,然后画出曲线 C 以及它在 yOz 面上的射影,由于曲线 C 关于 xOy 面对称,所以我们只画出 xOy 面上方的那一部分(图 4.43).

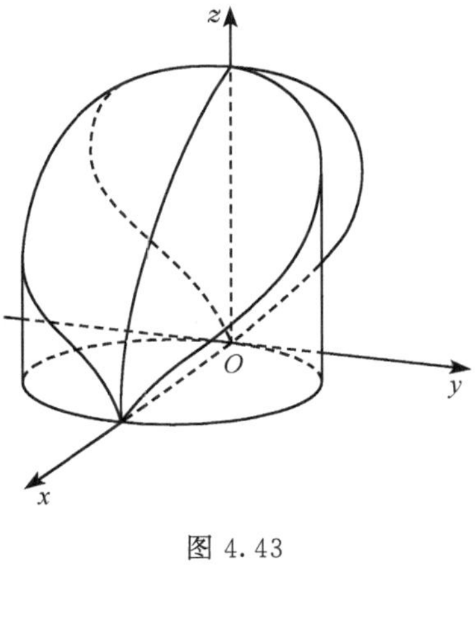

图 4.43

4.7.3　曲面所围成的区域的画法

几个曲面或平面所围成的空间的区域可用几个不等式联立起来表示.如何画出这个区域?关键是要画出相应曲面的交线,随之,所求区域也就表示出来了.

例 4.7.4　画出由曲面

$$z = \sqrt{a^2 - x^2 - y^2} \quad 与 \quad z = \sqrt{x^2 + y^2} - a,\quad a > 0$$

所围成的立体的图形.

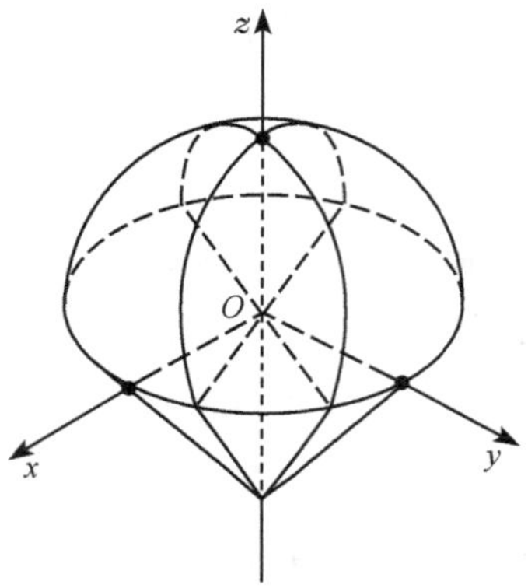

图 4.44

解 方程 $z=\sqrt{a^2-x^2-y^2}$，即 $x^2+y^2+z^2=a^2(z\geqslant 0)$，它表示球面的上半球面. 而方程 $z=\sqrt{x^2+y^2}-a$，即 $x^2+y^2-(z+a)^2=0(z+a\geqslant 0)$，它表示圆锥面的上半锥面，圆锥面的顶点在 $(0,0,-a)$. 两曲面的交线为

$$\begin{cases}z=\sqrt{a^2-x^2-y^2},\\ z=\sqrt{x^2+y^2}-a,\end{cases} \Leftrightarrow \begin{cases}x^2+y^2=a^2,\\ z=0.\end{cases}$$

交线为 xOy 平面上的圆，圆心为原点，半径为 a. 两曲面围成的图形如图 4.44 所示.

它是用正等测法画出的，图形的上半部分是半球面，下半部是圆锥面的一部分.

例 4.7.5 用不等式组表示下列曲面或平面所围成的区域，并画图.

$$x^2+y^2=2z,\quad x^2+y^2=4x,\quad z=0.$$

解 $x^2+y^2=2z$ 是顶点在原点 $(0,0,0)$，开口朝上的椭圆抛物面；$x^2+y^2=4x$ 是半径为 2 的圆柱面，其对称轴过点 $(2,0,0)$ 且平行于 z 轴；$z=0$ 是 xOy 面. 因此它们所围成的区域应当是在 xOy 面的上方，在椭圆抛物面下方，在圆柱面里面，于是这个区域可表示成

$$\begin{cases}z\geqslant 0,\\ x^2+y^2\geqslant 2z,\\ x^2+y^2\leqslant 4x.\end{cases}$$

为了画出这个区域，关键是要画出椭圆抛物面与圆柱面的交线

$$C:\begin{cases}x^2+y^2=2z,\\ x^2+y^2=4x,\end{cases}$$

C 在 xOy 面上的射影为

$$\begin{cases}x^2+y^2=4x,\\ z=0.\end{cases}$$

C 在 xOz 面上的射影为

$$\begin{cases}z=2x,\\ y=0,\end{cases}\quad 0\leqslant x\leqslant 4.$$

由 C 的两个射影可画出 C，再画出圆柱面和椭圆抛物面，则所求的区域就画出来了(图 4.45).

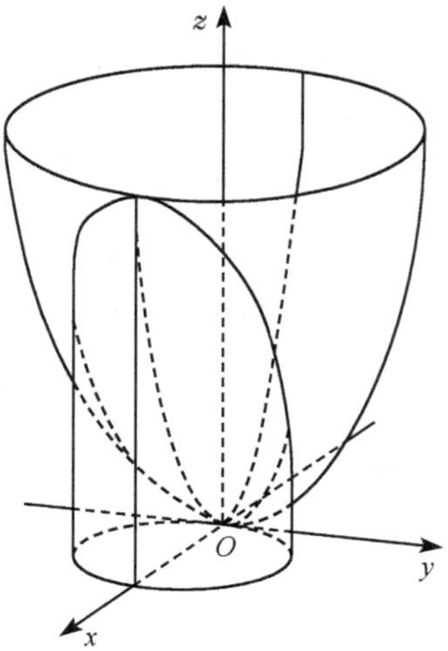

图 4.45

结　束　语

解析几何所要研究的一个中心课题有两个方面，一是已知一曲面的几何形状时，建立此曲面的方程；二是已知坐标 x，y 和 z 间的一个方程时，研究这方程所表示的曲面的性质和几何形状.

本章就是根据这两个中心内容，对一些比较常见的方程或图形阐明研究的基本方法和有广泛应用的基本结果.

首先，柱面、锥面、旋转曲面与二次曲面是解析几何的主要内容，由于柱面、锥面、旋转曲面有着明显的几何特征，我们着重建立它们的一般方程. 要特别注意这些曲面的几何特征，熟悉掌握建立它们的方程的一般方法.

其次，根据椭球面、双曲面和抛物面这样的二次曲面，它们的几何特征不像柱面、锥面、旋转曲面那样十分明显，但是它们的标准方程却表现出特殊的简单形式，因此在这种情形下，我们从它们的方程出发对方程进行讨论，讨论它们的几何性质及图形的描绘.

关于上述曲面的作图，主要采用平行平面截线法，特别是平行于各坐标面的平面与曲面的截痕，把这种方法同曲面与坐标面的截痕结合起来，可以大致了解曲面的形状.

后面我们要指出二次曲面的分类问题，任何非退化的二次曲面，只能是椭球面、椭圆抛物面、双曲抛物面、单叶双曲面和双叶双曲面中一种（见第 5 章）. 因此，通过这一章的学习，对所有二次曲面的几何性质有了一个比较清楚的了解，同时，也是平面上的二次曲线在三维欧氏空间中的推广.

练　习　题

本章所用的坐标系都是直角坐标系.

一、基　础　题

1. 求下列点的轨迹方程：

(1) 设动点与点(1,0,0)的距离等于从这点到平面 $x=4$ 的距离的一半，试求此动点的轨迹；

(2) 选取适当的直角坐标系，设两定点 A，B 间的距离为 a，求到两定点距离之比为常数 m 的点的轨迹.

2. 平面 $x=c$ 与 $x^2+y^2-2x=0$ 的公共点组成怎样的轨迹？

3. 下列方程表示什么图形：

(1) $y=a$；　(2) $x^2-y^2=0$；　(3) $xy=0$；　(4) $xyz=0$.

4. 求下列各球面的方程：

(1) 一条直径的两端点是(2,−3,5)与(4,1,−3)；

(2) 通过原点与(4,0,0)，(1,3,0)，(0,0,−4)；

(3) 过点$(-1,2,5)$，且与3个坐标平面相切；

(4) 过点$(\sqrt{2},\sqrt{2},2)$，且包含圆$\begin{cases}x^2+y^2=4,\\ z=0.\end{cases}$

5. 求下列圆的圆心及半径：

(1) $\begin{cases}x^2+y^2+z^2=4,\\ x+y+z-3=0;\end{cases}$　(2) $\begin{cases}x^2+y^2+z^2=5,\\ x^2+y^2+z^2+x+2y+3z-7=0.\end{cases}$

6. 求证曲线$\begin{cases}x=a\cos^2 t,\\ y=a\sin^2 t,\\ z=a\sqrt{2}\sin t\cos t,\end{cases}$ $0\leqslant t<\pi(a>0)$表示一圆，求其圆的圆心和半径.

7. 证明两个球面

$$S_i:\quad x^2+y^2+z^2+A_ix+B_iy+C_iz+D_i=0,\quad i=1,2,$$

交线圆所在平面为

$$(A_1-A_2)x+(B_1-B_2)y+(C_1-C_2)z+(D_1-D_2)=0.$$

8. 已知柱面的准线为

$$\begin{cases}(x-1)^2+(y+3)^2+(z-2)^2=25,\\ x+y-z+2=0,\end{cases}$$

求满足下列条件的柱面方程(1)母线平行于x轴；(2)母线平行于直线$x=y,z=c$.

9. 求满足下列条件的柱面方程：

(1) 准线方程为$\begin{cases}x=y^2+z^2,\\ x=2z,\end{cases}$母线垂直于准线所在的平面；

(2) 准线方程为$\begin{cases}x^2+y^2+z^2=4,\\ x^2+(y-3)^2+z^2=4,\end{cases}$母线方向为$\{1,1,-1\}$.

10. 准线为圆$\begin{cases}x^2+y^2=25,\\ z=0\end{cases}$且母线的方向向量为$\{5,3,2\}$，求柱面的参数方程.

11. 空间中下列方程各表示什么图形，并作出图形：

(1) $4x^2+9y^2=16$；(2) $y^2-z^2=4$；(3) $x^2=4z$；(4) $x^2-2x+y=0$.

12. 已知直线$L:\dfrac{x}{l}=\dfrac{y}{m}=\dfrac{z}{n}$，试证明以$L$为轴，半径为$R$的圆柱面的方程为

$$(lx+my+nz)^2=(l^2+m^2+n^2)(x^2+y^2+z^2-R^2).$$

13. 求过三条平行直线$x=y=z,x+1=y=z-1$与$x-1=y+1=z-2$的圆柱面方程.

14. 已知圆柱面轴的方程为$\dfrac{x}{1}=\dfrac{y-1}{-2}=\dfrac{z+1}{-2}$，点$(1,-2,1)$在此圆柱面上，求此圆柱面的方程.

15. 试说明下列方程所表示的曲面是柱面：

(1) $(x+y)(y+z)=x+2y+z$；

(2) $y^2+2yz+z^2=1-x^2$；

(3) $(x+y+z)^2=(x-y-z)^2$.

16. 求锥面方程：

(1) 顶点为(0,0,0)，准线为$\begin{cases}x^2-2z+1=0,\\ y-z+1=0;\end{cases}$

(2) 顶点为(0,0,0)，准线为$\begin{cases}f(x,y)=0,\\ z=k(\neq 0);\end{cases}$

(3) 顶点为(3,−1,−2)，准线为$\begin{cases}x^2+y^2-z^2=1,\\ x-y+z=0.\end{cases}$

17. 求经过原点引球面$(x-5)^2-(y+1)^2+z^2=16$的切线的轨迹方程.

18. 求顶点为(1,2,4)，轴与平面$2x+2y+z=0$垂直，且经过点(3,3,7)的圆锥面的方程.

19. 已知直线$L:\dfrac{x}{l}=\dfrac{y}{m}=\dfrac{z}{n}$，试证明以$L$为轴，原点为顶点，半顶角为$\alpha$的圆锥面的方程为$(lx+my+nz)^2=\cos^2\alpha\cdot(l^2+m^2-n^2)(x^2+y^2+z^2)$.

20. 已知圆锥面的顶点为(1,2,3)，轴垂直于平面$2x+2y-z+1=0$，母线与轴的夹角为30°，求该圆锥面的方程.

21. 说明下列曲面的形状，若是锥面，求其顶点：

(1) $xy+yz+zx=0$；　(2) $(y+z-x-1)^3=(z+x-y-1)^2(x+y-z-1)$.

22. 求下列旋转曲面的方程：

(1) $\dfrac{x-1}{1}=\dfrac{y+1}{-1}=\dfrac{z-1}{2}$绕$\dfrac{x}{1}=\dfrac{y}{-1}=\dfrac{z-1}{2}$旋转；

(2) $\dfrac{x-1}{1}=\dfrac{y}{-3}=\dfrac{z}{3}$绕$z$轴旋转；

(3) 曲线$\begin{cases}x=z^2,\\ x^2+y^2=1\end{cases}$绕直线$\begin{cases}x=2t,\\ y=0,\\ z=3t\end{cases}$旋转.

23. 将直线$\dfrac{x}{\alpha}=\dfrac{y-\beta}{0}=\dfrac{z}{1}$绕$z$轴旋转，求这旋转面的方程，并就$\alpha,\beta$可能的值讨论这是什么曲面？

24. 证明下列方程表示的图形为旋转曲面：

(1) $z=\dfrac{1}{x^2+y^2}$；　(2) $y^2=\sqrt{x^2+z^2}$.

25. 求证

$$\begin{cases}x=a(\cos u+\cos v),\\ y=a(\sin u+\sin v),\\ z=b(u-v)\end{cases}$$

是旋转面，这里$a,b\neq 0$且a,b是常数.

26. 求平面$z=1$截椭球面$\dfrac{x^2}{16}+\dfrac{y^2}{12}+\dfrac{z^2}{4}=1$所得的椭圆的四顶点坐标，并作出草图.

27. 已知椭球面的对称轴与坐标轴重合，且通过椭圆

$$\begin{cases}\dfrac{x^2}{4}+\dfrac{y^2}{9}=1,\\ z=0\end{cases}$$

和点 $A(1,2,-\sqrt{11})$，求椭球面方程.

28. 求与方向 $\{l,m,n\}$ 平行且与椭球面 $\dfrac{x^2}{a^2}+\dfrac{y^2}{b^2}+\dfrac{z^2}{c^2}=1$ 相切的直线的轨迹方程.

29. 试对 k 的不同值，讨论 $z=kx$ 与单叶双曲面 $x^2+y^2-z^2=1$ 的交线的形状.

30. 已知单叶双曲面方程为 $\dfrac{x^2}{16}+\dfrac{y^2}{9}-\dfrac{z^2}{4}=1$，求两个平面使它们分别平行于 yOz 面和 zOx 面，且与曲面的交线是一对直线.

31. 画出以下双曲面的图形：

(1) $\dfrac{x^2}{16}-\dfrac{y^2}{9}+\dfrac{z^2}{4}=1$；　(2) $\dfrac{x^2}{16}-\dfrac{y^2}{4}+\dfrac{z^2}{9}=-1$.

32. 试验证单叶双曲面与双叶双曲面的参数方程分别为：

$$\begin{cases}x=a\sec u\cos v,\\ y=b\sec u\sin v,\\ z=c\tan u\end{cases}\quad 与 \quad \begin{cases}x=a\tan u\cos v,\\ y=b\tan u\sin v,\\ z=c\sec u.\end{cases}$$

33. 已知椭圆抛物面的顶点在原点，对称面为 xOz 面与 yOz 面，且过点 $(1,2,6)$ 和 $\left(\dfrac{1}{3},-1,1\right)$，求这个椭圆抛物面的方程.

34. 画出下列方程所代表的图形：

(1) $\dfrac{x^2}{4}+\dfrac{y^2}{9}+z=1$；　(2) $\begin{cases}x=y^2+z^2,\\ z=2.\end{cases}$

35. 当 k 取各种实数值时，方程

$$(k-3)x^2+y^2=(k+3)z$$

表示什么曲面？

36. 求一个二次曲面的方程，使这个二次曲面通过两条抛物线

$$\begin{cases}x^2-6y=0,\\ z=0\end{cases}\quad 和 \quad \begin{cases}z^2+4y=0,\\ x=0.\end{cases}$$

37. 已知椭圆抛物面 $Ax^2+By^2=2z$ 通过圆

$$\begin{cases}x^2+y^2+z^2=2x+2z,\\ x=z,\end{cases}$$

试求其方程.

38. 在双曲抛物面 $\dfrac{x^2}{16}-\dfrac{y^2}{4}=z$ 上，求平行于平面 $3x+2y-4z+5=0$ 的直母线.

39. 证明：

$$2x^2+y^2-z^2+3xy+xz-6z=0$$

是直纹面，并求出其上过点 $M(1,1,2)$ 的直母线方程.

40. 求与两直线 $\frac{x-6}{3}=\frac{y}{2}=\frac{z-1}{1}$，$\frac{x}{3}=\frac{y-8}{2}=\frac{z+4}{-2}$ 相交，而且与平面 $2x+3y+6=0$ 平行的直线的轨迹.

41. 求下列直纹面的直母线族方程：

(1) $x^2+y^2-z^2=0$；　(2) $z=axy$.

42. 求下列直线族所形成的曲面(λ 为参数)：

(1) $\frac{x-\lambda^2}{1}=\frac{y}{-1}=\frac{z-\lambda}{0}$；　(2) $\begin{cases}x+2\lambda y+4z=4\lambda,\\ \lambda x-2y-4\lambda z=4.\end{cases}$

43. 求双曲抛物面 $x^2-y^2=z$ 上过点 $(1,-1,0)$ 的两条直母线方程以及它们的交角 α.

44. 作出平面 $x-2=0$ 与椭球面 $\frac{x^2}{4^2}+\frac{y^2}{9}+\frac{z^2}{4}=1$ 的交线的图形.

45. 写出球面 $x^2+y^2+z^2=R^2$ 与下列曲面交线的参数方程：

(1)柱面 $x^2+y^2=a^2(R>a>0)$；　(2)锥面 $x^2+y^2=z^2\tan^2\theta(0<\theta<\pi)$.

46. 试分别用正等测法及正二测法画出边长等于 2,3,4 的长方体以及正四面体.

47. 试求单叶双曲面 $\frac{x^2}{16}+\frac{y^2}{4}-\frac{z^2}{5}=1$ 与平面 $x-2z+3=0$ 的交线关于 xOy 平面的射影柱面.

48. 求曲线

$$\begin{cases}x^2+2y^2+z^2=1,\\ x^2+z^2=y\end{cases}$$

关于 xOy 平面的射影柱面方程.

49. 求下列空间曲线关于三个坐标面的射影柱面方程：

(1) $\begin{cases}x^2+y^2-z=0,\\ z=x+1;\end{cases}$　(2) $\begin{cases}x^2+z^2-3yz-2x+3z-3=0,\\ y-z+1=0;\end{cases}$

(3) $\begin{cases}x+2y+6z=5,\\ 3x-2y-10z=7;\end{cases}$　(4) $\begin{cases}x^2+y^2+z^2=1,\\ x^2+(y-1)^2+(z-1)^2=1.\end{cases}$

50. 试画出由球面 $x^2+y^2+z^2=4$ 与柱面 $x^2+y^2=2x$ 所围成的区域.

51. 试画出由曲面 $z=1-x^2-y^2$ 和平面 $y=x,y=\sqrt{3}x,z=0$ 所围区域在第一卦限中的那部分图形.

52. 试画出不等式

$$x^2+y^2\leqslant z\leqslant\sqrt{x^2+y^2}$$

所确定的区域的简图.

53. 试画出由不等式组

$$y\geqslant 0,z\geqslant 0,x\geqslant 2y^2,\frac{x}{4}+\frac{y}{2}+\frac{z}{4}\leqslant 1$$

所确定的区域的简图.

二、提 高 题

1. 证明方程

$$F\left(\frac{x}{l}-\frac{y}{m},\frac{y}{m}-\frac{z}{n},\frac{z}{n}-\frac{x}{l}\right)=0$$

表示的曲面是一个柱面，它的母线平行于直线

$$\frac{x}{l}=\frac{y}{m}=\frac{z}{n}.$$

2. 求半径为 4，轴线方程是 $x=2y=-z$ 的圆柱面方程. 并验证它被 xOy 坐标平面所截得的闭曲线围成的面积等于 24π.

3. 证明二次曲面

$$(cy-bz)^2+(az-cx)^2+(bx-ay)^2=1$$

表示一个圆柱面，且求它的轴的方向和垂直于轴的圆的半径.

4. 过 x 轴和 y 轴分别作动平面，使它们保持夹角 α. 试求它们的交线产生的曲面方程，并指出是什么曲面.

5. 证明：过原点且切于球面

$$x^2+y^2+z^2+2ax+2by+2cz+d=0,\quad 0<d<a^2+b^2+c^2$$

的直线所生成的圆锥面方程为

$$d(x^2+y^2+z^2)=(ax+by+cz)^2.$$

6. 已知平面 $\frac{x}{a}+\frac{y}{b}+\frac{z}{c}=1$ 交三坐标轴于点 A,B,C，试求以 A,B,C 三点确定的圆为准线，原点为顶点的锥面方程.

7. 证明 $\sqrt{x}+\sqrt{y}-\sqrt{z}=0$ 表示一个半顶角为 $\theta=\arccos\frac{\sqrt{6}}{3}$ 的圆锥面.

8. 证明 $yz+zx+xy=a^2$ 是旋转曲面，且求旋转轴.

9. 说明下列方程所表示的图形是旋转面、柱面或锥面：

(1) $y=f(z-kx)$；(2) $z=yf\left(\frac{x}{y}\right)$；(3) $\varphi(y-ax,z-bx)=0$；(4) $g\left(\frac{x-x_0}{z-z_0},\frac{y-y_0}{z-z_0}\right)=0$.

10. 由椭球面 $\frac{x^2}{a^2}+\frac{y^2}{b^2}+\frac{z^2}{c^2}=1$ 的中心（即原点），沿某一定方向到曲面上的一点的距离为 r，设定方向的方向余弦分别为 λ,μ,ν，试证：

$$\frac{1}{r^2}=\frac{\lambda^2}{a^2}+\frac{\mu^2}{b^2}+\frac{\nu^2}{c^2}.$$

11. 由椭球面 $\frac{x^2}{a^2}+\frac{y^2}{b^2}+\frac{z^2}{c^2}=1$ 的中心，引三条两两相互垂直的射线，分别交曲面于点 P_1，P_2，P_3，设 $Op_1=r_1$，$Op_2=r_2$，$Op_3=r_3$，试证：$\frac{1}{r_1^2}+\frac{1}{r_2^2}+\frac{1}{r_3^2}=\frac{1}{a^2}+\frac{1}{b^2}+\frac{1}{c^2}$.

12. 证明：以平面 $ax+by+cz=0$ 截锥面 $xy+yz+zx=0$，当 $\frac{1}{a}+\frac{1}{b}+\frac{1}{c}=0$ 时，截得的两直线互相垂直.

13. 求与三直线

$$L_1:\begin{cases}y-1=0,\\x+2z=0;\end{cases}\quad L_2:\begin{cases}y-z=0,\\x-2=0;\end{cases}\quad L_3:\frac{x}{2}=\frac{y+1}{0}=\frac{z}{1}$$

相交的动直线产生的曲面方程.

14. 有一动直线在运动中，保持平行于平面 $x=0$ 且与两条曲线

$$\begin{cases}x^2+z=0,\\x+y=0\end{cases}\quad 与\quad\begin{cases}y^2-z=0,\\x-y=0\end{cases}$$

都相交，求这动直线的轨迹方程，并说明它是什么图形.

15. 已知空间两异面直线间的距离为 $2a$，夹角为 2θ，过这两条直线分别作平面，并使这两平面相互垂直，求这样两平面交线的轨迹.

16. 证明双曲抛物面 $\frac{x^2}{a^2}-\frac{y^2}{b^2}=2z(a\neq b)$ 上的互相正交的直母线的交点的轨迹是一条双曲线.

17. 证明椭圆抛物面上无直线存在.

三、复习与测试题

1. 填空题

(1) 设动点与 $(4,0,0)$ 的距离等于这点到平面 $x=1$ 的距离的 2 倍，则这动点的轨迹方程为________.

(2) 设空间圆的方程为 $\begin{cases}x^2+y^2+z^2=4,\\x+y-z=3,\end{cases}$ 那么圆心的坐标为________，半径为________.

(3) 点 $P(3,4,5)$ 绕 Oz 轴旋转生成的圆的方程为________，绕直线 $x=y=z$ 旋转生成的圆的方程为________.

(4) 以曲线 $C:\begin{cases}y^2=2x,\\z=0\end{cases}$ 为准线，母线方向为 $\{1,1,-1\}$ 的柱面方程是________，以 $\{1,1,-1\}$ 为顶点，C 为准线的锥面方程是________，将曲线 C 绕 x 轴旋转所得的旋转曲面方程是________.

(5) 顶点为 $(5,0,0)$ 且与球面 $x^2+y^2+z^2=9$ 相切的圆锥面方程为________.

(6) 将曲线 $\begin{cases}\frac{y^2}{9-\lambda}+\frac{z^2}{4-\lambda}=1\\x=0\end{cases}(\lambda\neq 4,9)$ 绕 Oz 轴旋转所得的旋转曲面的方程为________，当 λ 的值取________时，曲面为旋转椭球面，，当 λ 的值取________时，曲面为单叶旋转双曲面.

(7) 已知空间轨迹的参数方程为 $\begin{cases}x=a\cos\theta\cos\varphi,\\y=b\cos\theta\sin\varphi,\\z=c\sin\theta,\end{cases}$ 当 θ,φ 均为参数时，轨迹的普通方程________，它表示的图形叫________；当 $\theta=0$，φ 为参数时，轨迹的一般方程为________，它表

示的图形叫做________；当 $\varphi=0,\theta$ 为参数时，轨迹的一般方程为________，它表示的图形叫做________.

(8) 平面 $z-1=0$ 截单叶双曲面 $\frac{x^2}{32}-\frac{y^2}{18}+\frac{z^2}{2}=1$ 所得双曲线的实半轴长为________，虚半轴长为________，顶点为________.

(9) 曲面 $\frac{x^2}{4}-\frac{z^2}{9}=2y$ 叫做________，它的对称面为________，对称轴为________，平面 $x=-2$ 截曲面的截线方程为________，截线叫做________.

(10) 方程 $\frac{x^2}{A-\lambda}+\frac{y^2}{B-\lambda}+\frac{z^2}{C-\lambda}=1(\lambda\neq A,B,C$ 且 $0<C<B<A)$，当________时，方程表示椭球面；当________时，方程表示单叶双曲面；当________时，方程表示双叶双曲面；当________时，方程不表示任何实图形.

(11) 单叶双曲面 $\frac{x^2}{9}+\frac{y^2}{4}-\frac{z^2}{16}=1$ 的两族直母线方程为________与________，过点 $P(6,2,8)$ 的直母线方程为________与________.

(12) 曲面 $x^2+2y^2-z^2=1$ 与 $y-z=0$ 的交线在 xOy 面上的射影曲线为________，在 xOz 面上的射影曲线为________，在 yOz 面上的射影曲线为________.

2. 求与球面 $x^2+y^2+z^2=R^2$ 相切，且母线与向量 $\boldsymbol{v}=\{l,m,n\}$ 平行的圆柱面的方程.

3. 求直线 $\frac{x}{2}=\frac{y}{1}=\frac{z-1}{0}$ 绕直线 $x=y=z$ 旋转所得旋转曲面的方程.

4. 证明方程 $5x^2+5y^2+2z^2-8xy-2xz-2yz+20x+20y-40z-16=0$ 表示的曲面是一个柱面.

5. 求以原点为顶点，准线为

$$\begin{cases}f(x,y)=0,\\ z=h\end{cases}$$

的锥面方程，其中 h 为不等于零的常数.

6. 试求直线族

$$\frac{x-\lambda^2}{2}=\frac{y-\lambda}{1}=\frac{z-1}{-1}$$

所形成的曲面方程.

7. 求由上半球面 $z=\sqrt{4-x^2-y^2}$ 和锥面 $z=\sqrt{3(x^2+y^2)}$ 所围成立体在 xOy 面上的射影.

8. 画出由曲面

$$z=1-\sqrt{x^2+y^2},\quad z=x,\quad x=0$$

围成的几何图形.

第 5 章　二次曲面的一般理论

本章采用的坐标系都是直角坐标系.

在空间,由三元二次方程

$$a_{11}x^2+a_{22}y^2+a_{33}z^2+2a_{12}xy+2a_{13}xz+2a_{23}yz+2a_{14}x+2a_{24}y+2a_{34}z+a_{44}=0 \tag{5.0.1}$$

所表示的曲面 Σ 称为**二次曲面**.

在这一章中,我们在第 4 章讨论各种二次曲面的标准方程的基础上,在直角坐标系下进一步讨论一般二次曲面(5.0.1).

为了方便起见,我们引进下面的一些记号:

$$F(x,y,z)=a_{11}x^2+a_{22}y^2+a_{33}z^2+2a_{12}xy+2a_{13}xz+2a_{23}yz+2a_{14}x+2a_{24}y+2a_{34}z+a_{44},$$

$$\Phi(x,y,z)=a_{11}x^2+a_{22}y^2+a_{33}z^2+2a_{12}xy+2a_{13}xz+2a_{23}yz.$$

从而曲面 Σ 的方程可简写为

$$\Sigma:\quad F(x,y,z)=0.$$

再引进一些记号:

$$\begin{cases}F_1(x,y,z)\equiv a_{11}x+a_{12}y+a_{13}z+a_{14},\\ F_2(x,y,z)\equiv a_{12}x+a_{22}y+a_{23}z+a_{24},\\ F_3(x,y,z)\equiv a_{13}x+a_{23}y+a_{33}z+a_{34},\\ F_4(x,y,z)\equiv a_{14}x+a_{24}y+a_{34}z+a_{44};\end{cases} \tag{5.0.2}$$

$$\begin{cases}\Phi_1(x,y,z)\equiv a_{11}x+a_{12}y+a_{13}z,\\ \Phi_2(x,y,z)\equiv a_{12}x+a_{22}y+a_{23}z,\\ \Phi_3(x,y,z)\equiv a_{13}x+a_{23}y+a_{33}z,\\ \Phi_4(x,y,z)\equiv a_{14}x+a_{24}y+a_{34}z.\end{cases} \tag{5.0.3}$$

则

$$F(x,y,z)=xF_1(x,y,z)+yF_2(x,y,z)+zF_3(x,y,z)+F_4(x,y,z), \tag{5.0.4}$$

$$\Phi(x,y,z)=x\Phi_1(x,y,z)+y\Phi_2(x,y,z)+z\Phi_3(x,y,z),$$

$$X_1\Phi_1(X_2,Y_2,Z_2)+Y_1\Phi_2(X_2,Y_2,Z_2)+Z_1\Phi_3(X_2,Y_2,Z_2)=X_2\Phi_1(X_1,Y_1,Z_1)+Y_2\Phi_2(X_1,Y_1,Z_1)+Z_2\Phi_3(X_1,Y_1,Z_1). \tag{5.0.5}$$

我们把 $F(x,y,z)$ 的系数排成的矩阵

$$A=\begin{pmatrix} a_{11} & a_{12} & a_{13} & a_{14} \\ a_{12} & a_{22} & a_{23} & a_{24} \\ a_{13} & a_{23} & a_{33} & a_{34} \\ a_{14} & a_{24} & a_{34} & a_{44} \end{pmatrix}$$

称为二次曲面(5.0.1)的系数矩阵,而 $\Phi(x,y,z)$ 的系数所排成的矩阵

$$A^{*}=\begin{pmatrix} a_{11} & a_{12} & a_{13} \\ a_{12} & a_{22} & a_{23} \\ a_{13} & a_{23} & a_{33} \end{pmatrix}$$

称为 $\Phi(x,y,z)$ 的矩阵,显然,二次曲面(5.0.1)的矩阵 A 的第一,第二,第三与第四行的元素分别是 $F_1(x,y,z)$,$F_2(x,y,z)$,$F_3(x,y,z)$ 与 $F_4(x,y,z)$ 的系数.

记 A^{*} 的一阶、二阶及三阶主子式之和为 I_1,I_2,I_3,即

$$I_1\equiv a_{11}+a_{22}+a_{33},$$

$$I_2\equiv\begin{vmatrix} a_{11} & a_{12} \\ a_{12} & a_{22} \end{vmatrix}+\begin{vmatrix} a_{11} & a_{13} \\ a_{13} & a_{33} \end{vmatrix}+\begin{vmatrix} a_{22} & a_{23} \\ a_{23} & a_{33} \end{vmatrix},$$

$$I_3\equiv|A^{*}|=\begin{vmatrix} a_{11} & a_{12} & a_{13} \\ a_{12} & a_{22} & a_{23} \\ a_{13} & a_{23} & a_{33} \end{vmatrix}.$$

5.1 二次曲面与直线的位置关系

5.1.1 直线与二次曲面的交点

设二次曲面 Σ 和直线 L 的方程分别是

$$\Sigma:\ F(x,y,z)=a_{11}x^2+a_{22}y^2+a_{33}z^2+2a_{12}xy+2a_{13}xz+2a_{23}yz$$
$$+2a_{14}x+2a_{24}y+2a_{34}z+a_{44}=0, \tag{5.1.1}$$

$$L:\begin{cases} x=x_0+Xt, \\ y=y_0+Yt, \quad -\infty<t<+\infty. \\ z=z_0+Zt, \end{cases} \tag{5.1.2}$$

将(5.1.2)式代入(5.1.1)式得

$$\Phi(X,Y,Z)t^2+2[XF_1(x_0,y_0,z_0)+YF_2(x_0,y_0,z_0)$$
$$+ZF_3(x_0,y_0,z_0)]t+F(x_0,y_0,z_0)=0. \tag{5.1.3}$$

根据方程(5.1.3)的系数的各种不同情况来讨论直线 L 和二次曲面 Σ 相交的各种情形如下：

(1) 若 $\Phi(X,Y,Z)\neq 0$，这时方程(5.1.3)是一个关于 t 的二次方程，令

$$\Delta=[XF_1(x_0,y_0,z_0)+YF_2(x_0,y_0,z_0)+ZF_3(x_0,y_0,z_0)]^2-\Phi(X,Y,Z)F(x_0,y_0,z_0).$$

(i) $\Delta>0$ 时，方程(5.1.3)有两个不同的实根，因此直线 L 和曲面 Σ 有两个不同的实交点.

(ii) $\Delta=0$ 时，方程(5.1.3)有两个相同的实根，因此直线 L 和曲面 Σ 有两个相互重合的实交点.

(iii) $\Delta<0$ 时，方程(5.1.3)有两个共轭的复根，因此直线 L 和曲面 Σ 没有实交点.

(2) 若 $\Phi(X,Y,Z)=0$ 时，也有三种情形：

(i) $XF_1(x_0,y_0,z_0)+YF_2(x_0,y_0,z_0)+ZF_3(x_0,y_0,z_0)\neq 0$ 时，(5.1.3)式是 t 的一次方程，有唯一的实根，因而直线与曲面有一个实交点.

(ii) $XF_1(x_0,y_0,z_0)+YF_2(x_0,y_0,z_0)+ZF_3(x_0,y_0,z_0)=0$，而 $F(x_0,y_0,z_0)\neq 0$ 时，这时(5.1.3)式是一个矛盾方程，无解，因此这时直线 L 与曲面 Σ 没有交点.

(iii) $XF_1(x_0,y_0,z_0)+YF_2(x_0,y_0,z_0)+ZF_3(x_0,y_0,z_0)=0$ 且 $F(x_0,y_0,z_0)=0$ 时，(5.1.3)式是一个恒等式，因而直线 L 在曲面 Σ 上.

5.1.2　二次曲面的渐近方向

定义 5.1.1　满足条件 $\Phi(X,Y,Z)=0$ 的方向 $\{X,Y,Z\}$ 叫做二次曲面 Σ 的**渐近方向**，否则称为**非渐近方向**.

由于 $\Phi(x,y,z)$ 是关于 x,y,z 的二次齐次式，因此 $\Phi(x,y,z)=0$ 表示以原点为顶点的二次锥面. 又由于它的母线 $x=Xt,y=Yt,z=Zt$ 的方向 $\{X,Y,Z\}$ 都满足 $\Phi(X,Y,Z)=0$，因此 $\Phi(x,y,z)=0$ 的每一条母线方向都是二次曲面 $F(x,y,z)=0$ 的渐近方向.

5.1.3　二次曲面的切线和切平面

定义 5.1.2　如果一条直线和二次曲面相交于两个重合的点，那么这条直线称为二次曲面的**切线**，那个重合的交点叫做**切点**. 如果直线全部在二次曲面上，这条直线也叫做二次曲面的切线，直线上的每一点都是切点.

根据这个定义，二次曲面的直母线也是切线.

若点 $P_0(x_0,y_0,z_0)$ 在二次曲面(5.1.1)上，即 $F(x_0,y_0,z_0)=0$，设过点

$P_0(x_0,y_0,z_0)$的直线 L 的方程为

$$L:\begin{cases}x=x_0+Xt,\\ y=y_0+Yt, \quad -\infty<t<+\infty,\\ z=z_0+Zt,\end{cases} \tag{5.1.4}$$

由前面讨论知,曲面(5.1.1)与直线 L 相交于两个重合点的充要条件是

$\Phi(X,Y,Z)\neq 0$ 且 $XF_1(x_0,y_0,z_0)+YF_2(x_0,y_0,z_0)+ZF_3(x_0,y_0,z_0)=0.$

而直线(5.1.4)在曲面(5.1.1)上的充要条件是

$\Phi(X,Y,Z)=0$ 且 $XF_1(x_0,y_0,z_0)+YF_2(x_0,y_0,z_0)+ZF_3(x_0,y_0,z_0)=0.$

因此得直线 L 是二次曲面 Σ 的切线的充要条件是

$$XF_1(x_0,y_0,z_0)+YF_2(x_0,y_0,z_0)+ZF_3(x_0,y_0,z_0)=0. \tag{5.1.5}$$

这样,过曲面(5.1.1)上的点 $P_0(x_0,y_0,z_0)$,且满足条件(5.1.5)式的向量$\{X,Y,Z\}$为方向向量的直线都是二次曲面(5.1.1)的切线.

下面考虑过曲面上点 $P_0(x_0,y_0,z_0)$的所有切线的轨迹.

(1) 若 $F_1(x_0,y_0,z_0),F_2(x_0,y_0,z_0),F_3(x_0,y_0,z_0)$不全为零.由(5.1.4)式得

$$X:Y:Z=(x-x_0):(y-y_0):(z-z_0),$$

将它代入(5.1.5)式得

$$(x-x_0)F_1(x_0,y_0,z_0)+(y-y_0)F_2(x_0,y_0,z_0)+(z-z_0)F_3(x_0,y_0,z_0)=0, \tag{5.1.6}$$

这是一个三元一次方程,因此过曲面(5.1.1)上的点 $P_0(x_0,y_0,z_0)$的一切切线上的点构成一个平面(5.1.6),称为曲面在点 $P_0(x_0,y_0,z_0)$的切平面,点 $P_0(x_0,y_0,z_0)$叫做切点.

(2) 若 $F_1(x_0,y_0,z_0)=0,F_2(x_0,y_0,z_0)=0,F_3(x_0,y_0,z_0)=0$,则称点 $P_0(x_0,y_0,z_0)$为曲面的奇异点.显然任何的方向$\{X,Y,Z\}$满足(5.1.5)式,因此过曲面上的奇异点的任何一条直线都是二次曲面(5.1.1)的切线.

注 曲面在点 $P_0(x_0,y_0,z_0)$的切平面方程可以写成便于记忆的形式:

$$a_{11}x_0x+a_{22}y_0y+a_{33}z_0z+a_{12}(x_0y+y_0x)+a_{23}(y_0z+z_0y)$$
$$+a_{13}(x_0z+z_0x)+a_{14}(x+x_0)+a_{24}(y+y_0)+a_{34}(z+z_0)+a_{44}=0.$$

例 5.1.1 求二次曲面 $4x^2+6y^2+4z^2+4xz-8y-4z+3=0$ 的切平面,使它平行于平面 $x+2y+5=0$.

解 设所求切平面的切点为 $P_0(x_0,y_0,z_0)$,则切平面的方程为

$$4x_0x+6y_0y+4z_0z+2(z_0x+x_0z)-4(y+y_0)-2(z+z_0)+3=0,$$

即

$$(4x_0+2z_0)x+(6y_0-4)y+(2x_0+4z_0-2)z+(-4y_0-2z_0+3)=0. \tag{5.1.7}$$

由于切平面与平面 $x+2y+5=0$ 平行,所以有

$$(4x_0+2z_0):(6y_0-4):(2x_0+4z_0-2)=1:2:0, \tag{5.1.8}$$

又因为点 $P_0(x_0,y_0,z_0)$ 在曲面上,所以

$$4x_0^2+6y_0^2+4z_0^2+4z_0x_0-8y_0-4z_0+3=0, \tag{5.1.9}$$

由(5.1.8)和(5.1.9)式解得切点坐标为

$$\left(-\frac{2}{3},\frac{1}{3},\frac{5}{6}\right) \quad 和 \quad \left(0,1,\frac{1}{2}\right),$$

代入方程(5.1.7),即得切平面方程为 $x+2y=0$ 和 $x+2y-2=0$.

5.2　曲面的直径平面与中心

假定 $\{X,Y,Z\}$ 为二次曲面的非渐近方向,即 $\Phi(X,Y,Z)\neq 0$,若沿这个方向的每一条直线与二次曲面有两个不同的实交点,则以这两个不同交点为端点的线段叫做二次曲面的**弦**.

现考虑二次曲面的一族平行弦中点的轨迹.

定理 5.2.1　二次曲面一族平行弦的中点轨迹是一个平面.

证明　设 $\{X,Y,Z\}$ 为二次曲面的任意一个非渐近方向,而点 (x_0,y_0,z_0) 为平行于方向 $\{X,Y,Z\}$ 的任意弦的中点,那么弦的方程可以写成

$$\begin{cases} x=x_0+Xt, \\ y=y_0+Yt, \quad -\infty<t<+\infty, \\ z=z_0+Zt, \end{cases} \tag{5.2.1}$$

而弦的两端点是由二次方程

$$\Phi(X,Y,Z)t^2+2[XF_1(x_0,y_0,z_0)+YF_2(x_0,y_0,z_0)$$
$$+ZF_3(x_0,y_0,z_0)]t+F(x_0,y_0,z_0)=0$$

的两个根 t_1 与 t_2 所决定,因为 (x_0,y_0,z_0) 为弦的中点的充要条件是 $t_1+t_2=0$,即

$$XF_1(x_0,y_0,z_0)+YF_2(x_0,y_0,z_0)+ZF_3(x_0,y_0,z_0)=0,$$

将上式中的 (x_0,y_0,z_0) 改写为 (x,y,z),即得平行弦中点的轨迹方程为

$$XF_1(x,y,z)+YF_2(x,y,z)+ZF_3(x,y,z)=0, \tag{5.2.2}$$

即

$$\Phi_1(X,Y,Z)x+\Phi_2(X,Y,Z)y+\Phi_3(X,Y,Z)z+\Phi_4(X,Y,Z)=0. \quad (5.2.3)$$

由于$\{X,Y,Z\}$为非渐近方向，即

$$\Phi(X,Y,Z)=X\Phi_1(X,Y,Z)+Y\Phi_2(X,Y,Z)+Z\Phi_3(X,Y,Z)\neq 0.$$

从而$\Phi_1(X,Y,Z)$，$\Phi_2(X,Y,Z)$，$\Phi_3(X,Y,Z)$不全为零，于是(5.2.3)式表示一个平面，即平行弦中点的轨迹是一个平面.

定义 5.2.1　平行于二次曲面的一个非渐近方向$\{X,Y,Z\}$的弦的中点轨迹，称为共轭于这个方向$\{X,Y,Z\}$的**直径平面**.

注　(1) 共轭于这个方向$\{X,Y,Z\}$的直径平面方程为(5.2.3)式.

(2) 由于非渐近方向$\{X,Y,Z\}$可有无数多组，因而二次曲面的直径平面也有无数多个. 但由(5.2.2)式知，二次曲面的任一个直径平面都通过下列三个平面的交点：

$$\begin{cases}F_1(x,y,z)\equiv a_{11}x+a_{12}y+a_{13}z+a_{14}=0,\\ F_2(x,y,z)\equiv a_{12}x+a_{22}y+a_{23}z+a_{24}=0,\\ F_3(x,y,z)\equiv a_{13}x+a_{23}y+a_{33}z+a_{34}=0.\end{cases} \quad (5.2.4)$$

(i) 若(5.2.4)式有唯一解(x_0,y_0,z_0)，则称(x_0,y_0,z_0)为二次曲面的**中心**.

(ii) 若(5.2.4)式有两个独立方程，则它确定一条直线，称为二次曲面的**中心直线**，对应的曲面称为**线心二次曲面**.

(iii) 若(5.2.4)式只有一个独立方程，则它表示一张平面，称为二次曲面的**中心平面**，对应的曲面称为**面心二次曲面**.

有唯一中心的二次曲面称为**有心二次曲面**，否则称为**无心二次曲面**.

易知，二次曲面是有心二次曲面的充要条件是$\begin{vmatrix}a_{11}&a_{12}&a_{13}\\a_{12}&a_{22}&a_{23}\\a_{13}&a_{23}&a_{33}\end{vmatrix}\neq 0$.

例 5.2.1　已知二次曲面

$$x^2+2y^2-z^2-2xy-2yz-2zx-4x-1=0,$$

求：

(1) 共轭于方向$\{1,-1,0\}$的直径平面；

(2) 平行于平面$x+2y-z+1=0$的直径平面所共轭的方向；

(3) 通过$(0,0,0)$和$(1,1,0)$的直径平面.

解　因为

$$\Phi_1(X,Y,Z)=a_{11}X+a_{12}Y+a_{13}Z=X-Y-Z,$$
$$\Phi_2(X,Y,Z)=a_{12}X+a_{22}Y+a_{23}Z=-X+2Y-Z,$$
$$\Phi_3(X,Y,Z)=a_{13}X+a_{23}Y+a_{33}Z=-X-Y-Z,$$
$$\Phi_4(X,Y,Z)=a_{14}X+a_{24}Y+a_{34}Z=-2X.$$

共轭于方向$\{X,Y,Z\}$的直径平面方程为

$$\Phi_1(X,Y,Z)x+\Phi_2(X,Y,Z)y+\Phi_3(X,Y,Z)z+\Phi_4(X,Y,Z)=0,$$

即

$$(X-Y-Z)x+(-X+2Y-Z)y+(-X-Y-Z)z-2X=0. \quad (5.2.5)$$

因此(1)共轭于方向$\{1,-1,0\}$的直径平面为

$$2x-3y-2=0.$$

(2) 设所求共轭方向为$\{X,Y,Z\}$,则由题设

$$\frac{X-Y-Z}{1}=\frac{-X+2Y-Z}{2}=\frac{-X-Y-Z}{-1},$$

解得 $X:Y:Z=1:1:(-1)$,故共轭方向为 $k\{1,1,-1\}$.

(3) 因所求的直径平面通过$(0,0,0)$和$(1,1,0)$,代入(5.2.5)式得

$$\begin{cases}-2X=0,\\(X-Y-Z)+(-X+2Y-Z)-2X=0,\end{cases}$$

解得 $X:Y:Z=0:2:1$,故所求直径平面的方程为

$$x-y+z=0.$$

例 5.2.2　求二次曲面族 $x^2+y^2+z^2-R^2+\lambda z(x+\mu y-a)=0$ 的中心轨迹方程,其中 R,a 为常数,λ,μ 为参数,并说明其形状.

解　由(5.2.4)式知,确定中心的方程为

$$\begin{cases}2x+\lambda z=0,\\2y+\lambda\mu z=0,\\2z+\lambda(x+\mu y-a)=0.\end{cases}$$

消去 λ,μ,得

$$x^2+y^2-z^2-ax=0,$$

或写为

$$\left(x-\frac{a}{2}\right)^2+y^2-z^2=\frac{a^2}{2},$$

它表示以$\left(\frac{a}{2},0,0\right)$为中心的单叶双曲面.

定义 5.2.2　过有心二次曲面(唯一的)中心(x_0,y_0,z_0)且沿着渐近方向的直线称为二次曲面的**渐近线**.

所有从中心出发并沿渐近方向的直线组成一个以中心为顶点的二次锥面,称

为二次曲面的**渐近锥面**.

设(x_0,y_0,z_0)为二次曲面的中心,$\{X,Y,Z\}$为渐近方向,则渐近线的方程为

$$\begin{cases} x = x_0 + Xt, \\ y = y_0 + Yt, \quad -\infty < t < +\infty. \\ z = z_0 + Zt, \end{cases}$$

而由于$\{X,Y,Z\}$为渐近方向,故

$$\Phi(X,Y,Z) = 0.$$

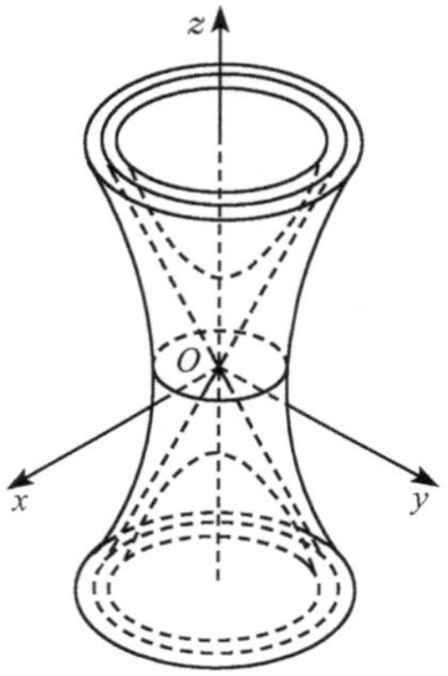

图 5.1

从而

$$\Phi(x-x_0,y-y_0,z-z_0) = 0, \quad (5.2.6)$$

这是关于$x-x_0,y-y_0,z-z_0$的二次齐次方程,因此它表示一个二次锥面,(5.2.6)式即为二次曲面的渐近锥面方程.

例 5.2.3　单、双叶双曲面$\frac{x^2}{a^2}+\frac{y^2}{b^2}-\frac{z^2}{c^2}=\pm 1$的渐近锥面为$\frac{x^2}{a^2}+\frac{y^2}{b^2}-\frac{z^2}{c^2}=0$. 请读者试分析这三个曲面之间的关系,可以说明沿$z$轴方向,这三个曲面无限接近(图5.1).

5.3　二次曲面的主径面与主方向

定义 5.3.1　若二次曲面的一个非渐近方向和它所共轭的直径平面垂直,那么这个非渐近方向称为二次曲面的**主方向**,它所共轭的直径平面称为二次曲面的**主径面**.

显然主径面就是二次曲面的对称平面. 下面我们将介绍如何求二次曲面的主方向与主径面.

设二次曲面方程为(5.1.1),因为共轭于$\{X,Y,Z\}$的直径面的方程为

$$\Phi_1(X,Y,Z)x + \Phi_2(X,Y,Z)y + \Phi_3(X,Y,Z)z + \Phi_4(X,Y,Z) = 0, \quad (5.3.1)$$

(5.3.1)式的法向量为

$$\{\Phi_1(X,Y,Z),\Phi_2(X,Y,Z),\Phi_3(X,Y,Z)\}.$$

若$\{X,Y,Z\}$为二次曲面的主方向,则存在不为零的数λ,使得

$$\{\Phi_1(X,Y,Z),\Phi_2(X,Y,Z),\Phi_3(X,Y,Z)\} = \lambda\{X,Y,Z\},$$

即

$$\begin{cases}(a_{11}-\lambda)X+a_{12}Y+a_{13}Z=0,\\ a_{12}X+(a_{22}-\lambda)Y+a_{23}Z=0,\\ a_{13}X+a_{23}Y+(a_{33}-\lambda)Z=0.\end{cases} \tag{5.3.2}$$

这是关于 X,Y,Z 的齐次线性方程组，因为 X,Y,Z 不能全为零，因此

$$\begin{vmatrix} a_{11}-\lambda & a_{12} & a_{13} \\ a_{12} & a_{22}-\lambda & a_{23} \\ a_{13} & a_{23} & a_{33}-\lambda \end{vmatrix}=0, \tag{5.3.3}$$

即

$$-\lambda^3+I_1\lambda^2-I_2\lambda+I_3=0, \tag{5.3.4}$$

其中 I_1,I_2,I_3 分别为二次曲面(5.0.1)的系数矩阵的一阶、二阶及三阶主子式之和. 这是关于 λ 的一元三次方程，称为二次曲面的特征方程，特征方程的根称为二次曲面的特征根.

将每一个特征根代入方程组(5.3.2)，就可求出 $\{X,Y,Z\}$. 容易看出，如果特征根不为零，由(5.3.2)式求得的 $\{X,Y,Z\}$ 不是渐近方向，因而是主方向，把它们代入(5.3.1)式就得到共轭于它的主径面；若特征根为零，则它所对应的方向满足

$$\Phi_1(X,Y,Z)=\Phi_2(X,Y,Z)=\Phi_3(X,Y,Z)=0,$$

称为二次曲面的**奇向**，奇向没有共轭于它的直径面. 但为了方便起见，我们把奇向也叫做**主方向**. 这样二次曲面的每个特征根都对应了一个主方向，但是对于零特征根的主方向是奇向.

例 5.3.1　求二次曲面

$$3x^2+y^2+3z^2-2xy-2xz-2yz+4x+14y+4z-23=0$$

的主方向和主径面.

解　二次曲面的系数矩阵

$$A=\begin{pmatrix} 3 & -1 & -1 & 2 \\ -1 & 1 & -1 & 7 \\ -1 & -1 & 3 & 2 \\ 2 & 7 & 2 & -23 \end{pmatrix},$$

$$I_1=3+1+3=7,$$

$$I_2=\begin{vmatrix} 3 & -1 \\ -1 & 1 \end{vmatrix}+\begin{vmatrix} 3 & -1 \\ -1 & 3 \end{vmatrix}+\begin{vmatrix} 1 & -1 \\ -1 & 3 \end{vmatrix}=12,$$

$$I_3=\begin{vmatrix} 3 & -1 & -1 \\ -1 & 1 & -1 \\ -1 & -1 & 3 \end{vmatrix}=0.$$

二次曲面的特征方程为

$$\lambda^3 - 7\lambda^2 + 12\lambda = 0,$$

所以特征根为

$$\lambda_1 = 4, \quad \lambda_2 = 3, \quad \lambda_3 = 0.$$

当 $\lambda_1 = 4$ 时,所对应的主方向由方程组

$$\begin{cases} -X - Y - Z = 0, \\ -X - 3Y - Z = 0, \\ -X - Y - Z = 0 \end{cases}$$

确定,解得 $X:Y:Z = 1:0:(-1)$,共轭于这个方向的主径面是 $x-z=0$.

同理,$\lambda_2 = 3$ 对应的 $X:Y:Z = 1:(-1):1$,主径面为 $x-y+z-1=0$;$\lambda_3 = 0$ 对应的 $X:Y:Z = 1:2:1$(它是奇向),无主径面.

例 5.3.2 求二次曲面

$$2xy + 2xz + 2yz + 9 = 0$$

的主方向和主径面.

解 二次曲面的系数矩阵为

$$A = \begin{pmatrix} 0 & 1 & 1 & 0 \\ 1 & 0 & 1 & 0 \\ 1 & 1 & 0 & 0 \\ 0 & 0 & 0 & 9 \end{pmatrix},$$

则

$$I_1 = 0, \quad I_2 = \begin{vmatrix} 0 & 1 \\ 1 & 0 \end{vmatrix} + \begin{vmatrix} 0 & 1 \\ 1 & 0 \end{vmatrix} + \begin{vmatrix} 0 & 1 \\ 1 & 0 \end{vmatrix} = -3, \quad I_3 = \begin{vmatrix} 0 & 1 & 1 \\ 1 & 0 & 1 \\ 1 & 1 & 0 \end{vmatrix} = 2.$$

因为 $I_3 \neq 0$,因此二次曲面是有心曲面,且中心为$(0,0,0)$. 二次曲面的特征方程为

$$-\lambda^3 + 3\lambda + 2 = 0,$$

所以特征根为

$$\lambda_1 = -1, \quad \lambda_2 = -1, \quad \lambda_3 = 2.$$

当 $\lambda_1 = \lambda_2 = -1$ 时,所对应的主方向由方程组

$$\begin{cases} X + Y + Z = 0, \\ X + Y + Z = 0, \\ X + Y + Z = 0 \end{cases}$$

确定,因此主方向是平行于平面

$$x + y + z = 0$$

的一切非零方向，因此过曲面的中心$(0,0,0)$且垂直于平面$x+y+z=0$的一切平面，都是二次曲面的主径面.

当$\lambda_3=2$时，所对应的主方向方程组

$$\begin{cases}-2X+Y+Z=0,\\ X-2Y+Z=0,\\ X+Y-2Z=0\end{cases}$$

确定，解得$X:Y:Z=1:1:1$，与它共轭的主径面为$x+y+z=0$.

关于二次曲面的特征根和它的主方向（包括奇向）有以下重要性质.

定理 5.3.1　二次曲面的特征根至少有一个不为零，从而，二次曲面至少有一个非奇的主方向，至少有一个主径面.

证明　反证法. 若特征根$\lambda_1,\lambda_2,\lambda_3$全为零，根据(5.3.4)式的根与系数的关系，得

$$\begin{cases}I_1=\lambda_1+\lambda_2+\lambda_3=0,\\ I_2=\lambda_1\lambda_2+\lambda_1\lambda_3+\lambda_2\lambda_3=0,\\ I_3=\lambda_1\lambda_2\lambda_3=0.\end{cases}$$

由I_1,I_2的定义有

$$a_{11}+a_{22}+a_{33}=0,$$
$$a_{11}a_{22}+a_{22}a_{33}+a_{33}a_{11}-a_{12}^2-a_{23}^2-a_{13}^2=0,$$

因此

$$\begin{aligned}I_1^2-2I_2&\equiv(a_{11}+a_{22}+a_{33})^2-2(a_{11}a_{22}+a_{22}a_{33}+a_{33}a_{11}-a_{12}^2-a_{23}^2-a_{13}^2)\\&=a_{11}^2+a_{22}^2+a_{33}^2+2a_{12}^2+2a_{13}^2+2a_{23}^2=0,\end{aligned}$$

所以，二次曲面方程中不含有二次项而变成一次方程，矛盾. 因此特征根不能全为零，故二次曲面至少有一个非奇主方向，因而至少有一个主径面.

定理 5.3.2　(1) 有心二次曲面($I_3=\lambda_1\lambda_2\lambda_3\neq0$)的三个特征根$\lambda_1,\lambda_2,\lambda_3$都不等于零.

(2) 无心二次曲面($I_3=\lambda_1\lambda_2\lambda_3=0$)至少有一个特征根为零.

证明略.

定理 5.3.3　对应于两个不同特征根的两个主方向互相垂直.

证明　设λ_1和λ_2是两个不同特征根，它们所对应的主方向分别是$\{X_1,Y_1,Z_1\}$和$\{X_2,Y_2,Z_2\}$，则由(5.3.2)式有

$$\begin{cases}a_{11}X_1+a_{12}Y_1+a_{13}Z_1=\lambda_1X_1,\\ a_{12}X_1+a_{22}Y_1+a_{23}Z_1=\lambda_1Y_1,\\ a_{13}X_1+a_{23}Y_1+a_{33}Z_1=\lambda_1Z_1.\end{cases}\tag{5.3.5}$$

$$\begin{cases} a_{11}X_2 + a_{12}Y_2 + a_{13}Z_2 = \lambda_2 X_2, \\ a_{12}X_2 + a_{22}Y_2 + a_{23}Z_2 = \lambda_2 Y_2, \\ a_{13}X_2 + a_{23}Y_2 + a_{33}Z_2 = \lambda_2 Z_2. \end{cases} \tag{5.3.6}$$

把(5.3.5)式的各式分别乘以 X_2, Y_2, Z_2，并相加得

$$\begin{aligned} &X_1\Phi_1(X_2,Y_2,Z_2) + Y_1\Phi_2(X_2,Y_2,Z_2) + Z_1\Phi_3(X_2,Y_2,Z_2) \\ =&\lambda_1(X_1X_2 + Y_1Y_2 + Z_1Z_2). \end{aligned} \tag{5.3.7}$$

同样，把(5.3.6)式的各式分别乘以 X_1, Y_1, Z_1，并相加得

$$\begin{aligned} &X_2\Phi_1(X_1,Y_1,Z_1) + Y_2\Phi_2(X_1,Y_1,Z_1) + Z_2\Phi_3(X_1,Y_1,Z_1) \\ =&\lambda_2(X_1X_2 + Y_1Y_2 + Z_1Z_2). \end{aligned} \tag{5.3.8}$$

由(5.0.5)式知(5.3.7)和(5.3.8)式的左端相等，从而

$$(\lambda_1 - \lambda_2)(X_1X_2 + Y_1Y_2 + Z_1Z_2) = 0.$$

又 $\lambda_1 \neq \lambda_2$，所以

$$X_1X_2 + Y_1Y_2 + Z_1Z_2 = 0.$$

这说明 $\{X_1, Y_1, Z_1\} \perp \{X_2, Y_2, Z_2\}$.

5.4 二次曲面的方程化简与分类

由于不同的坐标系，同一点有不同的坐标，同一曲面有不同的方程. 我们希望选择适当的坐标系，使得曲面的方程最简单，以便分析讨论曲面的性质和形状.

5.4.1 用直角坐标变换化简二次曲面方程

同平面上直角坐标变换一样，空间直角坐标变换可视为平移和旋转两种坐标变换连续进行的结果.

1. 平移

由第 2 章知坐标轴的平移是只有坐标系原点的位置改变而坐标轴的方向不变，空间中，这种只有坐标系原点的位置改变而坐标轴的方向不变的坐标变换称为**平移变换**.

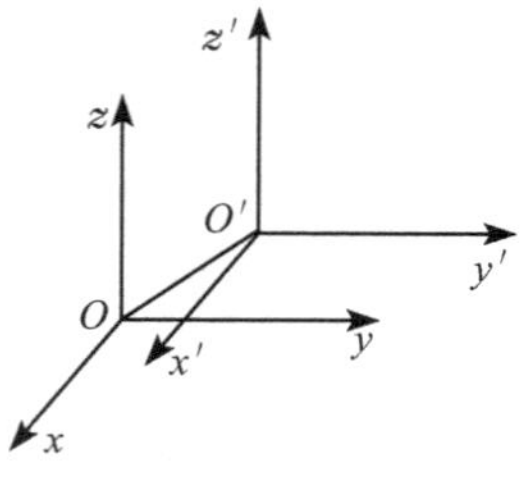

图 5.2

设坐标系 $O\text{-}xyz$ 平移到坐标系 $O'\text{-}x'y'z'$(图 5.2)，若空间中任一点 M 在旧坐标系 $O\text{-}xyz$ 下的坐标为 (x, y, z)，在新坐标系 $O'\text{-}x'y'z'$ 下的坐标为 (x', y', z')，则由(2.3.11)式知平移的坐标变换公式为

$$\begin{cases} x' = x - x_0, \\ y' = y - y_0, \\ z' = z - z_0. \end{cases} \tag{5.4.1}$$

例 5.4.1　利用平移化简曲面方程

$$9x^2+4y^2+36z^2-36x+8y+4=0,$$

从而判别这个方程代表的曲面.

解　利用配方,将原方程化为

$$9(x-2)^2+4(y+1)^2+36z^2-36=0,$$

即

$$\frac{(x-2)^2}{4}+\frac{(y+1)^2}{9}+z^2=1.$$

作平移变换

$$\begin{cases}x'=x-2,\\ y'=y+1,\\ z'=z,\end{cases}$$

即将原点平移到 $O'(2,-1,0)$. 在新坐标系下,曲面方程为

$$\frac{x'^2}{4}+\frac{y'^2}{9}+\frac{z'^2}{1}=1,$$

它表示一个椭球面.

评析　如果二次曲面方程中只有平方项、一次项和常数项,而没有交叉项,用平移公式可化简二次曲面方程.

2. 旋转

由第 2 章知坐标轴的旋转是原点不动,而坐标轴的方向改变(但改变以后,保证各坐标轴方向互相垂直且符合右手规则).

假设直角坐标系 $O\text{-}xyz$ 旋转到直角坐标系 $O\text{-}x'y'z'$(图 5.3),它们的坐标向量分别为 $\boldsymbol{i},\boldsymbol{j},\boldsymbol{k};\boldsymbol{i}',\boldsymbol{j}',\boldsymbol{k}'$.

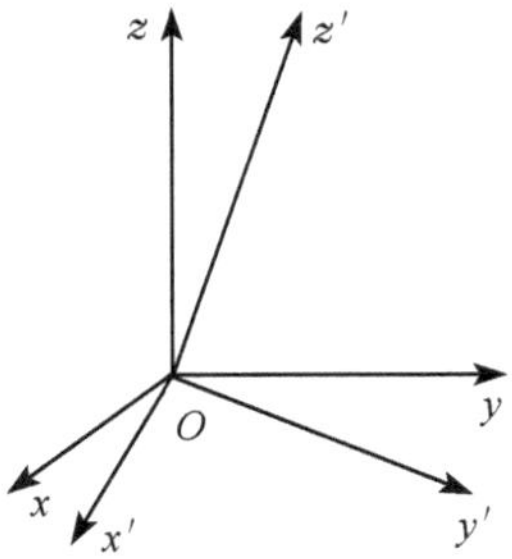

图 5.3

设空间中的任一点 M 在坐标系 $O\text{-}xyz$ 和 $O\text{-}x'y'z'$ 中的坐标分别为 (x,y,z) 和 (x',y',z'),则由第 2 章知直角坐标系下的旋转公式为

$$\begin{cases}x=a_{11}x'+a_{12}y'+a_{13}z',\\ y=a_{21}x'+a_{22}y'+a_{23}z',\\ z=a_{31}x'+a_{32}y'+a_{33}z'.\end{cases}\tag{5.4.2}$$

或

$$\begin{cases}x'=a_{11}x+a_{21}y+a_{31}z,\\ y'=a_{12}x+a_{22}y+a_{32}z,\\ z'=a_{13}x+a_{23}y+a_{33}z.\end{cases}\tag{5.4.3}$$

且满足正交条件

$$\begin{cases}a_{11}^2+a_{21}^2+a_{31}^2=1,\\a_{12}^2+a_{22}^2+a_{32}^2=1,\\a_{13}^2+a_{23}^2+a_{33}^2=1;\end{cases}\quad\begin{cases}a_{11}a_{12}+a_{21}a_{22}+a_{31}a_{32}=0,\\a_{12}a_{13}+a_{22}a_{23}+a_{32}a_{33}=0,\\a_{11}a_{13}+a_{21}a_{23}+a_{31}a_{33}=0.\end{cases}\tag{5.4.4}$$

和

$$\begin{cases}a_{11}^2+a_{12}^2+a_{13}^2=1,\\a_{21}^2+a_{22}^2+a_{23}^2=1,\\a_{31}^2+a_{32}^2+a_{33}^2=1;\end{cases}\quad\begin{cases}a_{11}a_{21}+a_{12}a_{22}+a_{13}a_{23}=0,\\a_{21}a_{31}+a_{22}a_{32}+a_{23}a_{33}=0,\\a_{11}a_{31}+a_{12}a_{32}+a_{13}a_{33}=0.\end{cases}\tag{5.4.5}$$

二次曲面方程

$$\begin{aligned}F(x,y,z)=&a_{11}x^2+a_{22}y^2+a_{33}z^2+2a_{12}xy+2a_{13}xz\\&+2a_{23}yz+2a_{14}x+2a_{24}y+2a_{34}z+a_{44}=0.\end{aligned}\tag{5.4.6}$$

经旋转变换(5.4.2)变为

$$\begin{aligned}F'(x',y',z')=&a'_{11}x'^2+a'_{22}y'^2+a'_{33}z'^2+2a'_{12}x'y'+2a'_{13}x'z'\\&+2a'_{23}y'z'+2a'_{14}x'+2a'_{24}y'+2a'_{34}z+a'_{44}=0.\end{aligned}\tag{5.4.7}$$

如果(5.4.6)式中的 $a_{12}\neq 0$,我们可使用 xOy 面上的旋转变换

$$\begin{cases}x=x'\cos\theta-y'\sin\theta,\\y=x'\sin\theta+y'\cos\theta,\\z=z',\end{cases}$$

使新的方程(5.4.7)中的 $a'_{12}=0$,为此只要取旋转角 θ,使得

$$a'_{12}=(a_{22}-a_{11})\sin\theta\cos\theta+a_{12}(\cos^2\theta-\sin^2\theta)=0,$$

即

$$(a_{22}-a_{11})\sin 2\theta+2a_{12}\cos 2\theta=0,$$

所以

$$\cot 2\theta=\frac{a_{11}-a_{22}}{2a_{12}}.\tag{5.4.8}$$

因为余切的值可以是任意的实数,所以总有 θ 满足(5.4.8)式,也就是说总可以经过适当的旋转消去(5.4.6)式中的交叉项 xy,同样的方法可以消去其他交叉项.

评析 如果二次曲面方程中有平方项、交叉项,一次项和常数项,可以逐次使用旋转变换将所有交叉项消去后,再用平移公式可使二次曲面方程化为标准形.

例 5.4.2 化简二次曲面方程

$$x^2+4y^2+4z^2-4xy+4xz-8yz+6x+6z-5=0.$$

解　首先消去交叉项 xy，为此作 xOy 面上旋转，旋转角 θ 由

$$\cot 2\theta=\frac{1-4}{-4}=\frac{3}{4}$$

确定，由此求得

$$\sin\theta=\frac{1}{\sqrt{5}},\quad \cos\theta=\frac{2}{\sqrt{5}}.$$

作变换

$$\begin{cases}x=\dfrac{1}{\sqrt{5}}(2x'-y'),\\ y=\dfrac{1}{\sqrt{5}}(x'+2y'),\\ z=z'.\end{cases}$$

代入原方程化简得

$$5y'^2+4z'^2-4\sqrt{5}y'z'+\frac{12}{\sqrt{5}}x'-\frac{6}{\sqrt{5}}y'+6z'-5=0. \tag{5.4.9}$$

再作 $y'Oz'$ 面上的旋转，消去 $y'z'$ 项，此时旋转角由

$$\cot 2\alpha=\frac{5-4}{-4\sqrt{5}}=-\frac{1}{4\sqrt{5}}$$

确定，可取 $\tan\alpha=\dfrac{\sqrt{5}}{2}$，于是 $\sin\alpha=\dfrac{\sqrt{5}}{3}$，$\cos\alpha=\dfrac{2}{3}$，作坐标变换

$$\begin{cases}x'=x'',\\ y'=\dfrac{2}{3}y''-\dfrac{\sqrt{5}}{3}z'',\\ z'=\dfrac{\sqrt{5}}{3}y''+\dfrac{2}{3}z''.\end{cases}$$

它满足正交性条件(5.4.4)和(5.4.5)式，将它代入(5.4.9)式化简得

$$9z''^2+6z''+\frac{12}{\sqrt{5}}x''+\frac{6}{\sqrt{5}}y''-5=0,$$

即

$$9\left(z''+\frac{1}{3}\right)^2+6\left(\frac{2}{\sqrt{5}}x''+\frac{1}{\sqrt{5}}y''-1\right)=0. \tag{5.4.10}$$

再作坐标变换

$$\begin{cases} x^* = \dfrac{2}{\sqrt{5}}x'' + \dfrac{1}{\sqrt{5}}y'' - 1, \\ y^* = -\dfrac{1}{\sqrt{5}}x'' + \dfrac{2}{\sqrt{5}}y'', \\ z^* = z'' + \dfrac{1}{3}. \end{cases}$$

它也满足正交性条件(5.4.4)和(5.4.5)式，将它代入(5.4.10)式，即得

$$9z^{*2} = -6x^*, \tag{5.4.11}$$

它表示一个抛物柱面.

一般的直角坐标变换

$$\begin{cases} x = a_{11}x' + a_{12}y' + a_{13}z' + x_0, \\ y = a_{21}x' + a_{22}y' + a_{23}z' + y_0, \\ z = a_{31}x' + a_{32}y' + a_{33}z' + z_0, \end{cases} \tag{5.4.12}$$

其中系数满足正交性条件(5.4.4)和(5.4.5)式.

3. 选主方向作坐标变换化简二次曲面方程

化简二次曲面方程的关键是适当选取坐标系，如果所取的坐标系中有一坐标轴是曲面的主方向，那么新方程里只含有这个对应坐标的平方项，曲面的方程就比较简单了.二次曲面的主径面就是它的对称面，因而选取主方向为坐标轴的方向，或者选取主径面作为新坐标面，就成为化简二次曲面方程的主要方法了.

设二次曲面的特征根为 $\lambda_1,\lambda_2,\lambda_3$，且它们互不相同，对应的相互垂直的单位主方向(包括奇向)为 $\boldsymbol{e}_i'=\{b_{1i},b_{2i},b_{3i}\}(i=1,2,3)$(由高等代数知识知三个主方向一定存在).取 $\boldsymbol{e}_1',\boldsymbol{e}_2',\boldsymbol{e}_3'$ 为新坐标系的坐标向量(并假设构成右手系)，作旋转变换

$$\begin{cases} x = b_{11}x' + b_{12}y' + b_{13}z', \\ y = b_{21}x' + b_{22}y' + b_{23}z', \\ z = b_{31}x' + b_{32}y' + b_{33}z', \end{cases} \tag{5.4.13}$$

此时，二次曲面 Σ 的二次项部分

$$\Phi(x,y,z) \equiv x\Phi_1(x,y,z) + y\Phi_2(x,y,z) + z\Phi_3(x,y,z), \tag{5.4.14}$$

在新系 $O'\text{-}x'y'z'$ 下，只含平方项，不含交叉项.事实上，将旋转公式(5.4.13)代入(5.4.14)式中 Φ_i 外面的 x,y,z，则

$$\begin{aligned} \Phi(x,y,z) &\equiv x\Phi_1(x,y,z) + y\Phi_2(x,y,z) + z\Phi_3(x,y,z) \\ &= x'[b_{11}\Phi_1(x,y,z) + b_{21}\Phi_2(x,y,z) + b_{31}\Phi_3(x,y,z)] \\ &\quad + y'[b_{12}\Phi_1(x,y,z) + b_{22}\Phi_2(x,y,z) + b_{32}\Phi_3(x,y,z)] \\ &\quad + z'[b_{13}\Phi_1(x,y,z) + b_{23}\Phi_2(x,y,z) + b_{33}\Phi_3(x,y,z)] \end{aligned}$$

$$\begin{aligned}&=x'[x\Phi_1(b_{11},b_{21},b_{31})+y\Phi_2(b_{11},b_{21},b_{31})+z\Phi_3(b_{11},b_{21},b_{31})\\&\quad+y'[x\Phi_1(b_{12},b_{22},b_{32})+y\Phi_2(b_{12},b_{22},b_{32})+z\Phi_3(b_{12},b_{22},b_{32})]\\&\quad+z'[x\Phi_1(b_{13},b_{23},b_{33})+y\Phi_2(b_{13},b_{23},b_{33})+z\Phi_3(b_{13},b_{23},b_{33})]\\&=x'\lambda_1(b_{11}x+b_{21}y+b_{31}z)+y'\lambda_2(b_{12}x+b_{22}y+b_{32}z)\\&\quad+z'\lambda_3(b_{13}x+b_{23}y+b_{33}z)=\lambda_1x'^2+\lambda_2y'^2+\lambda_3z'^2.\end{aligned}$$

定理 5.4.1　以二次曲面的主方向为新坐标轴方向，进行坐标旋转后，二次曲面方程中二次项部分在新坐标系下只含平方项，且其系数分别是对应于这三个主方向的特征根.

对于二次曲面的特征根其他情形，我们同样可选主方向来化简二次曲面方程. 选主方向化简二次曲面方程的步骤如下：

(1) 写出二次曲面的特征方程

$$-\lambda^3+I_1\lambda^2-I_2\lambda+I_3=0,$$

求出特征根 λ.

(2) 求出特征根 λ 对应的主方向 $\{X,Y,Z\}$，它由下面的方程组确定

$$\begin{cases}(a_{11}-\lambda)X+a_{12}Y+a_{13}Z=0,\\a_{12}X+(a_{22}-\lambda)Y+a_{23}Z=0,\\a_{13}X+a_{32}Y+(a_{33}-\lambda)Z=0.\end{cases}$$

对于单特征根，有唯一的主方向，对应于二重特征根 λ 有无穷多主方向. 只需求出相应的两个互相垂直的主方向分别记为 $\boldsymbol{i}',\boldsymbol{j}'$，令 $\boldsymbol{k}'=\boldsymbol{i}'\times\boldsymbol{j}'$.

(3) 以 $\boldsymbol{i}',\boldsymbol{j}',\boldsymbol{k}'$ 为新坐标系 $O\text{-}x'y'z'$ 的坐标向量作旋转坐标变换，就得到新坐标系下不含交叉项的方程.

(4) 在新坐标系下的方程中只含有平方项、一次项、常数项，再适当配方，作平移变换，可将方程化为标准方程的形式.

例 5.4.3　选主方向化简二次曲面方程

$$x^2+4y^2+4z^2-4xy+4xz-8yz+6x+6z-5=0.$$

解　此曲面方程的系数矩阵为

$$A=\begin{pmatrix}1&-2&2&3\\-2&4&-4&0\\2&-4&4&3\\3&0&3&-5\end{pmatrix},$$

因为

$$I_1=1+4+4=9,\quad I_2=\begin{vmatrix}1&-2\\-2&4\end{vmatrix}+\begin{vmatrix}1&2\\2&4\end{vmatrix}+\begin{vmatrix}4&-4\\-4&4\end{vmatrix}=0,$$

$$I_3=\begin{vmatrix}1&-2&2\\-2&4&-4\\2&-4&4\end{vmatrix}=0.$$

所以特征方程为

$$\lambda^3-9\lambda^2=0,$$

解得特征根

$$\lambda_1=9,\quad \lambda_2=\lambda_3=0.$$

$\lambda_1=9$ 所对应的主方向方程组为

$$\begin{cases}-8X-2Y+2Z=0,\\-2X-5Y-4Z=0,\\2X-4Y-5Z=0.\end{cases}$$

解得

$$X:Y:Z=1:(-2):2.$$

$\lambda_2=\lambda_3=0$ 所对应的主方向(奇向)由方程

$$X-2Y+2Z=0$$

确定. 在这无穷多个主方向中任取一个方向$\{2,2,1\}\perp\{1,-2,2\}$,取

$$\boldsymbol{e}_1'=\left\{\frac{1}{3},-\frac{2}{3},\frac{2}{3}\right\}\quad(\lambda_1\text{ 对应的主单位方向}),$$

$$\boldsymbol{e}_2'=\left\{\frac{2}{3},\frac{2}{3},\frac{1}{3}\right\}\quad(\lambda_2\text{ 对应的主单位方向}),$$

$$\boldsymbol{e}_3'=\boldsymbol{e}_1'\times\boldsymbol{e}_2'=\left\{-\frac{2}{3},\frac{1}{3},\frac{2}{3}\right\}$$

为新坐标系的坐标向量,作旋转变换

$$\begin{cases}x=\dfrac{1}{3}x'+\dfrac{2}{3}y'-\dfrac{2}{3}z',\\[2mm]y=-\dfrac{2}{3}x'+\dfrac{2}{3}y'+\dfrac{1}{3}z',\\[2mm]z=\dfrac{2}{3}x'+\dfrac{1}{3}y'+\dfrac{2}{3}z',\end{cases}$$

代入二次曲面原方程,并化简得

$$9x'^2+6x'+6y'-5=0.$$

再配方得

$$9\left(x'+\frac{1}{3}\right)^2=-6(y'-1).$$

作平移

$$\begin{cases} x' = x'' - \dfrac{1}{3}, \\ y' = y'' + 1, \\ z' = z'', \end{cases}$$

得

$$9x''^2 = -6y'', \tag{5.4.15}$$

它仍是一个抛物柱面.(5.4.11)式可经旋转变换

$$\begin{cases} x^* = y'', \\ y^* = z'', \quad (\text{满足正交性条件}), \\ z^* = x'' \end{cases}$$

化为(5.4.15)式的形式.

5.4.2　二次曲面的方程化简与分类

由上面的分析我们可得如下定理:

定理 5.4.2　任一个二次曲面的方程总可通过坐标变换化为下列五个简化方程中的一个:

(1) $a'_{11}x'^2 + a'_{22}y'^2 + a'_{33}z'^2 + a'_{44} = 0$,　$a'_{11}a'_{22}a'_{33} \neq 0$;

(2) $a'_{11}x'^2 + a'_{22}y'^2 + 2a'_{34}z' = 0$,　$a'_{11}a'_{22}a'_{34} \neq 0$;

(3) $a'_{11}x'^2 + a'_{22}y'^2 + a'_{44} = 0$,　$a'_{11}a'_{22} \neq 0$;

(4) $a'_{11}x'^2 + 2a'_{24}y' = 0$,　$a'_{11}a'_{24} \neq 0$;

(5) $a'_{11}x'^2 + a'_{44} = 0$,　$a'_{11} \neq 0$.

详细证明略.

根据这五类曲面的简化方程系数的各种不同情况,得到的二次曲面方程有第4章中的十七种标准形式.

例 5.4.4　研究曲面 $2xy + 2yz + 2zx + 9 = 0$ 的形状.

解法 1　此曲面的特征方程为

$$\begin{vmatrix} -\lambda & 1 & 1 \\ 1 & -\lambda & 1 \\ 1 & 1 & -\lambda \end{vmatrix} = -\lambda^3 + 3\lambda + 2 = -(\lambda+1)^2(\lambda-2) = 0,$$

故特征根为

$$\lambda_1 = 2, \quad \lambda_2 = \lambda_3 = -1.$$

当 $\lambda_1 = 2$ 时,它所对应的主方向由下列方程确定

$$\begin{cases} -2X+Y+Z=0, \\ X-2Y+Z=0, \\ X+Y-2Z=0. \end{cases}$$

解得

$$X:Y:Z=1:1:1.$$

当 $\lambda_2=\lambda_3=-1$ 时，这个二重特征根对应的主方向是满足 $X+Y+Z=0$ 且与 $\{1,1,1\}$ 垂直的任意方向，取其中一个方向 $\{1,0,-1\}$，令

$$\boldsymbol{e}_1'=\left\{\frac{1}{\sqrt{3}},\frac{1}{\sqrt{3}},\frac{1}{\sqrt{3}}\right\} \quad (\lambda_1 \text{ 对应的单位主向量}),$$

$$\boldsymbol{e}_2'=\left\{\frac{1}{\sqrt{2}},0,-\frac{1}{\sqrt{2}}\right\} \quad (\lambda_2 \text{ 对应的单位主向量}),$$

$$\boldsymbol{e}_3'=\boldsymbol{e}_1'\times\boldsymbol{e}_2'=\left\{-\frac{1}{\sqrt{6}},\frac{2}{\sqrt{6}},-\frac{1}{\sqrt{6}}\right\}$$

为新坐标系 $O'\text{-}x'y'z'$ 的坐标向量，作坐标变换

$$\begin{cases} x=\dfrac{1}{\sqrt{3}}x'+\dfrac{1}{\sqrt{2}}y'-\dfrac{1}{\sqrt{6}}z', \\ y=\dfrac{1}{\sqrt{3}}x'+\dfrac{2}{\sqrt{6}}z', \\ z=\dfrac{1}{\sqrt{3}}x'-\dfrac{1}{\sqrt{2}}y'-\dfrac{1}{\sqrt{6}}z', \end{cases}$$

代入原方程得

$$2x'^2-y'^2-z'^2+9=0,$$

它是一个单叶双曲面.

解法 2　首先消去 xy 项，为此作 xOy 面上的旋转

$$\begin{cases} x=\dfrac{1}{\sqrt{2}}(x'-y'), \\ y=\dfrac{1}{\sqrt{2}}(x'+y'), \\ z=z', \end{cases}$$

代入原方程得

$$x'^2-y'^2+2\sqrt{2}x'z'+9=0. \tag{5.4.16}$$

再消去 $x'z'$ 项，作 $x'Oz'$ 面上的旋转，其旋转角 θ 由

$$\cot 2\theta = \frac{a'_{11} - a'_{33}}{2a'_{13}} = \frac{1}{2\sqrt{2}}$$

确定,此时可取 $\tan\theta = \frac{1}{\sqrt{2}}$,于是 $\sin\theta = \frac{1}{\sqrt{3}}$,$\cos\theta = \frac{2}{\sqrt{6}}$,作坐标变换

$$\begin{cases} x' = \frac{2}{\sqrt{6}}x'' - \frac{1}{\sqrt{3}}z'', \\ y' = y'', \\ z' = \frac{1}{\sqrt{3}}x'' + \frac{2}{\sqrt{6}}z'', \end{cases} \tag{5.4.17}$$

代入(5.4.16)式化简为

$$2x''^2 - y''^2 - z''^2 + 9 = 0, \tag{5.4.18}$$

此二次曲面为单叶双曲面.

注　解法 2 要比解法 1 简单得多,且不需要更多的知识(如主方向、主径面、特征方程)就能化简二次曲面.

5.4.3　应用不变量确定二次曲面的标准方程与分类

1. 不变量与半不变量

二次曲面方程(5.4.6)左端的系数组成的一个非常数函数 $f(a_{11}, a_{12}, \cdots, a_{44})$,如果经过直角坐标变换(5.4.12),$F(x,y,z)$变为 $F'(x',y',z')$时,有

$$f(a_{11}, a_{12}, \cdots, a_{44}) = f(a'_{11}, a'_{12}, \cdots, a'_{44}),$$

那么这个函数 $f(a_{11}, a_{12}, \cdots, a_{44})$叫做二次曲面(5.4.6)在直角坐标变换(5.4.12)下的**不变量**,如果这个函数 $f(a_{11}, a_{12}, \cdots, a_{44})$的值只是经过旋转变换不变,那么这个函数叫做二次曲面(5.4.6)在直角坐标变换下的**半不变量**.

可以证明二次曲面(5.4.6)在直角坐标变换下有四个不变量 I_1, I_2, I_3, I_4 与两个半不变量 K_1, K_2,即

$$I_1 = a_{11} + a_{22} + a_{33},$$

$$I_2 = \begin{vmatrix} a_{11} & a_{12} \\ a_{12} & a_{22} \end{vmatrix} + \begin{vmatrix} a_{11} & a_{13} \\ a_{13} & a_{33} \end{vmatrix} + \begin{vmatrix} a_{22} & a_{23} \\ a_{23} & a_{33} \end{vmatrix},$$

$$I_3 = \begin{vmatrix} a_{11} & a_{12} & a_{13} \\ a_{12} & a_{22} & a_{23} \\ a_{13} & a_{23} & a_{33} \end{vmatrix}, \quad I_4 = \begin{vmatrix} a_{11} & a_{12} & a_{13} & a_{14} \\ a_{12} & a_{22} & a_{23} & a_{24} \\ a_{13} & a_{23} & a_{33} & a_{34} \\ a_{14} & a_{24} & a_{34} & a_{44} \end{vmatrix},$$

$$K_1 = \begin{vmatrix} a_{11} & a_{14} \\ a_{14} & a_{44} \end{vmatrix} + \begin{vmatrix} a_{22} & a_{24} \\ a_{24} & a_{44} \end{vmatrix} + \begin{vmatrix} a_{33} & a_{34} \\ a_{34} & a_{44} \end{vmatrix},$$

$$K_2=\begin{vmatrix} a_{11} & a_{12} & a_{14} \\ a_{12} & a_{22} & a_{24} \\ a_{14} & a_{24} & a_{44} \end{vmatrix}+\begin{vmatrix} a_{11} & a_{13} & a_{14} \\ a_{13} & a_{33} & a_{34} \\ a_{14} & a_{34} & a_{44} \end{vmatrix}+\begin{vmatrix} a_{22} & a_{23} & a_{24} \\ a_{23} & a_{33} & a_{34} \\ a_{24} & a_{34} & a_{44} \end{vmatrix}.$$

在直角坐标变换下，二次曲面的特征方程不变，从而特征根不变.

其次，还有 K_1 是第Ⅴ类二次曲面在直角坐标变换下的不变量，而 K_2 是第Ⅲ，Ⅳ与Ⅴ类二次曲面在直角坐标变换下的不变量.

2. 二次曲面五种类型的判别

由定理 5.4.2 知，二次曲面(5.4.6)通过坐标变换总可以化成五个简化方程中的一个. 由于二次曲面的类型完全由定理 5.4.2 的五种类型决定，根据不变量的性质，我们可以应用二次曲面的不变量来判别二次曲面的类型.

(1) 当二次曲面(5.4.6)是第Ⅰ类曲面时，那么有

$$I_3=I_3'=\begin{vmatrix} a_{11}' & 0 & 0 \\ 0 & a_{22}' & 0 \\ 0 & 0 & a_{33}' \end{vmatrix}=a_{11}'a_{22}'a_{33}'\neq 0.$$

(2) 当二次曲面(5.4.6)是第Ⅱ类曲面时，那么有

$$I_3=I_3'=\begin{vmatrix} a_{11}' & 0 & 0 \\ 0 & a_{22}' & 0 \\ 0 & 0 & 0 \end{vmatrix}=0,$$

而

$$I_4=I_4'=\begin{vmatrix} a_{11}' & 0 & 0 & 0 \\ 0 & a_{22}' & 0 & 0 \\ 0 & 0 & 0 & a_{34}' \\ 0 & 0 & a_{34}' & 0 \end{vmatrix}=-a_{11}'a_{22}'a_{34}'^2\neq 0.$$

(3) 当二次曲面(5.4.6)是第Ⅲ类曲面时，那么有

$$I_3=I_3'=0,\quad I_4=I_4'=0,$$

而

$$I_2=I_2'=\begin{vmatrix} a_{11}' & 0 \\ 0 & a_{22}' \end{vmatrix}+\begin{vmatrix} a_{11}' & 0 \\ 0 & 0 \end{vmatrix}+\begin{vmatrix} a_{22}' & 0 \\ 0 & 0 \end{vmatrix}=a_{11}'a_{22}'\neq 0.$$

(4) 当二次曲面(5.4.6)是第Ⅳ类曲面时，那么有

$$I_3=I_3'=0,\quad I_4=I_4'=0,\quad I_2=I_2'=0,$$

而

$$K_2=K_2'=\begin{vmatrix} a_{11}' & 0 & 0 \\ 0 & 0 & a_{24}' \\ 0 & a_{24}' & 0 \end{vmatrix}+\begin{vmatrix} a_{11}' & 0 & 0 \\ 0 & 0 & 0 \\ 0 & 0 & 0 \end{vmatrix}+\begin{vmatrix} 0 & 0 & a_{24}' \\ 0 & 0 & 0 \\ a_{24}' & 0 & 0 \end{vmatrix}=-a_{11}'a_{24}'^2\neq 0.$$

(5) 当二次曲面(5.4.6)是第Ⅴ类曲面时，那么有

$$I_3=I_3'=0,\quad I_4=I_4'=0,\quad I_2=I_2'=0,\quad K_2=K_2'=0.$$

以上这些区别五类二次曲面的必要条件，包括了所有可能而且互相排斥的各种情形，所以它们不仅是必要的而且也是充分的，因此我们有如下定理：

定理 5.4.3　如果给出了二次曲面(5.4.6)，那么它为定理 5.4.2 五种类型之一的充要条件是：

第Ⅰ类曲面：　$I_3\neq 0$；

第Ⅱ类曲面：　$I_3=0, I_4\neq 0$；

第Ⅲ类曲面：　$I_3=0, I_4=0, I_2\neq 0$；

第Ⅳ类曲面：　$I_3=0, I_4=0, I_2=0, K_2\neq 0$；

第Ⅴ类曲面：　$I_3=0, I_4=0, I_2=0, K_2=0$.

3. 应用不变量化简二次曲面的方程

下面我们应用二次曲面(5.4.6)的四个不变量 I_1, I_2, I_3, I_4 与两个半不变量 K_1, K_2 来化简曲面(5.4.6)的方程.

(1) $I_3\neq 0$，这时二次曲面(5.4.6)是第Ⅰ类曲面，它的简化方程为

$$a_{11}'x'^2-a_{22}'y'^2+a_{33}'z'^2+a_{44}'=0,\quad a_{11}'a_{22}'a_{33}'\neq 0;$$

所以

$$I_1=I_1'=a_{11}'+a_{22}'+a_{33}',$$

$$I_2=I_2'=\begin{vmatrix} a_{11}' & 0 \\ 0 & a_{22}' \end{vmatrix}+\begin{vmatrix} a_{11}' & 0 \\ 0 & a_{33}' \end{vmatrix}+\begin{vmatrix} a_{22}' & 0 \\ 0 & a_{33}' \end{vmatrix}$$

$$=a_{11}'a_{22}'+a_{11}'a_{33}'+a_{22}'a_{33}',$$

$$I_3=I_3'=\begin{vmatrix} a_{11}' & 0 & 0 \\ 0 & a_{22}' & 0 \\ 0 & 0 & a_{33}' \end{vmatrix}=a_{11}'a_{22}'a_{33}'.$$

因为二次曲面(5.4.6)的特征方程是

$$-\lambda^3+I_1\lambda^2-I_2\lambda+I_3=0,$$

所以根据根与系数关系立刻知道二次曲面的三个特征根为

$$\lambda_1=a_{11}',\quad \lambda_2=a_{22}',\quad \lambda_3=a_{33}'.$$

又因为

$$I_4 = I'_4 = \begin{vmatrix} a'_{11} & 0 & 0 & 0 \\ 0 & a'_{22} & 0 & 0 \\ 0 & 0 & a'_{33} & 0 \\ 0 & 0 & 0 & a'_{44} \end{vmatrix} = I_3 a'_{44},$$

所以

$$a'_{44} = \frac{I_4}{I_3},$$

因此第Ⅰ类曲面的简化方程可以写成

$$\lambda_1 x'^2 + \lambda_2 y'^2 + \lambda_3 z'^2 + \frac{I_4}{I_3} = 0, \qquad (5.4.19)$$

这里 $\lambda_1, \lambda_2, \lambda_3$ 为二次曲面(5.4.6)的三个特征根.

(2) 当 $I_3 = 0, I_4 \neq 0$,这时二次曲面(5.4.6)是第Ⅱ类曲面,它的简化方程为

$$a'_{11} x'^2 + a'_{22} y'^2 + 2a'_{34} z' = 0, \quad a'_{11} a'_{22} a'_{34} \neq 0,$$

所以

$$I_1 = I'_1 = a'_{11} + a'_{22},$$

$$I_2 = I'_2 = \begin{vmatrix} a'_{11} & 0 \\ 0 & a'_{22} \end{vmatrix} + \begin{vmatrix} a'_{11} & 0 \\ 0 & 0 \end{vmatrix} + \begin{vmatrix} a'_{22} & 0 \\ 0 & 0 \end{vmatrix} = a'_{11} a'_{22},$$

$$I_3 = 0,$$

这时二次曲面(5.4.6)的特征方程是

$$-\lambda^3 + I_1 \lambda^2 - I_2 \lambda = 0,$$

所以

$$\lambda = 0 \quad \text{或} \quad \lambda^2 - I_1 \lambda + I_2 = 0,$$

从而知二次曲面(5.4.6)的三个特征根为

$$\lambda_1 = a'_{11}, \quad \lambda_2 = a'_{22}, \quad \lambda_3 = 0.$$

此外,由于

$$I_4 = I'_4 = \begin{vmatrix} a'_{11} & 0 & 0 & 0 \\ 0 & a'_{22} & 0 & 0 \\ 0 & 0 & 0 & a'_{34} \\ 0 & 0 & a'_{34} & 0 \end{vmatrix} = -a'_{11} a'_{22} a'^2_{34} = -I_2 a'^2_{34},$$

所以

$$a'_{34} = \pm \sqrt{\frac{-I_4}{I_2}},$$

因此第Ⅱ类曲面的简化方程可以写成

$$\lambda_1 x'^2 + \lambda_2 y'^2 \pm 2\sqrt{-\frac{I_4}{I_2}}z' = 0, \tag{5.4.20}$$

这里 λ_1,λ_2 为二次曲面(5.4.6)的两个不为零的特征根.

(3) $I_3=I_4=0, I_2\neq 0$,这时二次曲面(5.4.6)是第Ⅲ类曲面,它的简化方程为

$$a'_{11}x'^2 + a'_{22}y'^2 + a'_{44} = 0, \quad a'_{11}a'_{22}\neq 0.$$

和情形(2)一样,这里 a'_{11} 与 a'_{22} 分别是二次曲面(5.4.6)的两个非零的特征根 λ_1 与 λ_2,并且

$$I_2 = a'_{11}a'_{22}, \quad K_2 = a'_{11}a'_{22}a'_{44} = I_2 a'_{44},$$

所以

$$a'_{44} = \frac{K_2}{I_2},$$

因此第Ⅲ类曲面的简化方程可以写成

$$\lambda_1 x'^2 + \lambda_2 y'^2 + \frac{K_2}{I_2} = 0, \tag{5.4.21}$$

这里 λ_1,λ_2 为二次曲面(5.4.6)的两个不为零的特征根.

(4) $I_3=I_4=I_2=0, K_2\neq 0$.这时二次曲面(5.4.6)是第Ⅳ类曲面,它的简化方程为

$$a'_{11}x'^2 + 2a'_{24}y' = 0, \quad a'_{11}a'_{24}\neq 0.$$

所以

$$I_1 = a'_{11}, \quad I_2 = I_3 = 0,$$

而特征方程是

$$-\lambda^3 + I_1\lambda^2 = 0,$$

所以特征根为

$$\lambda_1 = I_1 = a'_{11}, \quad \lambda_2 = \lambda_3 = 0,$$

又因为

$$K_2 = K'_2 = \begin{vmatrix} a'_{11} & 0 & 0 \\ 0 & 0 & a'_{24} \\ 0 & a'_{24} & 0 \end{vmatrix} + \begin{vmatrix} a'_{11} & 0 & 0 \\ 0 & 0 & 0 \\ 0 & 0 & 0 \end{vmatrix} + \begin{vmatrix} 0 & 0 & a'_{24} \\ 0 & 0 & 0 \\ a'_{24} & 0 & 0 \end{vmatrix}$$

$$= -a'_{11}a'^2_{24} = -I_1 a'^2_{24},$$

所以

$$a'_{24}=\pm\sqrt{-\frac{K_2}{I_1}},$$

因此第Ⅳ类曲面的简化方程可以写成

$$I_1x'^2\pm2\sqrt{-\frac{K_2}{I_1}}y'=0. \tag{5.4.22}$$

(5) $I_3=I_4=I_2=K_2=0$,这时二次曲面(5.4.6)是第Ⅴ类曲面,它的简化方程为

$$a'_{11}x'^2+a'_{44}=0,\quad a'_{11}\neq0.$$

像情形(4)一样,这时二次曲面(5.4.6)有唯一的非零特征根

$$\lambda_1=I_1=a'_{11}.$$

其次又有

$$K_1=\begin{vmatrix}a'_{11} & 0\\0 & a'_{44}\end{vmatrix}+\begin{vmatrix}0 & 0\\0 & a'_{44}\end{vmatrix}+\begin{vmatrix}0 & 0\\0 & a'_{44}\end{vmatrix}=a'_{11}a'_{44}=I_1a'_{44}.$$

于是

$$a'_{44}=\frac{K_1}{I_1},$$

因此第Ⅴ类曲面的简化方程可以写成

$$I_1x'^2+\frac{K_1}{I_1}=0. \tag{5.4.23}$$

综上所述,判别所给二次曲面方程的类型和形状,及对应的简化方程如表 5.1 和表 5.2 所示.

表 5.1 二次曲面类型的判别与简化方程

曲面类型	类型判别	简化方程
第Ⅰ类曲面 中心二次曲面 (椭球面、双曲面类)	$I_3\neq0$	$\lambda_1x'^2+\lambda_2y'^2+\lambda_3z'^2+\frac{I_4}{I_3}=0$
第Ⅱ类曲面 非退化无心二次 曲面(抛物面类)	$I_3=0,I_4\neq0$	$\lambda_1x'^2+\lambda_2y'^2\pm2\sqrt{-\frac{I_4}{I_2}}z'=0$
第Ⅲ类曲面 线心二次曲面 (椭圆、双曲类柱面)	$I_3=I_4=0,I_2\neq0$	$\lambda_1x'^2+\lambda_2y'^2+\frac{K_2}{I_2}=0$

续表

曲面类型	类型判别	简化方程
第Ⅳ类曲面 退化无心二次 曲面(抛物柱面)	$I_3=I_4=I_2=0, K_2\neq 0$	$I_1x'^2\pm 2\sqrt{-\frac{K_2}{I_1}}y'=0$
第Ⅴ类曲面 面心二次曲面 (两平行平面)	$I_3=I_4=I_2=K_2=0$	$I_1x'^2+\frac{K_1}{I_1}=0$

这里 $\lambda_i(i=1,2,3)$ 为二次曲面的非零特征根.

表 5.2　二次曲面的形状判别

$I_3\neq 0$	$I_2>0, I_1I_3>0$	$I_4<0$			(1) 椭球面
		$I_4>0$			(2) 虚椭球面
		$I_4=0$			(3) 点
	$I_2\leqslant 0$(或 $I_1I_3\leqslant 0$)	$I_4>0$			(4) 单叶双曲面
		$I_4<0$			(5) 双叶双曲面
		$I_4=0$			(6) 二次锥面
$I_3=0$	$I_4\neq 0$	$I_4<0$			(7) 椭圆抛物面
		$I_4>0$			(8) 双曲抛物面
	$I_4=0$	$I_2>0$	$I_1K_2<0$		(9) 椭圆柱面
			$I_1K_2>0$		(10) 虚椭圆柱面
			$K_2=0$		(11) 直线
		$I_2<0$	$K_2\neq 0$		(12) 双曲柱面
			$K_2=0$		(13) 一对相交平面
		$I_2=0$	$K_2\neq 0$		(14) 抛物柱面
			$K_2=0$	$K_1<0$	(15) 一对平行平面
				$K_1>0$	(16) 一对虚平行平面
				$K_1=0$	(17) 一对重合平面

从表 5.2 可看到二次曲面有且只有第 4 章中所列的十七种方程和图形.

结　束　语

这一章所介绍的内容与方法,可用于二次曲线方程的化简与分类,对于二次曲线的情形表达更加简练.

关于二次曲面方程的化简,常用的方法是直接从二次方程出发确定直角坐标系的平移和旋转坐标变换化二次曲面方程为标准形,这种方法不需要更多的知识(如主方向、主径面、特征方程)就能化简二次曲面.另外,坐标变换也可从主方向出发或从主径面出发来化简二次曲面的方程，先找到三个两两相互垂直的主方向，以它们作为新坐标轴的方向，进行坐标变换(旋转)，这样就可以使得曲面的新方程中不再含有交叉项，然后再进行适当的平移，就能求出曲面的简化方程. 由于二次曲面的不同特征根所确定的主方向一定相互垂直，因此，新坐标轴的三个方向是容易找到的，不过在这里必须注意，为了计算方便，在确定旋转公式时，新坐标轴的三个方向，应该是单位向量的方向. 如果是中心二次曲面，我们可先进行平移把坐标原点移到曲面的中心，这样先消去方程中的一次项，然后再旋转化去交叉项. 如果不要求变换过程，可用不变量的方法确定曲面的标准方程和类型.

直角坐标变换，实际上是一种特殊的线性变换，也就是满足正交条件的线性变换，因此，如果有高等代数知识对这章的理论会有更深刻的理解.

练　习　题

本章所用的坐标系都是直角坐标系.

一、基　础　题

1. 讨论直线$\frac{x}{X}=\frac{y}{Y}=\frac{z}{Z}$与锥面$ax^2+by^2+cz^2=0$的相关位置.

2. 讨论三坐标轴与二次柱面$y^2+z^2-z=0$的相关位置.

3. 求二次曲面$x^2+3y^2-4z^2+4z-2y-5=0$和直线$\begin{cases}\frac{x+3}{4}=\frac{y}{2},\\ z=0\end{cases}$的交点.

4. 求直线L：$\begin{cases}x=-1+4t\\ y=2t,\\ z=0\end{cases}$与曲面$\Sigma$：$x^2+z^2-2xy-yz+4zx+3x-5z=0$的交点，并证明$\Sigma$上有平行于$L$的直母线，求出它的方程.

5. 求二次曲面$x^2+y^2+z^2-4xy-4xz-4yz+2x+2y+2z+18=0$在点(1,2,3)的切平面方程.

6. 证明曲面$x^2+y^2+5z^2-6xy+2yz-2xz-12=0$上有平行于向量$\{2,1,-1\}$的直母线，并求出它的方程.

7. 验证$(3,1,-2)$在二次曲面$x^2+2y^2+6xz+4yz+2y-4z+23=0$上，求该点的切平面.

8. 求出平面$lx+my+nz-k=0$成为椭球面

$$\frac{x^2}{a^2}+\frac{y^2}{b^2}+\frac{z^2}{c^2}=1$$

的切平面的充要条件.

9. 求过直线$\begin{cases}x+9y-3z=0,\\ 3x-3y+6z-5=0\end{cases}$的二次曲面$2x^2-6y^2+3z^2=5$的切平面.

10. 从原点向椭球面

$$\frac{x^2}{a^2}+\frac{y^2}{b^2}+\frac{z^2}{c^2}=1$$

的切平面引垂线，求垂足的轨迹方程.

11. 证明平行于直线$\begin{cases}x-y-1=0,\\x-z+4=0\end{cases}$的所有直线和二次曲面$3x^2+z^2-2xy-yz-x-1=0$都有两个交点，并求与已知直线平行的弦的中点轨迹.

12. 求下列各曲面的中心：

(1) $x^2+y^2+z^2-2xy-2yz+2xz-2x-4y-2z+3=0$；

(2) $4x^2+y^2+9z^2-4xy-6yz+12xz+8x-4y+12z-5=0$；

(3) $5x^2+9y^2+9z^2-12xy-6xz+12x-36z=0$.

13. 求二次曲面$2xz+y^2-2y-1=0$的中心和渐近锥面.

14. 已给曲面$2x^2+5y^2+8z^2+2xy+12yz+6xz+8x+14y+18z=0$，求共轭于下列方向的直径平面：(1)$\{3,2,-5\}$；(2)$x$轴；(3)$y$轴；(4)$z$轴.

15. 已知二次曲面

$$6x^2+9y^2+z^2+6xy-4xz-2y-3=0,$$

求平行于平面$x+3y-z+5=0$的直径面和与它共轭的方向.

16. 求下列曲面的主方向和主径面：

(1) $2x^2+2y^2-5z^2+2xy-2x-4y-4z+2=0$；

(2) $x^2+y^2-2xy+2x-4y-2z+3=0$.

17. 求坐标平移公式，使球面方程

(1) $x^2+y^2+z^2-4x+6y+2z-15=0$；　(2) $x^2+y^2+z^2-10x+6z-15=0$

化为标准形式$x'^2+y'^2+z'^2=R^2$.

18. 试将方程$2x+3y+4z+5=0$用适当的坐标变换变为新方程$x'=0$.

19. 给定两两垂直的三个平面：

$$\pi_1: x+2y-2z+3=0,$$
$$\pi_2: 2x+y+2z-1=0,$$
$$\pi_3: 2x-2y-z-3=0,$$

求以它们的单位法向量依次为新坐标轴的坐标变换公式.

20. 利用直角坐标变换，化简下列二次曲面的方程，并指出它是何种曲面：

(1) $5x^2+7y^2+6z^2-4xz-4yz-6x-10y-4z+7=0$；

(2) $5x^2-16y^2+5z^2+8xy-14xz+8yz+4x+20y+4z-24=0$；

(3) $2x^2+2y^2+3z^2+4xy+2xz-2yz-4x+6y-2z+3=0$.

21. 确定c的值，使$5x^2+3y^2+cz^2+2xz+15=0$表示旋转曲面.

22. 研究曲面$x^2+y^2-5z^2-6xy-2xz+2yz-6x+6y-6z+10=0$的形状.

23. 利用不变量判断下列曲面为何种曲面，并求出它的标准方程.

(1) $4x^2+5y^2+6z^2-4xy+4yz-4x+6y+4z-27=0$；

(2) $4x^2+y^2+z^2+4xy+4xz+2yz-24x+32=0$；

(3) $4x^2+2y^2+3z^2+4xz-4yz-6x+4y+8z+2=0$；

(4) $36x^2+9y^2+4z^2+36xy+24xz+12yz-49=0$.

二、提　高　题

1. 证明:球面的特征根是一个非零三重根,空间的任何方向都是球面的非奇主方向,球面的主径面就是过球心的一切平面.

2. 求下列三个二次曲面的公共直径面:

$$x^2+y^2+z^2-2x+4y-11=0,$$
$$3y^2+4xy-2xz+6z+5=0,$$
$$6x^2-3y^2+2z^2+4xy-8xz-4x+4y-5=0.$$

3. 二次曲面通过点 $O(0,0,0)$,$A(1,-1,1)$,$B(0,0,1)$,它的三个主径面为

$$x+y+z=0,\quad 2x-y-z=0,\quad y-z+1=0,$$

求这个二次曲面的方程.

4. 化简二次曲面 $x^2+2yz-2y+2z-1=0$ 的方程.

5. 试求椭球面 $\frac{x^2}{a^2}+\frac{y^2}{b^2}+\frac{z^2}{c^2}=1$ 的三条相交于一点且两两相互垂直的切线的交点的轨迹.

三、复习题与测验

1. 填空题

(1) 二次曲面 $a_{11}x^2+a_{22}y^2+a_{33}z^2-2a_{12}xy+2a_{13}xz-2a_{23}yz+2a_{14}x+2a_{42}y+2a_{34}z+a_{44}=0$ 的中心方程组是________,奇点方程组是________.

(2) 二次曲面 $x^2+y^2+z^2+2xy+6xz-2yz+2x-6y-2z=0$ 表示的曲面是一个________,它的中心是________,渐近锥面是________.

(3) 二次曲面 $5x^2-y^2+z^2+4xy+6xz+2x+4y+6z-8=0$ 在点 $(0,-4,4)$ 处的切平面是________,法线的方程是________.

(4) 二次曲面 $x^2-y^2+z^2+xy+4yz+2zx-x+y+z+12=0$ 的切平面 $x+10y-3z+22=0$ 与曲面的切点是________.

(5) 平面 $lx+my+nz=p$ 与曲面 $ax^2+by^2=2z$ 相切的条件是________.

(6) 二次曲面 $x^2-2y^2+3z^2=0$ 的奇点是________,而曲面 $x^2-2y^2=0$ 的奇点是________.

(7) 二次曲面 $x^2+y^2+4z^2+2xy-4xz-4yz-4x-4y+8z=0$ 的中心是________,奇向是________.

(8) 二次曲面 $4x^2+6y^2+4z^2+4xz-8y-4z+3=0$ 的共轭于方向 $\{1,-2,4\}$ 的直径面是________,共轭于 x 轴的直径面是________.

(9) 二次曲面 $2y^2-2xy+2xz-2yz+2x+y-3z-5=0$ 的特征方程是________,特征根是________,非奇主方向是________,奇异主方向是________,主径面是________.

(10) $x^2+y^2+5z^2-4xy+4xz+2yz+2x+2y+d=0$ 表示锥面,则 d 的值为________.

2. 在直角坐标系中,给定三个平面

$$\pi_1: x-y-z+1=0,\quad \pi_2: 2x+y+z-1=0,\quad \pi_3: y-z+2=0.$$

(1) 验证 π_1,π_2,π_3 两两垂直;

(2) 求以它们的交点为坐标原点,单位法向量依次为新坐标向量的坐标变换.

3. 作直角坐标变换,化简二次曲面 $x^2+4y+2z-3=0$ 的方程,并指出它是何种曲面.

4. 求二次曲面

$$x^2+y^2-3z^2-2xy-6xz-6yz+2x+2y+4z=0$$

的主方向和主径面.

5. 试说明二次曲面 $y^2+(1-\lambda^2)(z^2-2z)+2\lambda zx-2x=0$ 表示旋转曲面,并求旋转的方向.

6. 利用不变量判断二次曲面 $x^2+4y^2+4z^2-4xy+4xz-8yz+6x+6z-5=0$ 为何种曲面,并求出它的简化方程.

习题答案与提示

第 1 章

一、基础题

1. (1) 单位球面;(2) 单位圆;(3) 直线;(4) 相距为 2 的两点.

2. 在正六边形 $ABCDEF$ 中,相等的向量对是$\overrightarrow{OA}$和$\overrightarrow{EF}$;$\overrightarrow{OB}$和$\overrightarrow{FA}$;$\overrightarrow{OC}$和$\overrightarrow{AB}$;$\overrightarrow{OE}$和$\overrightarrow{CD}$;$\overrightarrow{OF}$和$\overrightarrow{DE}$.

3. 相等的向量对是(2),(3)和(5);互为反向量的向量对是(1)和(4).

4. $\boldsymbol{a}=\boldsymbol{0}$.

5. (1) $\boldsymbol{a}$ 与 $\boldsymbol{b}$ 同向;(2) $\boldsymbol{a}$ 与 $\boldsymbol{b}$ 反向且$|\boldsymbol{a}|\geqslant|\boldsymbol{b}|$;(3) $\boldsymbol{a}$ 与 $\boldsymbol{b}$ 同向且$|\boldsymbol{a}|\geqslant|\boldsymbol{b}|$;(4) $\boldsymbol{a}$ 与 $\boldsymbol{b}$ 反向;(5) $\boldsymbol{a},\boldsymbol{b},\boldsymbol{c}$ 互相平行且同向.

6. 提示:连结 AC,则在$\triangle BAC$ 中,$KL \mathrel{\underline{\underline{\parallel}}} \frac{1}{2}AC$. $\overrightarrow{KL}$与$\overrightarrow{AC}$方向相同;在$\triangle DAC$ 中,$NM \mathrel{\underline{\underline{\parallel}}} \frac{1}{2}AC$. $\overrightarrow{NM}$与$\overrightarrow{AC}$方向相同,从而 $KL=NM$ 且$\overrightarrow{KL}$与$\overrightarrow{NM}$方向相同,所以$\overrightarrow{KL}=\overrightarrow{NM}$.

7. $\overrightarrow{AB}+\overrightarrow{AC}+\overrightarrow{AD}+\overrightarrow{AE}+\overrightarrow{AF}=3\overrightarrow{AD}$.

9. 提示:因为$\overrightarrow{BD}=\frac{|\overrightarrow{AB}|}{|\overrightarrow{AC}|}\overrightarrow{DC}$,因此有$\overrightarrow{AD}=\frac{|\overrightarrow{AB}|}{|\overrightarrow{AB}|+|\overrightarrow{AC}|}\cdot\overrightarrow{AC}+\frac{|\overrightarrow{AC}|}{|\overrightarrow{AC}|+|\overrightarrow{AB}|}\cdot\overrightarrow{AB}$.

12. $\boldsymbol{c},\boldsymbol{d}$ 线性无关.

13. $\boldsymbol{a}$ 能用 $\boldsymbol{b},\boldsymbol{c}$ 线性表示,$\boldsymbol{a}=-\frac{1}{10}\boldsymbol{b}+\frac{1}{5}\boldsymbol{c}$.

14. (1) 不一定,$\boldsymbol{b}\neq\boldsymbol{0}$ 时,$\boldsymbol{a}/\!/\boldsymbol{c}$;(2) 不一定共面.

15. (1) ×;(2) √;(3) ×;(4) ×;(5) ×.　　16. (1) 不一定;(2) 不一定.

19. (1) 5;(2) -3;(3) $-\frac{7}{2}$;(4) 11.　　24. -2.　　25. $\frac{3}{2}$.

26. $|\boldsymbol{r}|=\sqrt{14}$,$\angle(\boldsymbol{r},\boldsymbol{a})=\arccos\frac{\sqrt{14}}{14}$,$\angle(\boldsymbol{r},\boldsymbol{b})=\arccos\frac{\sqrt{14}}{7}$,$\angle(\boldsymbol{r},\boldsymbol{c})=\arccos\frac{3\sqrt{14}}{14}$.

27. 15.　　28. $30-15\sqrt{3}$, $\arccos\frac{10-5\sqrt{3}}{2\sqrt{86-25\sqrt{3}}}$.

29. 提示:$\triangle ABC$ 的三中线有$\overrightarrow{AD}=\overrightarrow{AB}+\frac{1}{2}\overrightarrow{BC}$,$\overrightarrow{BE}=\overrightarrow{BC}+\frac{1}{2}\overrightarrow{CA}$,$\overrightarrow{CF}=\overrightarrow{CA}+\frac{1}{2}\overrightarrow{AB}$,并注意到$\overrightarrow{AB}\cdot\overrightarrow{BC}+\overrightarrow{BC}\cdot\overrightarrow{CA}+\overrightarrow{CA}\cdot\overrightarrow{AB}=-\frac{1}{2}(\overrightarrow{AB}^2+\overrightarrow{BC}^2+\overrightarrow{CA}^2)$.

30. 不一定. 当 $\boldsymbol{a}=\boldsymbol{0}$ 或 $\boldsymbol{b}=\boldsymbol{0}$ 时成立.

31. (1) $3\boldsymbol{b}\times\boldsymbol{a}$;(2) $5\boldsymbol{b}\times\boldsymbol{a}$;(3) $\boldsymbol{0}$;(4) $2(\boldsymbol{b}-\boldsymbol{c})\times\boldsymbol{a}$.

33. 5.　　34. $\frac{19}{5}$.　　36. 等号成立当且仅当 $\boldsymbol{a}\perp\boldsymbol{b}$.

38. 提示因为 $\boldsymbol{a},\boldsymbol{b},\boldsymbol{c}$ 不共面，所以有 $\boldsymbol{x}=k_1\boldsymbol{a}+k_2\boldsymbol{b}+k_3\boldsymbol{c}$. 于是 $\boldsymbol{x}^2=k_1(\boldsymbol{a}\cdot\boldsymbol{x})+k_2(\boldsymbol{b}\cdot\boldsymbol{x})+k_3(\boldsymbol{c}\cdot\boldsymbol{x})=0$，即 $\boldsymbol{x}=\boldsymbol{0}$.

二、提高题

1. 等式成立的条件是 $\boldsymbol{a},\boldsymbol{c}$ 共线，或 $\boldsymbol{a}\perp\boldsymbol{b},\boldsymbol{c}\perp\boldsymbol{b}$.

3. 提示：$[\boldsymbol{v}_1\times(\boldsymbol{v}_1\times\boldsymbol{v}_2)]\times[\boldsymbol{v}_2\times(\boldsymbol{v}_1\times\boldsymbol{v}_2)]=[(\boldsymbol{v}_1\cdot\boldsymbol{v}_2)\boldsymbol{v}_1-(\boldsymbol{v}_1\cdot\boldsymbol{v}_1)\boldsymbol{v}_2]\times[(\boldsymbol{v}_2\cdot\boldsymbol{v}_2)\boldsymbol{v}_1-(\boldsymbol{v}_2\cdot\boldsymbol{v}_1)\boldsymbol{v}_2]$.

4. 利用上题结论.

7. 提示：设△ABC 的三边向量 $|\overrightarrow{AB}|=a,|\overrightarrow{BC}|=b,|\overrightarrow{CA}|=c,\Delta=\frac{1}{2}|\overrightarrow{AB}\times\overrightarrow{BC}|$，所以 $\Delta^2=\frac{1}{4}(\overrightarrow{AB}\times\overrightarrow{BC})\cdot(\overrightarrow{AB}\times\overrightarrow{BC})=\frac{\overrightarrow{AB}^2\cdot\overrightarrow{BC}^2-(\overrightarrow{AB}\cdot\overrightarrow{BC})^2}{4}$,

而 $(\overrightarrow{AB}+\overrightarrow{BC})^2=\overrightarrow{CA}^2\Rightarrow\overrightarrow{AB}\cdot\overrightarrow{BC}=\frac{1}{2}(c^2-a^2-b^2)$，从而

$$\begin{aligned}\Delta^2&=\frac{1}{4}\left[a^2\cdot b^2-\frac{1}{4}(c^2-a^2-b^2)^2\right]=\frac{1}{16}[4a^2b^2-(c^2-a^2-b^2)^2]\\&=\frac{1}{16}(c-a+b)(c+a-b)(a+b+c)(a+b-c).\end{aligned}$$

10. 提示：由题设可知 $\overrightarrow{AF}=\frac{k_2}{k_1+k_2}\overrightarrow{AB},\overrightarrow{AE}=\frac{k_3}{k_1+k_3}\overrightarrow{AC},\overrightarrow{BD}=\frac{k_3}{k_2}\overrightarrow{DC}$. 设 BE,CF 交于点 M，由第 9 题，有

$$\overrightarrow{AM}=\frac{\frac{k_2}{k_1+k_2}\left(1-\frac{k_3}{k_1+k_3}\right)}{1-\frac{k_2}{k_1+k_2}\cdot\frac{k_3}{k_1+k_3}}\overrightarrow{AB}+\frac{\frac{k_3}{k_1+k_3}\left(1-\frac{k_2}{k_1+k_2}\right)}{1-\frac{k_2}{k_1+k_2}\cdot\frac{k_3}{k_1+k_3}}\overrightarrow{AC}=\frac{k_2\overrightarrow{AB}+k_3\overrightarrow{AC}}{k_1+k_2+k_3}.$$

$$\overrightarrow{AD}=\frac{k_2\overrightarrow{AB}+k_3\overrightarrow{AC}}{k_2+k_3}.$$

11. 利用第 10 题结果.

13. 提示：M 在线段 $\overline{AB}$ 上 $\Leftrightarrow\overrightarrow{AM}/\!/\overrightarrow{AB}$，$\overrightarrow{AM}$ 与 $\overrightarrow{AB}$ 同向且 $0\leqslant|\overrightarrow{AM}|\leqslant|\overrightarrow{AB}|$.

15. 提示：点 M 在△ABC 内(包括三条边)$\Leftrightarrow$在线段 BC 上有点 D 使得 M 在线段 AD 上，然后利用题 13 的结果.

三、复习与测试

1. 单项选择题

(1) D；(2) B；(3) C；(4) D；(5) C；(6) B；(7) D.

2. 填空题

(1) $0<\angle(\boldsymbol{a},\boldsymbol{b})<\frac{\pi}{2},\angle(\boldsymbol{a},\boldsymbol{b})=\frac{\pi}{2},\frac{\pi}{2}<\angle(\boldsymbol{a},\boldsymbol{b})<\pi$；(2) $-\frac{3}{2}$；(3) $\frac{1}{3}(\boldsymbol{a}+\boldsymbol{b}+\boldsymbol{c})$；(4) 不共面；(5) 1；(6) $\sqrt{14}$,7；(7) $\pm1,\lambda=0$；(8) $\boldsymbol{0}$.

5. 提示 A,B,C 共线 $\Leftrightarrow\overrightarrow{AB}/\!/\overrightarrow{AC}$，即于是存在不全为零的实数 k,l 使得 $k\overrightarrow{AB}+l\overrightarrow{AC}=\boldsymbol{0}$.

6. 提示：要证 A,B,D 三点共线，只须证明：$\overrightarrow{AB}\times\overrightarrow{BD}=0$ 即可.

8. $\frac{\pi}{3}$. 9. 15. 11. $\frac{15}{2}$. 12. 6.

第 2 章

一、基础题

1. 关于 xOy 平面的对称点坐标为$(a,b,-c)$,关于 yOz 平面的对称点坐标为$(-a,b,c)$;
关于 xOz 平面的对称点坐标为$(a,-b,c)$,关于 x 轴对称点坐标为$(a,-b,-c)$;
关于 y 轴的对称点坐标为$(-a,b,-c)$,关于 z 轴对称点坐标为$(-a,-b,c)$.

2. (1) 位于第一,三,五,七卦限;(2) 位于第二,三,五,八卦限;(3) 位于第一,六,七,八卦限;(4) 位于第二,四,五,七卦限.

4. 点 A 坐标为$(-1,0)$;点 D 坐标为$\left(-\frac{1}{2},\frac{1}{2}\right)$;$\overrightarrow{AD}$坐标为$\left\{\frac{1}{2},\frac{1}{2}\right\}$;$\overrightarrow{DB}$坐标为$\{0,-1\}$.

5. $D(9,-5,6)$. 6. $\{0,13,3\}$,$\{-11,-9,-2\}$.

7. (1) $\{2\}$;(2) $\{-5,4\}$;(3) $\{-4,3,3\}$.

8. A,B 两点的坐标分别为$(-1,2,4)$与$(8,-4,-2)$(两种可能).

9. (1) $\left(\frac{22}{5},-\frac{8}{5},\frac{2}{5}\right)$;(2) $(26,-16,-14)$. 10. $(4,5,-2)$.

11. (2) $\{-2,17,23\}$;(3) $-2\boldsymbol{e}_1+5\boldsymbol{e}_2+\frac{37}{3}\boldsymbol{e}_3$.

12. (1) 共面;(2) 不共面;(3) 不共面;(4) 不共面.

13. $k=1$ 或 2 时,共面;$k=2$ 时,$\boldsymbol{a}$,$\boldsymbol{c}$ 共线.

14. (1) 不共面;(2) 共面,但 $\boldsymbol{c}$ 不能表成 $\boldsymbol{a}$,$\boldsymbol{b}$ 的线性组合;(3) 共面,$\boldsymbol{c}=2\boldsymbol{a}-\boldsymbol{b}$.

15. (1) 31;(2) 6. 16. (1) $\{21,42,21\}$;(2) 280;(3) $\{115,242,137\}$.

17. (1) $\boldsymbol{a}^\circ=\frac{\sqrt{70}}{70}(5\boldsymbol{i}-6\boldsymbol{j}+3\boldsymbol{k})$;(2) $\boldsymbol{b}^\circ=\frac{\sqrt{13}}{13}(3\boldsymbol{i}-2\boldsymbol{k})$.

19. $2\sqrt{29}$,$2\sqrt{35}$. 20. (1) $\pi-\arccos\frac{\sqrt{14}}{7}$;(2) $\pi-\arccos\frac{7\sqrt{3}}{18}$.

22. $\boldsymbol{a}_b=2$. 23. $\{18,17,-17\}$.

24. (1) $\cos\alpha=\frac{2}{7}$,$\cos\beta=\frac{-3}{7}$,$\cos\gamma=\frac{-6}{7}$; (2) $\cos\alpha=\frac{2\sqrt{113}}{113}$,$\cos\beta=\frac{3\sqrt{113}}{113}$,$\cos\gamma=-\frac{10\sqrt{113}}{113}$.

25. (1) $\frac{\pi}{3}$;(2) $\frac{2\pi}{3}$;(3) $\frac{3\pi}{4}$;(4) $-\sqrt{6}$. 26. (1) 不是;(2) 是.

27. (1) $\lambda\{-2,5,4\}$;(2) $\mu\{-1,2,5\}$.

28. (1) $\{5,1,7\}$;(2) $\{10,2,14\}$;(3) $\{20,4,28\}$.

29. $12\sqrt{2}$. 30. 14. 32. $\frac{58}{3}$,$\frac{29}{7}$.

33. (1) -7;(2) $\{-46,29,-12\}$;(3) $\{-7,7,7\}$. 34. (1) $\frac{1}{6}$;(2) $\frac{10}{3}$.

35. (1) $\begin{cases} x=\frac{1}{2}x'+\frac{1}{2}z', \\ y=\frac{1}{2}x'+\frac{1}{2}y', \\ z=\frac{1}{2}y'+\frac{1}{2}z'; \end{cases}$

(2) $A(1,-1,1)$, $B(1,1,-1)$, $C(-1,1,1)$, $\overrightarrow{AB}=\{0,2,-2\}$, $\overrightarrow{AC}=\{-2,2,0\}$.

36. $\begin{cases} x=-\frac{2}{3}x'-\frac{\sqrt{2}}{6}y'+\frac{\sqrt{2}}{2}z'+2; \\ y=-\frac{1}{3}x'+\frac{2\sqrt{2}}{3}y'+1; \\ z=-\frac{2}{3}x-\frac{\sqrt{2}}{6}y'-\frac{\sqrt{2}}{2}z'+2. \end{cases}$

37. (1) 是；(2) $\begin{cases} \boldsymbol{a}=\boldsymbol{e}_1+2\boldsymbol{e}_2+2\boldsymbol{e}_3, \\ \boldsymbol{b}=-\boldsymbol{e}_1-\boldsymbol{e}_2+2\boldsymbol{e}_3, \\ \boldsymbol{c}=2\boldsymbol{e}_1-\boldsymbol{e}_2+\boldsymbol{e}_3. \end{cases}$ $\{1,-2,-1\}$.

38. $A\left(5,\arctan\frac{4}{3},5\right)$；$B(6,\pi,8)$.

39. (1) 以 z 轴为对称轴，2 为半径的圆柱面；

(2) 过 z 轴且与 Ox 轴夹角为$\frac{\pi}{4}$的半平面；

(3) 平行于 xOy 面且通过点$(0,0,-1)$的平面；

(4) 过 y 轴上的点$(0,5,0)$与 z 轴平行的直线；

(5) 在平面 $z=2$ 上以$(0,0,2)$为中心，半径为 4 的圆；

(6) xOy 面或 xOz 面的 $x\geqslant 0$ 部分.

40. $\left(\frac{\sqrt{2}}{2},\frac{\pi}{4},-\frac{\sqrt{2}}{2}\right)$.

41. $A\left(9,\arccos\frac{1}{9},\arctan\frac{1}{2}\right)$, $B\left(\sqrt{3},\pi-\arccos\frac{\sqrt{3}}{3},\frac{\pi}{4}\right)$, $C\left(1,\frac{\pi}{2},\frac{\pi}{2}\right)$.

42. (1) 中心在原点，半径为 3 的球面；(2) 过 z 轴且与 zOx 面的夹角为$\frac{\pi}{3}$的半平面；

(3) xOy 面；(4) 半径为 $r=4$ 且与 zOx 面的夹角为$\frac{3\pi}{4}$的半圆；

(5) 点$(0,0,-5)$；(6) 半平面 $\theta=\frac{\pi}{4}$与半锥面 $\varphi=\frac{\pi}{3}$相交的半直线.

44. 360(m/s).

二、提高题

2. 提示：建立仿射坐标系$\{V;\overrightarrow{VA},\overrightarrow{VB},\overrightarrow{VC}\}$. G 点为$\triangle ABC$ 的重心，G_1 为$\triangle VBC$ 的重心，所以$\overrightarrow{VG}=\left\{\frac{1}{3},\frac{1}{3},\frac{1}{3}\right\}$, $\overrightarrow{AG_1}=\left\{-1,\frac{1}{3},\frac{1}{3}\right\}$，把中线 VG 分成 3∶1 的分点 M，证明 M 在线段 VG 与 AG_1 上. 同理，若设 G_2, G_3 分别是$\triangle VAB$ 和$\triangle VAC$ 的重心，则 CG_2 与 BG_3 也必交于点 M'，证明 $M'=M$，且交点分每一中线成定比 3∶1.

3. 提示：同上题建立仿射坐标系$\{V;\overrightarrow{VA},\overrightarrow{VB},\overrightarrow{VC}\}$，设 M 是四面体的重心，则$\overrightarrow{VM}=\left\{\frac{1}{4},\frac{1}{4},\frac{1}{4}\right\}$. 设 D,E 分别为 AB,VC 的中点. 说明重心 M 在 ED 上且等分 ED. 同理证其他.

4. $\{14,10,2\}$.

5. 提示：建立直角坐标系$\{A;\overrightarrow{AB},\overrightarrow{AD},\overrightarrow{AA_1}\}$，以对角线 AC_1 来计算此题.

$$\overrightarrow{AC_1}=\overrightarrow{AB}+\overrightarrow{BC}+\overrightarrow{CC_1}=\overrightarrow{AB}+\overrightarrow{AD}+\overrightarrow{AA_1}=\{1,1,1\}.$$

(a) $\overrightarrow{AB_1}=\overrightarrow{AB}+\overrightarrow{BB_1}=\overrightarrow{AB}+\overrightarrow{AA_1}=\{1,0,1\}$，所以 $\cos\angle(\overrightarrow{AC_1},\overrightarrow{AB_1})=\frac{2}{\sqrt{3}\cdot\sqrt{2}}=\frac{\sqrt{6}}{3}$.

由对称性，$\overrightarrow{AC_1}$与$\overrightarrow{A_1C_1}$，$\overrightarrow{AD_1}$，$\overrightarrow{BC_1}$，$\overrightarrow{DC_1}$，$\overrightarrow{AC}$的夹角余弦也为$\frac{\sqrt{6}}{3}$.

(b) $\overrightarrow{BD}=\overrightarrow{AD}-\overrightarrow{AB}=\{-1,0,1\}$，所以 $\cos\angle(\overrightarrow{AC_1},\overrightarrow{BD})=\frac{0}{\sqrt{3}\cdot\sqrt{2}}=0$，即$\angle(\overrightarrow{AC_1},\overrightarrow{BD})=\frac{\pi}{2}$. 同理，$\overrightarrow{AC_1}$与$\overrightarrow{B_1D}$，$\overrightarrow{DA_1}$，$\overrightarrow{CB_1}$，$\overrightarrow{BA_1}$，$\overrightarrow{CD_1}$的夹角也为$\frac{\pi}{2}$.

6. $\arccos\frac{5\sqrt{161}}{69}$.

三、复习与测试题

1. 单项选择题(1) D；(2) B；(3) A；(4) C.

2. 填空题

(1) $\frac{\pi}{6}$，$\sqrt{3}$，$\pm\left\{\frac{\sqrt{3}}{3},\frac{\sqrt{3}}{3},-\frac{\sqrt{3}}{3}\right\}$；(2) -3；(3) 2；(4) $\{-16,15,-12\}$；(5) $(5,-3,-1)$，$(0,1,0)$；(6) $\left\{\frac{4\sqrt{10}}{15},\frac{-\sqrt{10}}{30},\frac{-\sqrt{10}}{6}\right\}$或$-\left\{\frac{4\sqrt{10}}{15},\frac{-\sqrt{10}}{30},\frac{-\sqrt{10}}{6}\right\}$；(7) $2\sqrt{3}$；(8) $\frac{59}{6}$.

3. $C(-4,4,-5)$，$D(-2,3,-2)$，$E(0,2,1)$，$F(2,1,4)$.

4. $\{14,10,-12\}$.　5. (1) $\boldsymbol{d}=\boldsymbol{a}+\boldsymbol{b}-\boldsymbol{c}$；(2) $\boldsymbol{d}=5\boldsymbol{a}+4\boldsymbol{b}$.

6. (1) 共面，$\boldsymbol{c}$ 不能表成 $\boldsymbol{a}$，$\boldsymbol{b}$ 的线性组合；(2) 共面，$\boldsymbol{c}=2\boldsymbol{a}-\boldsymbol{b}$.

8. $a=-1$ 或$\frac{2}{7}$.

9. 提示：设 D,E,F 分别是边 BC,CA,AB 上的中点. AD 与 BE 交于 M，AD 与 CF 交于 M'，则$\overrightarrow{AM}=k\overrightarrow{AD}=k\left(\frac{1}{2}\overrightarrow{AB}+\frac{1}{2}\overrightarrow{AC}\right)=\frac{k}{2}\overrightarrow{AB}+\frac{k}{2}\overrightarrow{AC}$.

若建立仿射坐标架$\{A;\overrightarrow{AB},\overrightarrow{AC}\}$，则点 $M\left(\frac{k}{2},\frac{k}{2}\right)$，$\overrightarrow{BM}=\left\{-m,\frac{m}{2}\right\}$，$M\left(\frac{1}{3},\frac{1}{3}\right)$，$M'\left(\frac{1}{3},\frac{1}{3}\right)$.

第 3 章

一、基础题

1. (1) $\begin{cases}x=-1-u+4v,\\y=2-3u-v,\\z=4u-5v;\end{cases}$　(2) $\begin{cases}x=3+u-2v,\\y=1-2u-v,\\z=2-3u-4v.\end{cases}$

2. $3x+2y-z+6=0$.

3. (1) $34x-18y+11z-35=0$;(2) $2y+z=0$;(3) $x-y+1=0$.

4. 截距式方程为:$\frac{x}{-4}+\frac{y}{-2}+\frac{z}{4}=1$;参数式方程为:$\begin{cases}x=-4+2u+v,\\ y=-u,\\ z=v.\end{cases}$

5. 方程 $Ax+By+C=0$ 表示一个平行于 z 轴的平面. 从空间与从平面 xOy 来看有差别. 从空间来看,方程 $Ax+By+C=0$ 表示一个平行 z 轴的平面,而从平面来看,方程 $Ax+By+C=0$ 表示一条直线.

6. (2) 向量 $\boldsymbol{a}$ 与平面 π 平行,向量 $\boldsymbol{b}$ 与平面 π 不平行.　　8. $7x-y+z-18=0$.

9. (1) 两平面平行(不重合);(2) 两平面相交;(3) 两平面重合.

10. (1) $p\neq\frac{5}{2}$,q 取任意实数时两平面相交;(2) $p=\frac{5}{2}$,$q\neq-2$ 时两平面平行;(3) $p=\frac{5}{2}$,$q=-2$ 时两平面重合.

11. 三平面相交于一直线.　　12. (1) $(x-1)-y+z=0$;(2) $z+3=0$.

13. $4x+5y-2z=0$.　14. (1) $x-y-z+1=0$;(2) $16x-14y-11z-65=0$.

15. $\{4,7,1\}$;$4x+7y+z-10=0$.

16. (1) $\frac{2}{\sqrt{30}}x-\frac{1}{\sqrt{30}}y+\frac{5}{\sqrt{30}}z-\frac{1}{\sqrt{30}}=0$;(2) $-\frac{1}{\sqrt{2}}y+\frac{1}{\sqrt{2}}z=0$;(3) $-z-2=0$.

17. $\frac{2}{\sqrt{14}}x-\frac{3}{\sqrt{14}}y+\frac{1}{\sqrt{14}}z-\frac{6}{\sqrt{14}}=0$.　　18. (1) 1;(2) 3.

19. $x+y-2z+1=0$.

20. (1) 离差为$-\frac{1}{3}$,M 到平面 π 的距离$\frac{1}{3}$;(2) 离差为 0,M 到平面 π 的距离为 0.

21. 3.　　22. $y+z=0$.　　23. $2x-2y-z-18=0$ 或 $2x-2y-z+12=0$.

24. (1) $\frac{\pi}{4}$或$\frac{3\pi}{4}$;(2) $\arccos\frac{81}{21}$或 $\pi-\arccos\frac{81}{21}$.　　25. $x+3y=0$ 或 $3x-y=0$.

26. (1) $x-2y-z+4=0$ 或 $x+z-6=0$;(2) $4x-50y-22z+675=0$ 或 $46x-50y+122z+375=0$.

27. M_1,M_2 在平面 π 的同侧.

28. (1) $A(-2,3,3)$在直线上,参数 $t=1$;(2) $B(3,1,2)$不在直线上.

29. (1) $\frac{x-3}{4}=\frac{y-1}{7}=\frac{z+1}{-8}$;(2) $\frac{x+3}{1}=\frac{y}{-1}=\frac{z-1}{0}$;(3) $\frac{x+2}{1}=\frac{y-3}{-1}=\frac{z+4}{3}$.

30. $\frac{x}{2}=\frac{y+2}{-1}=\frac{z-1}{-1}$.

31. (1) $\frac{x-8}{-10}=\frac{y}{8}=\frac{z+1}{11}$;(2) $\frac{x-\frac{1}{3}}{8}=\frac{y}{18}=\frac{z+1}{15}$.

32. $\begin{cases}3x-y+2=0,\\ 4x+z+3=0.\end{cases}$

33. (1) $\begin{cases} x=\dfrac{3}{5}z+\dfrac{2}{5}, \\ y=-\dfrac{1}{5}z-\dfrac{9}{5}; \end{cases}$ (2) $\begin{cases} x=-z+6, \\ y=-\dfrac{3}{4}z+\dfrac{9}{2}. \end{cases}$

34. (1) 在 xOy 面上的射影 $\begin{cases} 4x+5y-32=0, \\ z=0; \end{cases}$ 在 zOx 面上的射影 $\begin{cases} 11x+10z-78=0, \\ y=0; \end{cases}$ 在 yOz 面上的射影 $\begin{cases} 11y-8z-8=0, \\ x=0; \end{cases}$

(2) 在 xOy 面上的射影 $\begin{cases} 9x-4y+13=0, \\ z=0; \end{cases}$ 在 zOx 面上的射影 $\begin{cases} 15x-8z+3=0, \\ y=0; \end{cases}$ 在 yOz 面上的射影 $\begin{cases} 5y-6z-14=0, \\ x=0. \end{cases}$

35. L_1 与 L_2 相交于$(3,7,-6)$.　　36. L_1 与 L_2 相交于$(1,1,2)$, $10x+7y+z-19=0$.

37. (1) $\left(-2,\dfrac{1}{2},5\right)$; (2) $(8,-5,0)$.

38. (1) 直线在平面上;(2) 直线与平面平行;(3) 直线与平面相交,交点为$(2,-1,2)$.

39. (1) $2x+3y+z+5=0$; (2) $x-3y-z-10=0$; (3) $2x+y-1=0$; (4) $x-2y-2z+2=0$.

40. (1) $m\neq 8$, a 是任意实数;(2) $a\neq 5$; (3) $m=8, a=5$.

41. (1) $l=-1$; (2) $l=4, m=-8$.

42. $\dfrac{x-2}{1}=\dfrac{y-2}{0}=\dfrac{z-2}{-1}$.　　43. $B=-\dfrac{50}{11}, D=\dfrac{18}{11}$.

44. $\dfrac{\sqrt{42}}{3}$.　　45. $\arcsin\dfrac{\sqrt{3}}{3}$.　　46. $\dfrac{x-2}{6}=\dfrac{y+1}{-5}=\dfrac{z-3}{3}$.

47. (1) 相交;(2) $\arccos\dfrac{8\sqrt{6}}{21}$ 或 $\pi-\arccos\dfrac{8\sqrt{6}}{21}$; (3) $(1,2,3)$.

48. $\dfrac{x-1}{-5}=\dfrac{y-1}{-2}=\dfrac{z+1}{3}$.　　49. (1) $\sqrt{6}$; (2) $\dfrac{20\sqrt{2}}{11}$.　　50. $\dfrac{\sqrt{66}}{6}$

51. (1) $\begin{cases} 7x-5y-z=0, \\ 27x-5y+14z+10=0; \end{cases}$ (2) $\begin{cases} x-3z+1=0, \\ 37x+20y-11z+122=0. \end{cases}$

52. $x^2+y^2+z^2-xy-yz-zx-12x-12y-12z-72=0$.

53. (1) $7x-26y+18z=0$; (2) $6x+9y-22z=0$.

54. $6x-3y-2z+4=0$ 或 $3x+24y+16z+19=0$.

55. $\begin{cases} 3x-3z+4=0, \\ x+y+z-1=0. \end{cases}$

56. (1) $9x+3y+5z=0$; (2) $21x+14z-3=0$; (3) $7x+14y+5=0$.

57. $2x+2y-2z-1=0$.　　58. M_1 的对称点坐标为$(4,-1,2)$.

二、提高题

1. (1) $2x-y+3z+3=0$; (2) $2x-y+3z+19=0$.

2. 棱的方向:$k\{1,1,1\}$.

3. (1) $\begin{vmatrix} A_1 & D_1 \\ A_2 & D_2 \end{vmatrix}=0$ 且 A_1,A_2 不全为零;(2) $A_1=A_2=0,D_1,D_2$ 不全为零;(3) $A_1=A_2=0$,且 $D_1=D_2=0$.

6. (0,2,7). 7. (1) $d=\dfrac{|D_2-D_1|}{\sqrt{A^2+B^2+C^2}}$;(2) $Ax+By+Cz+\dfrac{1}{2}(D_1+D_2)=0$.

8. (1) $-\dfrac{x}{a}+\dfrac{y}{b}+\dfrac{z}{c}=1$;(2) 提示:$\Delta=(\overrightarrow{M_1M_2},\boldsymbol{v}_1,\boldsymbol{v}_2)=\dfrac{2}{c}\neq 0$,异面,它们之间的距离为

$$\frac{|(\overrightarrow{M_1M_2},\boldsymbol{v}_1,\boldsymbol{v}_2)|}{|\boldsymbol{v}_1\times\boldsymbol{v}_2|}=\frac{\left|\dfrac{2}{c}\right|}{\sqrt{\dfrac{1}{a^2c^2}+\dfrac{1}{b^2c^2}+\dfrac{1}{c^4}}}=2d,$$ 因此 $\dfrac{1}{d^2}=\dfrac{1}{a^2}+\dfrac{1}{b^2}+\dfrac{1}{c^2}$.

9. 提示:原点到 L 的距离为

$$d=\sqrt{(y_0\cos\gamma-z_0\cos\beta)^2+(x_0\cos\gamma-z_0\cos\alpha)^2+(x_0\cos\beta-y_0\cos\alpha)^2};$$

原点 O 到 L_1 的距离为 $d_1=\dfrac{|y_0\cos\gamma-z_0\cos\beta|}{\sqrt{\cos^2\beta+\cos^2\gamma}}$;原点 O 到 L_2 的距离为 $d_2=\dfrac{|x_0\cos\gamma-z_0\cos\alpha|}{\sqrt{\cos^2\alpha+\cos^2\gamma}}$;原点 O 到 L_3 的距离为 $d_3=\dfrac{|x_0\cos\beta-y_0\cos\alpha|}{\sqrt{\cos^2\alpha+\cos^2\beta}}$.

10. $\begin{cases} A\alpha+B\beta+C=0, \\ Ap+Bq+D=0. \end{cases}$

12. 提示(1) $\overrightarrow{OM_0}=\{x_0,y_0,z_0\}$,$d=|\overrightarrow{OM_0}|=\sqrt{x_0^2+y_0^2+z_0^2}$,过 M_0 点且垂直于 $\overrightarrow{OM_0}$ 的平面为 $x_0(x-x_0)+y_0(y-y_0)+z_0(z-z_0)=0$,在三坐标轴上的交点为 $A\left(\dfrac{d^2}{x_0},0,0\right)$,$B\left(0,\dfrac{d^2}{y_0},0\right)$,$C\left(0,0,\dfrac{d^2}{z_0}\right)$;

(2) 可设所求平面的方程为 $ax+by+cz+d=0$,(x_0,y_0,z_0) 到它的距离为 $\dfrac{ax_0+by_0+cz_0+d}{\sqrt{a^2+b^2+c^2}}=\pm p$,整理得所求平面方程.

13. $\dfrac{x-x_0}{\begin{vmatrix} B_1 & C_1 \\ B_2 & C_2 \end{vmatrix}}=\dfrac{y-y_0}{\begin{vmatrix} C_1 & A_1 \\ C_2 & A_2 \end{vmatrix}}=\dfrac{z-z_0}{\begin{vmatrix} A_1 & B_1 \\ A_2 & B_2 \end{vmatrix}}$.

14. $\dfrac{A_1}{A_2}=\dfrac{C_1}{C_2}=\dfrac{D_1}{D_2}\neq\dfrac{B_1}{B_2}$. 15. $\dfrac{x}{1}=\dfrac{y}{1}=\dfrac{z}{2}$ 与 $\dfrac{x}{-1}=\dfrac{y}{1}=\dfrac{z}{0}$.

三、复习与测试题

1. 填空题

(1) $2x+2y-3z=0$;(2) $k=-1$ 时,两平面平行但不重合;$k=1$ 时,两平面重合;$k\neq\pm 1$ 时,两平面相交. (3) $\dfrac{\pi}{3}$;(4) 3;(5) $\dfrac{x-1}{2}=\dfrac{y-2}{-1}=\dfrac{z-4}{3}$;(6) 直线在平面上;(7) $(2,-1,0)$,$\dfrac{\pi}{6}$;(8) $5x+13y-7z-14=0$;(9) $9y-40z=0$;(10) $x+y+z-6=0$;(11) 7;(12) (0,0,14);(13) 5.

2. (1) $l=\dfrac{7}{9}$,$m=\dfrac{13}{9}$,$n=\dfrac{37}{9}$;(2) $l=-4$,$m=3$.

3. $2x-18y-15z+37=0$.　　4. $\begin{cases}x+y=0,\\x+2y+z-1=0.\end{cases}$

5. (2) $\begin{cases}x=0,\\y=0;\end{cases}$ (3) 2.

6. $7x-2y-2z+1=0$.

第 4 章

一、基础题

1. (1) $\frac{x^2}{4}+\frac{y^2}{3}+\frac{z^2}{3}=1$.

(2) 当 $m=1$ 时,轨迹方程为 $x-\frac{a}{2}=0$;当 $m\neq1$ 时,轨迹方程为 $\left(x-\frac{m^2a}{m^2-1}\right)^2+y^2+z^2=\left(\frac{ma}{m^2-1}\right)^2$.

2. (Ⅰ) 当 $0<c<2$ 时,公共点的轨迹为 $\begin{cases}y=\sqrt{c(2-c)},\\x=c\end{cases}$ 及 $\begin{cases}y=-\sqrt{c(2-c)},\\x=c;\end{cases}$

(Ⅱ) 当 $c=0$ 时,公共点的轨迹为 $\begin{cases}y=0.\\x=0;\end{cases}$

(Ⅲ) 当 $c=2$ 时,公共点的轨迹为 $\begin{cases}y=0.\\x=2;\end{cases}$

(Ⅳ) 当 $c>2$ 或 $c<0$ 时,两图形无公共点.

3. (1) 表示 y 轴坐标为 a 平行于 xOz 平面的平面;(2) 两相交平面;(3) 表示 xOz 面或 yOz 面;(4) xOy 面或 yOz 面或 xOz 面.

4. (1) $(x-3)^2+(y+1)^2+(z-1)^2=21$;(2) $x^2+y^2+z^2-4x-2y+4z=0$;(3) $(x+5)^2+(y-5)^2+(z-5)^2=25$ 以及 $(x+3)^2+(y-3)^2+(z-3)^2=9$;(4) $x^2+y^2+(z-1)^2=5$.

5. (1) 圆心(1,1,1),半径 1;(2) 圆心 $\left(\frac{1}{7},\frac{2}{7},\frac{3}{7}\right)$,半径 $\frac{\sqrt{231}}{7}$.

6. $\left(\frac{a}{2},\frac{a}{2},0\right)$,$\frac{\sqrt{2}}{2}a$.

8. (1) $y^2+z^2-yz+6y-5z-\frac{3}{2}=0$;(2) $x^2+y^2+3z^2-2xy-8x+8y-8z-26=0$.

9. (1) $4x^2+25y^2+z^2+4xz-20x-10z=0$;(2) $(2x-2y+3)^2+(2z+2y-3)^2=7$.

10. $\begin{cases}x=5\cos\theta+5s,\\y=5\sin\theta+3s,\\z=2s.\end{cases}$

11. (1) 以 $\begin{cases}\frac{x^2}{9}+\frac{y^2}{4}=1,\\z=0\end{cases}$ 为准线,以 z 轴为母线的柱面;(2) 以 $\begin{cases}\frac{y^2}{4}-\frac{z^2}{4}=1,\\x=0\end{cases}$ 为准线,以 x 轴为母线的柱面;(3) 以 $\begin{cases}x^2=4z,\\y=0\end{cases}$ 为准线,以 y 轴为母线的柱面;(4) 以 $\begin{cases}(x-1)^2=1-y,\\z=0\end{cases}$ 为准

线，以 z 轴为母线的柱面.

13. $5(x^2+y^2+z^2-xy-yz-zx)+2x+11y-13z=0$.

14. $8x^2+5y^2+5z^2+4xy+4xz-8yz-18y+18z-99=0$.

15. (1) 由平行直线族 $\begin{cases}x+y=k,\\ y+z=\dfrac{k}{k-1},\end{cases}$ $k\neq 1$ 形成；(2) 由平行直线族 $\begin{cases}x=\cos\theta,\\ y+z=\sin\theta\end{cases}$ 形成；(3) 由平行直线族 $\begin{cases}x+y+z=k,\\ x-y-z=k\end{cases}$ 形成.

16. (1) $x^2+y^2-z^2=0$；(2) $f\left(k\dfrac{x}{z},k\dfrac{y}{z}\right)=0$；(3) $3x^2-5y^2+7z^2-6xy-2yz+10xz-4x+4y-4z+4=0$.

17. $15x^2-9y^2-10z^2-10xy=0$.

18. $25x^2+25y^2+67z^2-112xy-56yz-56zx+398x+236y-368z+301=0$.

20. $11x^2+11y^2+23z^2-32xy+16xz+16yz-6x-60y-186z+342=0$.

21. (1) 锥面，顶点 $(0,0,0)$；(2) 锥面，顶点 $(1,1,1)$.

22. (1) $5x^2+5y^2+2z^2+2xy+4yz-4xz+4x-4y-4z-8=0$；(2) $9(x^2+y^2)-10z^2-6z-9=0$；(3) $2x+3z+2-2x^2-2y^2-2z^2=\pm 3\sqrt{x^2+y^2+z^2-1}$.

23. $x^2+y^2-\alpha^2z^2-\beta^2=0$；当 $\alpha=0,\beta\neq 0$ 时，旋转面为圆柱面（以 z 轴为轴）；当 $\alpha\neq 0,\beta=0$ 时，旋转面为圆锥面（以 z 轴为轴，顶点在原点）；当 $\alpha,\beta=0$ 时，旋转面变为 z 轴；当 $\alpha,\beta\neq 0$ 时，旋转面为单叶旋转双曲面.

26. $(\pm 2\sqrt{3},0,1)$，$(0,\pm 3,1)$.　27. $\dfrac{x^2}{4}+\dfrac{y^2}{9}+\dfrac{z^2}{36}=1$.

28. $a^2(mz-ny)^2+b^2(nx-lz)^2+c^2(ly-mx)^2=b^2c^2l^2+a^2c^2m^2+a^2b^2n^2$.

29. $k=0$ 时，交线为圆；$k=\pm 1$ 时，交线为两条平行直线；$k^2>1$ 时，交线为双曲线；$0<k^2<1$ 时，交线为椭圆.

30. 平行于 yOz 面 $x=4$ 或 $x=-4$；平行于 zOx 面 $y=3$ 或 $y=-3$.

33. $18x^2+3y^2=5z$.

35. 当 $k<-3$ 或 $-3<x<3$ 时，方程表示双曲抛物面；当 $k=-3$ 时，方程表示两个相交平面；当 $k=3$ 时，方程表示抛物柱面；当 $k>3$ 时，方程表示椭圆抛物面.

36. $\dfrac{x^2}{3}-\dfrac{z^2}{2}=2y$.　37. $x^2+\dfrac{y^2}{2}=2z$.

38. $\begin{cases}x+2y-4=0,\\ x-2y-4z=0\end{cases}$ 及 $\begin{cases}x-2y-8=0,\\ x+2y-2z=0.\end{cases}$

39. $\begin{cases}x+y-2z=0,\\ 2x+y-z-2=0\end{cases}$ 和 $\begin{cases}2x+y-3z=0,\\ x+y+z-3=0.\end{cases}$

40. $\dfrac{x^2}{18}-\dfrac{y^2}{8}=2z$.

41. (1) $\begin{cases}s(x+z)=ty,\\ (x-z)t=-sy\end{cases}$ 或 $\begin{cases}\lambda(x-z)=\mu y,\\ (x+z)\lambda=-\mu y;\end{cases}$ (2) $\begin{cases}z=xt,\\ ay=t\end{cases}$ 或 $\begin{cases}z=\lambda y,\\ ax=\lambda;\end{cases}$

42. (1) $z^2=x+y$；(2) $\frac{x^2}{16}+\frac{y^2}{4}-z^2=1$.　43. $\frac{\pi}{2}$.

45. (1) $\begin{cases}x=a\cos\theta,\\ y=a\sin\theta,\\ z=\sqrt{R^2-a^2}\end{cases}$ $(0\leqslant\theta<2\pi)$ 和 $\begin{cases}x=a\cos\theta,\\ y=a\sin\theta,\\ z=-\sqrt{R^2-a^2}\end{cases}$ $(0\leqslant\theta<2\pi)$；

(2) $\begin{cases}x=R\sin\theta\cos\varphi,\\ y=R\sin\theta\sin\varphi,\\ z=R\cos\theta\end{cases}$ $(0\leqslant\varphi<2\pi)$ 和 $\begin{cases}x=R\sin\theta\cos\varphi,\\ y=R\sin\theta\sin\varphi,\\ z=-R\cos\theta\end{cases}$ $(0\leqslant\varphi<2\pi)$.

47. $x^2+20y^2-24x-116=0$.　48. $y=\frac{1}{2}\left(-\frac{\sqrt{2}}{2}\leqslant x\leqslant\frac{\sqrt{2}}{2}\right)$.

49. (1) 关于 yOz 平面的射影柱面方程为 $z^2+y^2-3z+1=0$，关于 zOx 平面的射影柱面方程为 $z-x-1=0$，关于 xOy 平面的射影柱面方程为 $x^2+y^2-x-1=0$；

(2) 关于 yOz 平面的射影柱面方程为 $y-z+1=0$，关于 zOx 平面的射影柱面方程为 $x^2-2z^2-2x+6z-3=0$，关于 xOy 平面的射影柱面方程为 $x^2-2y^2-2x+2y+1=0$；

(3) 关于 yOz 平面的射影柱面方程为 $2y+7z-2=0$，关于 zOx 平面的射影柱面方程为 $x-z-3=0$，关于 xOy 平面的射影柱面方程为 $7x+2y-23=0$；

(4) 关于 yOz 平面的射影柱面方程为 $y+z-1=0$，关于 zOx 平面的射影柱面方程为 $x^2+2z^2-2z=0$，关于 xOy 平面的射影柱面方程为 $x^2+2y^2-2y=0$.

51.

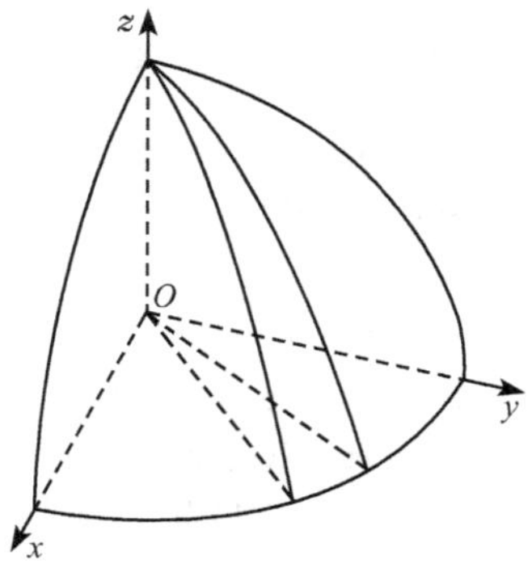

二、提高题

4. 提示：设过 x 轴的动平面为 $A_1y+B_1z=0$，过 y 轴的动平面为 $A_2x+B_2z=0$，则

$$\frac{B_1B_2}{\sqrt{A_1^2+B_1^2}\sqrt{A_2^2+B_2^2}}=\cos\alpha.$$

它们的交线过原点 O，且方向向量为

$$\boldsymbol{v}=\{0,A_1,B_1\}\times\{A_2,0,B_2\}=\{A_1B_2,A_2B_1,-A_1A_2\},$$

因此交线上的点 $P(x,y,z)$ 满足 $\begin{cases} A_1^2+B_1^2=\dfrac{1}{t^2A_2^2}(y^2+z^2), \\ A_2^2+B_2^2=\dfrac{1}{t^2A_1^2}(x^2+z^2), \\ (B_1B_2)^2=\dfrac{x^2y^2}{t^2z^2}. \end{cases}$

由 $\cos^2\alpha(A_1^2+B_1^2)(A_2^2+B_2^2)=(B_1B_2)^2$ 可推出曲面方程为 $\cos^2\alpha(x^2y^2+x^2z^2+y^2z^2+z^4)=x^2y^2$，是一个锥面.

5. 提示：圆锥面的轴的方向向量是 $\{a,b,c\}$，球半径等于 $\sqrt{a^2+b^2+c^2-d}$，过原点的切线之长等于 $\sqrt{d}$，$\cos\theta=\sqrt{\dfrac{d}{a^2+b^2+c^2}}$，其中 θ 是圆锥面的半顶角. 所以所求圆锥面的方程为

$$\frac{|ax+by+cz|}{\sqrt{x^2+y^2+z^2}\sqrt{a^2+b^2+c^2}}=\sqrt{\frac{d}{a^2+b^2+c^2}},$$

化简可得方程.

6. 提示：A,B,C 三点确定的圆

$$\begin{cases} x^2+y^2+z^2-ax-by-cz=0, \\ \dfrac{x}{a}+\dfrac{y}{b}+\dfrac{z}{c}=1 \end{cases}$$

是圆锥面的准线，锥面的方程为

$$\left(\frac{a^2+b^2}{ab}\right)xy-\left(\frac{b^2+c^2}{bc}\right)yz+\left(\frac{c^2+a^2}{ca}\right)zx=0.$$

7. 提示：原方程的变量取值范围应满足 $x\geqslant0, y\geqslant0, z\geqslant0$. 原方程经两次平方后成为 $2(x^2+y^2+z^2)-(x+y+z)^2=0$，考察过原点的两条直线

$$L:\frac{x}{1}=\frac{y}{1}=\frac{z}{1},\quad L':\frac{x}{m}=\frac{y}{n}=\frac{z}{s},$$

直线 L' 绕直线 L 旋转得到圆锥面的方程为 $x^2+y^2+z^2=\dfrac{m^2+n^2+s^2}{(m+n+s)^2}(x+y+z)^2$.

9. (1) 母线平行于 $\left\{\dfrac{1}{k},0,1\right\}$ 的柱面；(2) 原点为顶点，准线为 $\begin{cases} z=yf\left(\dfrac{x}{y}\right), \\ y=1 \end{cases}$ 的锥面；(3) 准线为 $\begin{cases} \varphi(y,z)=0, \\ x=0 \end{cases}$ 母线方向为 $\{1,a,b\}$ 的柱面；(4) 顶点在 (x_0,y_0,z_0)，准线为 $\begin{cases} g(x-x_0,y-y_0)=0, \\ z=1+z_0 \end{cases}$ 的锥面.

11. 提示：利用第 10 题结果，有 $\dfrac{1}{r_i^2}=\dfrac{\lambda_i^2}{a^2}+\dfrac{\mu_i^2}{b^2}+\dfrac{\nu_i^2}{c^2}(i=1,2,3)$，其中 λ_i,μ_i,ν_i 是 $\overrightarrow{Op_i}$ 的方向余弦. 若将 $\overrightarrow{Op_i}(i=1,2,3)$ 所在的直线看成新的坐标系的三个坐标轴，则 $\lambda_1,\lambda_2,\lambda_3$ 是坐标向量关于新坐标系的方向余弦，则有 $\lambda_1^2+\lambda_2^2+\lambda_3^2=1, \mu_1^2+\mu_2^2+\mu_3^2=1, \nu_1^2+\nu_2^2+\nu_3^2=1$.

13. $\dfrac{x^2}{4}+y^2-z^2=1$. 14. $z=xy$，是双曲抛物面.

15. 提示：建立坐标系：取二异面直线的公垂线作为 z 轴，公垂线的中点为原点 O，让 x 轴与二异面直线夹角相等，则二直线方程为：$\begin{cases} y+\tan\alpha\cdot x=0, \\ z=a \end{cases}$ 与 $\begin{cases} y-\tan\alpha\cdot x=0, \\ z=-a; \end{cases}$

当二异面直线不直交时 $-\dfrac{x^2}{a^2(\mathrm{ctan}^2\alpha-1)}+\dfrac{y^2}{a^2(1-\tan^2\alpha)}+\dfrac{z^2}{a^2}=1$；

当二异面直线直交时 $y+x=0$ 与 $y-x=0$.

16. 提示：由于同族的任意两条直母线总是异面直线，没有交点，因此只需考虑异族的直母线. 不妨设

$$\begin{cases} \dfrac{x}{a}+\dfrac{y}{b}=2\mu, \\ \mu\left(\dfrac{x}{a}-\dfrac{y}{b}\right)=z \end{cases} \quad 与 \quad \begin{cases} \dfrac{x}{a}-\dfrac{y}{b}=2v, \\ v\left(\dfrac{x}{a}+\dfrac{y}{b}\right)=z \end{cases}$$

相互垂直，所以 $4\mu v=a^2-b^2$，交点在双曲线 $\begin{cases} \dfrac{x^2}{a^2}-\dfrac{y^2}{b^2}=a^2-b^2, \\ z=\dfrac{a^2-b^2}{2} \end{cases}$ 与 $\begin{cases} x^2=2a^2z, \\ z=0 \end{cases}$ 上.

三、复习与测试题

1. 填空题

(1) $\dfrac{x^2}{4}-\dfrac{y^2}{12}-\dfrac{z^2}{12}=1$；(2) $(1,1,1),1$；(3) $\begin{cases} x^2+y^2+z^2=50, \\ z=5; \end{cases}$ $\begin{cases} x^2+y^2+z^2=50, \\ x+y+z-12=0; \end{cases}$ (4) $y^2+z^2+2yz-2x-2z=0$，$(y-1)^2-(z+1)^2-2(x-1)(z+1)+2(y-1)(z+1)=0$，$y^2+z^2=2x$；(5) $9(x-5)^2-16(y^2+z^2)=0$；(6) $\dfrac{x^2}{9-\lambda}+\dfrac{y^2}{9-\lambda}+\dfrac{z^2}{4-\lambda}=1$，$\lambda<4$，$4<\lambda<9$；(7) $\dfrac{x^2}{a^2}+\dfrac{y^2}{b^2}+\dfrac{z^2}{c^2}=1$，椭球面；$\begin{cases} \dfrac{x^2}{a^2}+\dfrac{y^2}{b^2}=1, \\ z=0 \end{cases}$ 椭圆；$\begin{cases} \dfrac{x^2}{a^2}+\dfrac{z^2}{c^2}=1, \\ y=0 \end{cases}$ 椭圆；(8) $4,3,(\pm4,0,1)$；(9) 双曲抛物面，xOy 面与 yOz 面，y 轴，$\begin{cases} z^2=-18\left(y-\dfrac{1}{2}\right), \\ x=-2, \end{cases}$ 抛物线；(10) $\lambda<C$，$C<\lambda<B$，$B<\lambda<A$，$\lambda>A$；

(11) $\begin{cases} w\left(\dfrac{x}{3}+\dfrac{z}{4}\right)=u\left(1+\dfrac{y}{2}\right), \\ u\left(\dfrac{x}{3}-\dfrac{z}{4}\right)=w\left(1-\dfrac{y}{2}\right) \end{cases}$ 与 $\begin{cases} t\left(\dfrac{x}{3}+\dfrac{z}{4}\right)=v\left(1-\dfrac{y}{2}\right), \\ v\left(\dfrac{x}{3}-\dfrac{z}{4}\right)=t\left(1+\dfrac{y}{2}\right); \end{cases}$

$\begin{cases} 4x-12y+3z-24=0, \\ 4x+3y-3z-6=0 \end{cases}$ 与 $\begin{cases} y-2=0, \\ 4x-3z=0; \end{cases}$

(12) $\begin{cases} x^2+y^2=1, \\ z=0; \end{cases}$ $\begin{cases} x^2+z^2=1, \\ y=0; \end{cases}$ $\begin{cases} y-z=0, \\ x=0. \end{cases}$

2. $(lx+my+nz)^2-(l^2+m^2+n^2)(x^2+y^2+z^2-R^2)=0$.

3. $2(x^2+y^2+z^2)-5(xy+xz+yz)+5(x+y+z)-7=0$.

4. 提示：取曲线$\begin{cases}5x^2+5y^2-8xy+20x+20y-16=0,\\ z=0\end{cases}$为准线，母线方向为$l:m:n$建立柱面的方程与原方程比较得$l:m:n=1:1:1$.

5. $f\left(\dfrac{hx}{z},\dfrac{hy}{z}\right)=0$.

6. $y^2+z^2+2yz-2y-4z-x+3=0$.　7. $x^2+y^2\leqslant 1$.

第 5 章

一、基础题

1. 若$\Phi(X,Y,Z)=aX^2+bY^2+cZ^2=0$，直线在锥面上，若$\Phi(X,Y,Z)=aX^2+bY^2+cZ^2\neq 0$，有二重实交点.

2. x轴是渐近方向；与y轴有二重实交点；与z轴有不同实交点.

3. $\left(-1+\dfrac{\sqrt{21}}{7},1+\dfrac{\sqrt{21}}{7},0\right)$及$\left(-1-\dfrac{\sqrt{21}}{7},1-\dfrac{\sqrt{21}}{7},0\right)$.

4. $\begin{cases}x=-3+4t\\ y=2t,\\ z=0.\end{cases}$　5. $8x+5y+2z-24=0$.

6. $\dfrac{x+2\sqrt{3}}{2}=\dfrac{y}{1}=\dfrac{z}{-1}$及$\dfrac{x-2\sqrt{3}}{2}=\dfrac{y}{1}=\dfrac{z}{-1}$.　7. $3x+y-9z-28=0$.

8. $k^2=a^2l^2+b^2m^2+c^2n^2$.

9. $4x+6y+3z-5=0$及$2x-12y+9z-5=0$.

10. $(x^2+y^2+z^2)^2-(a^2x^2+b^2y^2+c^2z^2)=0$.　11. $4x-3y+z-1=0$.

12. (1) 无心；(2) 中心平面$2x-y+3z+2=0$；(3) 中心直线$\dfrac{x}{3}=\dfrac{y}{2}=\dfrac{z-2}{1}$.

13. $(0,1,0)$，$2xz+(y-1)^2=0$.

14. (1) $7x+17y+19z+19=0$；(2) $2x+y+3z+4=0$；(3) $x+5y+6z+7=0$；(4) $3x+6y+8z+9=0$.

15. 直径面$x+3y-z-1=0$，共轭方向$X:Y:Z=2:(-1):5$.

16. (1) $\{1,-1,0\}$，$\{1,1,0\}$，$\{0,0,1\}$，$x-y+1=0$，$x+y-1=0$，$5z+2=0$；(2) $\{1,-1,0\}$，$\{1,1,t\}$，$2x-2y+3=0$.

18. $\begin{cases}x'=\dfrac{2x+3y+4z+5}{\sqrt{29}},\\ y'=\dfrac{x-2y+z}{\sqrt{6}},\\ z'=\dfrac{11x+2y-7z}{\sqrt{174}}.\end{cases}$　19. $\begin{cases}x=\dfrac{1}{3}x'+\dfrac{2}{3}y'+\dfrac{2}{3}z',\\ y=\dfrac{2}{3}x'+\dfrac{1}{3}y'-\dfrac{2}{3}z',\\ z=-\dfrac{2}{3}x'+\dfrac{2}{3}y'-\dfrac{1}{3}z'.\end{cases}$

20. (1) $3x'^2+2y'^2+z'^2-1=0$，椭球面；(2) $2x''^2-3y''^2+2z''=0$，双曲抛物面；(3) $5x''^2+2y''^2+5\sqrt{2}z''=0$，椭圆抛物面.

21. $c=\frac{7}{2}$. 22. $6x'^2+3y'^2-2z'^2+1=0$,双叶双曲面.

23. (1) $\frac{x'^2}{4}+\frac{y'^2}{\frac{32}{5}}+\frac{z'^2}{16}=1$;(2) $x'^2=\pm\frac{4\sqrt{3}}{3}y'$;(3) $\frac{x'^2}{1}+\frac{y'^2}{\frac{1}{2}}=\pm 2z'$;(4) $x'^2=1$.

二、提高题

2. $2x+3y+z+4=0$. 3. $y^2+z^2+2xy+2xz+y-z=0$.

4. $x'^2-y'^2-z'^2=1$,旋转双叶双曲面.

5. $(b^2+c^2)x^2+(c^2+a^2)y^2+(a^2+b^2)z^2=b^2c^2+c^2a^2+a^2b^2$.

三、复习题与测验

1. 填空题

(1)

$$\begin{cases} F_1(x,y,z)\equiv a_{11}x+a_{12}y+a_{13}z+a_{14}=0,\\ F_2(x,y,z)\equiv a_{12}x+a_{22}y+a_{23}z+a_{24}=0,\\ F_3(x,y,z)\equiv a_{13}x+a_{23}y+a_{33}z+a_{34}=0,\end{cases}$$

$$\begin{cases} F_1(x,y,z)\equiv a_{11}x+a_{12}y+a_{13}z+a_{14}=0,\\ F_2(x,y,z)\equiv a_{12}x+a_{22}y+a_{23}z+a_{24}=0,\\ F_3(x,y,z)\equiv a_{13}x+a_{23}y+a_{33}z+a_{34}=0,\\ F_4(x,y,z)\equiv a_{14}x+a_{24}y+a_{34}z+a_{44}=0;\end{cases}$$

(2) 单叶双曲面,$(1,1,-1)$,$(x-1)^2+(y-1)^2+(z+1)^2+2(x-1)(y-1)+6(x-1)(z+1)-2(y-1)(z+1)=0$;(3) $5x+6y+7z-4=0$,$\frac{x}{5}=\frac{y+4}{6}=\frac{z-4}{7}$;(4) $(1,-2,1)$;(5) $\frac{l^2}{a}+\frac{m^2}{b}+2np=0$;(6) $(0,0,0)$,z 轴上所有的点;(7) 平面 $x+y-2z-2=0$ 上的一切点.平行于平面 $x+y-2z=0$ 的方向;(8) $2x-2y+3z=0$,$2x+z=0$;(9) $-\lambda^3+2\lambda^2+3\lambda=0$,$\lambda=3,-1,0$,$\{1,-2,1\}$与$\{-1,0,1\}$,$\{1,1,1\}$,$2x-4y+2z-1=0$ 与 $2x-2z-5=0$;(10) $-\frac{29}{28}$.

2. (2) $\begin{cases} x=\frac{1}{\sqrt{3}}x'+\frac{2}{\sqrt{6}}y',\\ y=-\frac{1}{\sqrt{3}}x'+\frac{1}{\sqrt{6}}y'-\frac{1}{\sqrt{2}}z'-\frac{1}{2},\\ z=-\frac{1}{\sqrt{3}}x'+\frac{1}{\sqrt{6}}y'+\frac{1}{\sqrt{2}}z'+\frac{3}{2}.\end{cases}$

3. $x'^2+2\sqrt{5}y'=0$,抛物柱面.

4. $\{1,-1,0\}$,$\{1,1,-1\}$,$\{1,1,2\}$;$x-y=0$,$x+y-z=0$,$x+y+2z-1=0$.

5. 旋转轴的方向$\{1,0,-\lambda\}$.

6. 抛物柱面,$3x'^2=-2y'$.